狼山鸡

汶上芦花鸡

鹿苑鸡

峨眉黑鸡

浦东鸡

丝羽乌骨鸡

江村黄鸡 JH-1 号土鸡型

新浦东鸡

诱捕昆虫灯

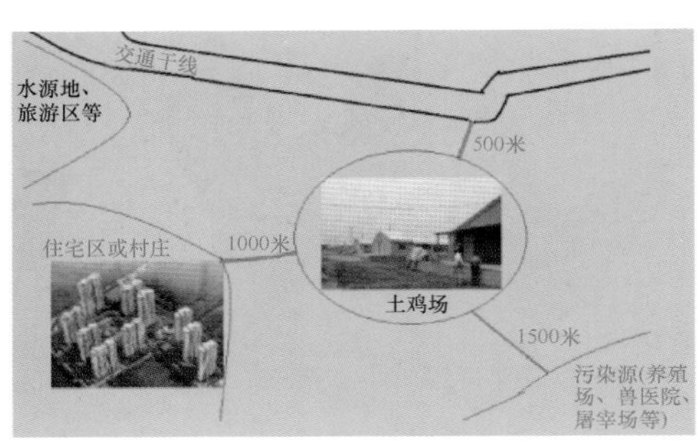

场址选择总体要求图

车辆消毒

人员消毒

焚烧病死土鸡的焚烧炉

舍内地面饲养

舍内网上饲养

舍内笼养

坡地放养

林地放养

舍内设置栖架

放养鸡饮水器设置

养鹅防害

工作前消毒液洗手

地面撒布新鲜生石灰

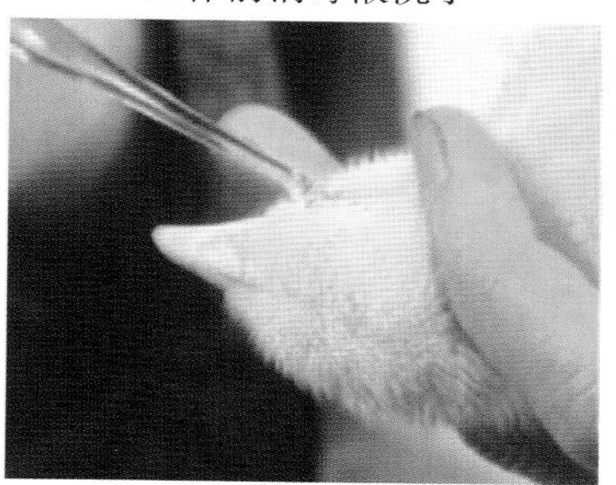
点眼免疫

新城疫病鸡的神经症状

传染性喉气管炎病鸡张口喘气

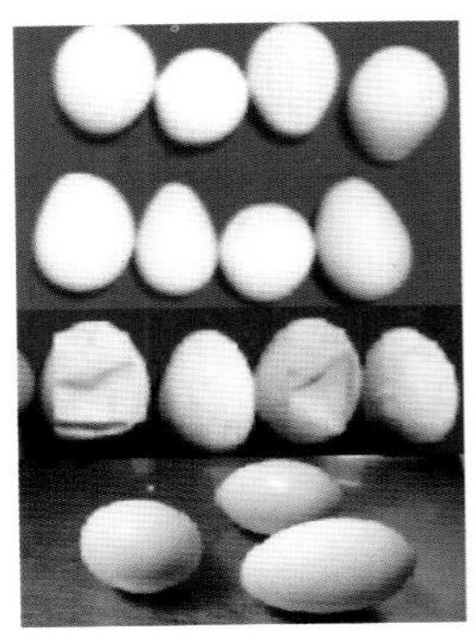

传染性支气管炎
病鸡产异常蛋
（下为正常蛋）

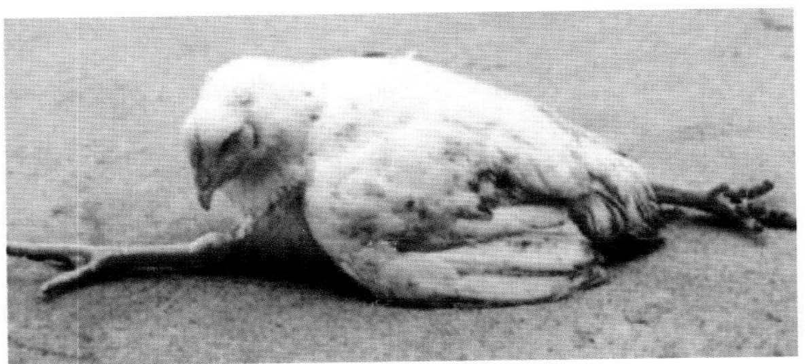

神经型马立克氏病病鸡的腿和
翅麻痹、瘫痪，呈劈叉状

鸡啄癖

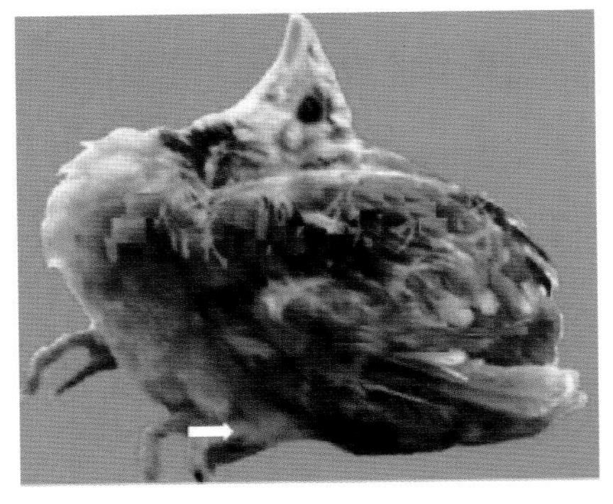

维生素 B_1 缺乏症（“观星”姿势）

高效养土鸡你问我答

主　编　魏刚才　刘兆阳　王素贞
副主编　李广艳　孔为银　井云鹏　管素英
编　者　（按姓氏笔画排列）
王素贞（温县动物疫病防控中心）
井云鹏（濮阳市动物卫生监督所）
孔为银（范县农业畜牧局）
刘兆阳（濮阳市华龙区农业畜牧局）
李广艳（卫辉市畜牧局）
李振亮（濮阳市华龙区农业畜牧局）
时义伟（濮阳市畜牧良种繁育中心）
武培纳（河南省禹州市畜牧局）
赵智灿（新乡市动物卫生监督所）
韩　飞（新乡市动物卫生监督所）
管素英（濮阳市畜禽改良站）
魏刚才（河南科技学院）

机械工业出版社

近年来，土鸡产品因其独特的品质和风味深受广大消费者青睐，土鸡养殖业也成为我国养殖业的一个新亮点。本书采用问答形式，以通俗易懂的语言回答了土鸡的生物学特性及品种选择利用、土鸡的营养与饲料、土鸡养殖场的建设及卫生防护、种用土鸡的饲养管理、商品土鸡的饲养管理、蛋肉兼用型土鸡的饲养管理、土鸡的疾病防治和土鸡养殖场的经营管理等方面近200个问题。本书的所有问题均是土鸡养殖中的常见问题，问题的解答注重简明扼要、重点突出、通俗实用。

本书不仅适于土鸡养殖场饲养管理人员和土鸡养殖户阅读，也可作为大专院校和农村函授及培训班的辅助教材和参考书。

图书在版编目（CIP）数据

高效养土鸡你问我答/魏刚才，刘兆阳，王素贞主编．—北京：机械工业出版社，2018.5
（高效养殖致富直通车）
ISBN 978-7-111-59716-2

Ⅰ.①高…　Ⅱ.①魏…②刘…③王…　Ⅲ.①鸡-饲养管理-问题解答　Ⅳ.①S831.4-44

中国版本图书馆CIP数据核字（2018）第077820号

机械工业出版社（北京市百万庄大街22号　邮政编码100037）
总 策 划：李俊玲　张敬柱
策划编辑：周晓伟　郎　峰　责任编辑：周晓伟　郎　峰　陈　洁
责任校对：王　欣　　责任印制：孙　炜
保定市中画美凯印刷有限公司印刷
2018年6月第1版第1次印刷
140mm×203mm · 7.25印张 · 2插页 · 196千字
0001—3000册
标准书号：ISBN 978-7-111-59716-2
定价：29.80元

凡购本书，如有缺页、倒页、脱页，由本社发行部调换

电话服务
服务咨询热线：010-88361066
读者购书热线：010-68326294
010-88379203

网络服务
机 工 官 网：www.cmpbook.com
机 工 官 博：weibo.com/cmp1952
金 书 网：www.golden-book.com
教育服务网：www.cmpedu.com

高效养殖致富直通车
编审委员会

改革开放以来，我国养殖业发展非常迅速，肉、蛋、奶、鱼等产品产量稳步增加，在提高人民生活水平方面发挥着越来越重要的作用。同时，从事各种养殖业也已成为农民脱贫致富的重要途径。近年来，我国经济的快速发展对养殖业提出了新要求，以市场为导向，从传统的养殖生产经营模式向现代高科技生产经营模式转变，安全、健康、优质、高效和环保已成为养殖业发展的既定方向。

针对我国养殖业发展的迫切需要，机械工业出版社坚持高起点、高质量、高标准的原则，组织全国 20 多家科研院所的理论水平高、实践经验丰富的专家、学者、科研人员及一线技术人员编写了这套“高效养殖致富直通车”丛书，范围涵盖了畜牧、水产及特种经济动物的养殖技术和疾病防治技术等。

丛书应用了大量生产现场图片，形象直观，语言精练、简洁，深入浅出，重点突出，篇幅适中，并面向产业发展需求，密切联系生产实际，吸纳了最新科研成果，使读者能科学、快速地解决养殖过程中遇到的各种难题。丛书表现形式新颖，大部分图书采用双色印刷，设有“提示”“注意”等小栏目，配有一些成功养殖的典型案例，突出实用性、可操作性和指导性。

丛书针对性强，性价比高，易学易用，是广大养殖户和相关技术人员、管理人员不可多得的好参谋、好帮手。

祝大家学用相长，读书愉快！

中国农业大学动物科技学院

前言

改革开放以来，我国养鸡业得到了极大发展，规模化、集约化程度越来越高，引进多个国外优良品种，而我国地方品种（土鸡）的养殖数量却极大减少。国外品种虽然生长速度快，饲料转化率高，但肉质差、水分含量高、口感不佳。近年来，随着我国经济水平不断提高和人们消费观念的改变，土鸡具有的骨细肉厚、皮薄，肉质嫩滑、味香浓郁、营养全面，鸡蛋蛋白浓稠、蛋黄颜色深、风味好等特点，使其深受消费者青睐。加之我国有着丰富的土鸡品种资源，极大地促进了土鸡养殖业的发展，使其成为我国规模化养鸡业中的一个新兴产业，也成为农村新的经济增长点。

我国的土鸡养殖虽然具有悠久的历史，但传统的饲养方法已不能适应规模化土鸡养殖业的发展要求，已影响到生产效益，需要采用先进的养殖技术来科学养殖。为此，我们组织了长期从事养鸡教学、科研和生产的有关专家精心编写了本书。本书采用问答形式，以通俗易懂的语言回答了土鸡的生物学特性及品种选择利用、土鸡的营养与饲料、土鸡养殖场的建设及卫生防护、种用土鸡的饲养管理、商品土鸡的饲养管理、蛋肉兼用型土鸡的饲养管理、土鸡的疾病防治和土鸡养殖场的经营管理等方面近200个问题。本书的所有问题均是土鸡养殖中的常见问题，问题的解答注重简明扼要、重点突出、通俗实用。本书不仅适合土鸡养殖场饲养管理人员和土鸡养殖户阅读，也可作为大专院校和农村函授及培训班的辅助教材和参考书。

需要特别说明的是，本书所用药物及其使用剂量仅供读者参考，不可照搬。在生产实际中，所用药物学名、常用名与实际商品名称有差异，药物浓度也有所不同，建议读者在使用每一种药物之前，参阅厂家提供的产品说明以确认药物用量、用药方法、用药时间及禁忌等。购买兽药时，执业兽医有责任根据经验和对患病动物的了解决定用药量及选择最佳治疗方案。

由于作者水平有限，书中可能会有错误和不当之处，敬请广大读者批评指正。

编　者

目　录

序

前言

第一章　土鸡的生物学特性及品种选择利用

1. 什么是土鸡？…… 1
2. 为何养殖者喜欢饲养土鸡？…… 1
3. 消费者对土鸡外貌有何要求？…… 2
4. 土鸡有哪些采食特点？…… 3
5. 土鸡有哪些繁殖特点？…… 3
6. 土鸡有哪些呼吸特性？…… 4
7. 土鸡有哪些生活习性？…… 5
8. 我国土鸡有哪些经济类型？…… 7
9. 我国常见的优良土鸡品种有哪些？…… 7
10. 如何选择土鸡品种？…… 12
11. 土鸡有哪些选育方法？…… 13
12. 土鸡有哪些繁育方法？…… 15

第二章　土鸡的营养与饲料

13. 土鸡需要哪些营养物质？…… 16
14. 土鸡的能量饲料有哪些？…… 19
15. 土鸡的蛋白质饲料有哪些？…… 19
16. 土鸡的矿物质饲料有哪些？…… 19
17. 土鸡为何要饲喂沙砾？…… 19
18. 土鸡的青绿饲料有哪些？…… 19
19. 土鸡的饲料添加剂有哪些？…… 20
20. 如何开发树叶类饲料？…… 20
21. 如何育虫养鸡？…… 22
22. 如何人工养殖蝇蛆？…… 24

23. 如何人工养殖蚯蚓？ …… 25
24. 各种饲料原料在土鸡日粮中的用量是多少？…… 27
25. 土鸡配合饲料的种类有哪些？…… 29
26. 土鸡饲料配制的原则是什么？…… 29
27. 如何设计土鸡饲料配方？…… 30
28. 土鸡有哪些参考的饲料配方可供选择？ …… 32
29. 配合饲料的形状有哪些？…… 34
30. 浓缩饲料配制和使用应注意什么？ …… 35
31. 如何去除饲料原料中的有毒物质？…… 35
32. 如何合理储藏饲料原料？…… 39
33. 如何生产加工优质饲料？…… 39
34. 如何安全储存配合饲料？…… 40

第三章　土鸡养殖场的建设及卫生防护

35. 土鸡养殖场有哪几种类型？…… 42
36. 土鸡养殖场的建设原则是什么？ …… 42
37. 如何选择圈养土鸡养殖场的场地？ …… 43
38. 如何规划圈养土鸡养殖场的场地？ …… 43
39. 如何选择土鸡放养期的场地？…… 46
40. 如何规划土鸡放养期的场地？…… 47
41. 建造孵化车间有何要求？…… 47
42. 育雏舍有哪些要求？ …… 48
43. 育成舍或育肥舍有哪些要求？ …… 48
44. 种鸡舍有哪些要求？ …… 48
45. 土鸡放养期的简易鸡舍如何建设？ …… 49
46. 土鸡放养期的普通鸡舍如何修建？ …… 50
47. 土鸡放养期的塑膜大棚鸡舍如何修建？ …… 50
48. 土鸡舍的供温设备有哪些？…… 51
49. 土鸡舍的通风方式有哪几种？…… 52
50. 土鸡舍的照明设备如何安装？…… 53
51. 笼养土鸡需要哪些笼具？…… 53
52. 土鸡养殖场的清粪设备有哪些？ …… 54

53. 土鸡养殖场的清洗消毒设施有哪些? ……………… 54
54. 土鸡养殖场的喂料设备有哪些? ………………… 55
55. 土鸡养殖场的饮水设备有哪些? ………………… 55
56. 土鸡养殖场的其他用具有哪些? ………………… 56
57. 土鸡养殖场如何进行绿化? ……………………… 57
58. 如何对土鸡养殖场的水源进行防护? ……………… 58
59. 土鸡养殖场的灭鼠措施有哪些? ………………… 58
60. 土鸡养殖场的杀虫措施有哪些? ………………… 59
61. 如何无害化、资源化处理土鸡养殖场的粪便? ……… 60
62. 如何处理土鸡养殖场的污水? …………………… 63
63. 如何处理病死的土鸡? …… 64
64. 如何处理土鸡养殖场的垫料? …………………… 65

第四章　种用土鸡的饲养管理

65. 种用土鸡的饲养阶段是如何划分的? ……………… 66
66. 雏鸡的生理特点有哪些? ………………………… 67
67. 土鸡育雏有哪些方式? …… 68
68. 育雏前如何拟订育雏计划? ……………………… 69
69. 育雏前要做好哪些准备工作? …………………… 69
70. 如何选择雏鸡? ………… 71
71. 如何运输雏鸡? ………… 72
72. 雏鸡入舍时应做好哪些工作? …………………… 72
73. 如何给雏鸡“开水”和饮水? …………………… 73
74. 雏鸡的饮水量是多少? …… 74
75. 如何给雏鸡开食? ……… 74
76. 如何饲喂雏鸡? ………… 75
77. 如何给雏鸡喂青绿饲料? ………………………… 76
78. 如何调控育雏舍的温度? ………………………… 76
79. 如何调节育雏舍的湿度? ………………………… 78
80. 如何进行育雏舍的通风换气? …………………… 78
81. 如何调节土鸡舍的光照? ………………………… 79
82. 如何调节育雏舍的饲养密度? …………………… 80
83. 如何给种用土鸡剪冠? …… 80
84. 如何给雏鸡断喙? ……… 80

85. 如何将弱雏扶壮？ ……… 81
86. 如何观察雏鸡？ ………… 82
87. 雏鸡死亡的原因有哪些？ ………………… 82
88. 育成期土鸡有何生理特点？ ……………… 85
89. 育成期土鸡的饲养方式有哪些？ ………… 85
90. 如何饲养好育成期土鸡？ ………………… 86
91. 如何管理好育成期土鸡？ ………………… 86
92. 如何进行转群？ ………… 88
93. 如何控制育成鸡的体型和均匀度？ ……… 89
94. 如何选择与淘汰育成鸡？ ………………… 90
95. 种用土鸡产蛋有何规律？ ………………… 91
96. 产蛋期土鸡的饲养方式有哪些？ ………… 91
97. 如何科学饲养好种公鸡？ ………………… 92
98. 如何科学饲养产蛋土鸡？ ………………… 93
99. 如何管理好产蛋土鸡？ ……………………… 94
100. 如何采集种蛋？ ………… 97
101. 如何做好种用土鸡的四季管理？ ………… 98
102. 如何选择种蛋？ ………… 99
103. 如何运输种蛋？ ……… 100
104. 如何保存种蛋？ ……… 100
105. 如何为种蛋消毒？ …… 100
106. 鸡蛋孵化需要什么条件？ ……………… 101
107. 孵化前做好哪些准备工作？ …………… 103
108. 机器孵化如何操作？ … 104
109. 孵化期间停电应采取哪些应急措施？ ……… 107
110. 孵化时要填好哪些记录表格？ ………… 107
111. 雏鸡如何进行公母鉴别？ ……………… 108
112. 雏鸡如何进行分级？ … 109
113. 影响孵化成绩的因素有哪些？ ………… 109
114. 如何提高孵化场的孵化成绩？ ………… 110

第五章　商品土鸡的饲养管理

115. 商品土鸡的生长发育有何规律？ ………… 114
116. 商品土鸡为何要公鸡、母鸡分群饲养？ ……… 114
117. 商品土鸡为何要自由采食？ ……………… 115
118. 商品土鸡为何采用“全进全出”的饲养制度？ … 115

119. 商品土鸡的饲养方式有哪几种？…………… 115
120. 圈养土鸡如何饲养？ … 116
121. 圈养土鸡如何管理？ … 118
122. 果园养土鸡的饲养管理要点有哪些？ ………… 119
123. 如何提高果园放养土鸡的成活率？…………… 121
124. 林地养土鸡的技术要点有哪些？……………… 122
125. 如何利用滩区放养土鸡？………………… 123
126. 如何做好夏季商品土鸡的管理？……………… 125
127. 如何做好梅雨季节商品土鸡的管理？ ………… 126
128. 如何做好寒冷季节商品土鸡的管理？ ………… 126
129. 如何加深土鸡胴体颜色？………………… 127
130. 如何防止土鸡羽毛脱落？………………… 127
131. 如何改善肉质风味？ … 128
132. 如何避免土鸡体中药物残留？…………… 128
133. 如何避免土鸡体中有毒有害物质残留？ ……… 129

第六章　蛋肉兼用型土鸡的饲养管理

134. 如何选择蛋肉兼用型品种？……………… 131
135. 蛋肉兼用型土鸡的饲养季节如何选择？ ……… 132
136. 蛋肉兼用型土鸡的饲养阶段如何划分？ ……… 132
137. 蛋肉兼用型土鸡的饲养方式有哪些？ ………… 133
138. 如何选择蛋肉兼用型土鸡放养期的放养地？ … 133
139. 蛋肉兼用型土鸡放养期的土鸡舍如何建设？ … 134
140. 蛋肉兼用型土鸡育成期的饲养管理要点有哪些？……………… 134
141. 蛋肉兼用型土鸡产蛋期放养的饲养管理要点有哪些？ ………… 134
142. 蛋肉兼用型土鸡是如何育肥的？ ………… 136

第七章　土鸡的疾病防治

143. 土鸡疾病有哪些类型？…………………… 139
144. 土鸡传染病流行过程的三个基本环节是什么？ … 140

145. 土鸡传染病的传播途径有哪些？……………… 140
146. 如何对土鸡进行群体临诊检查？……………… 141
147. 如何对鸡体进行个体临诊检查？……………… 142
148. 如何区别健康鸡和病鸡？……………… 143
149. 剖检病鸡有哪些要求？……………… 144
150. 如何剖检病鸡？……………… 145
151. 解剖检查病鸡应注意什么？……………… 146
152. 如何采取和处理病料？…… 147
153. 鸡病的防治措施有哪些？……………… 147
154. 常用的消毒方法有哪些？……………… 149
155. 土鸡养殖场常用的消毒剂有哪些？……………… 150
156. 土鸡养殖场如何进行消毒？……………… 151
157. 土鸡的疫苗有哪几类？……………… 152
158. 如何运输土鸡的疫苗？……………… 152
159. 土鸡的免疫接种方法有哪些？……………… 153
160. 制定土鸡免疫程序时要考虑哪些因素？……………… 155
161. 土鸡的参考免疫程序有哪些？……………… 156
162. 土鸡免疫接种有哪些注意事项？……………… 158
163. 土鸡的用药特点有哪些？……………… 158
164. 土鸡的用药方法有哪些？……………… 159
165. 如何诊治禽流感？…… 163
166. 如何诊治鸡新城疫？…… 164
167. 如何诊治传染性法氏囊病？……………… 167
168. 如何诊治传染性支气管炎？……………… 169
169. 如何诊治鸡马立克氏病？……………… 172
170. 如何诊治鸡慢性呼吸道病？……………… 174
171. 如何诊治鸡白痢？…… 176
172. 如何诊治大肠杆菌病？……………… 177
173. 如何诊治传染性鼻炎？……………… 179
174. 如何诊治禽霍乱？…… 182
175. 如何诊治禽曲霉素病？……………… 184
176. 如何诊治鸡球虫病？…… 185
177. 如何诊治住白细胞原虫病？……………… 187
178. 如何诊治鸡蛔虫病？…… 189

179. 如何诊治鸡绦虫病？ … 189
180. 如何诊治鸡羽虱？ …… 190
181. 如何诊治鸡螨？ ……… 191
182. 如何诊治食盐中毒？……………… 191
183. 如何诊治磺胺类药物中毒？ …………… 192
184. 如何诊治马杜霉素中毒？………………… 193
185. 如何诊治黄曲霉毒素中毒？………………… 195
186. 如何诊治中暑？ ……… 196
187. 如何诊治恶食癖？ …… 197
188. 如何管理发病鸡群？ … 198

第八章 土鸡养殖场的经营管理

189. 土鸡养殖场的决策程序是什么？……………… 201
190. 土鸡养殖场常用的决策方法有哪些？ ………… 202
191. 土鸡养殖场要制订哪些计划？………………… 204
192. 土鸡养殖场有哪些记录表格和报表？ ………… 204
193. 如何加快土鸡养殖场流动资产的周转？ ……… 207
194. 如何计算土鸡养殖场固定资产的折旧？ ……… 208
195. 如何提高土鸡养殖场固定资产的利用效果？………………… 208
196. 如何做好成本核算的基础工作？…………… 209
197. 土鸡养殖场的成本由哪些项目构成？ ……… 209
198. 成本的计算方法有哪些？……………… 210
199. 如何提高土鸡养殖场的效益？……………… 212

附录

附录 A 鸡的常用饲料营养成分………………… 214
附录 B 土鸡的饲养标准（营养需要量） …… 215
附录 C 常见计量单位名称与符号对照表 ……… 216

参考文献

第一章 土鸡的生物学特性及品种选择利用

1 什么是土鸡?

土鸡又名草鸡、本地鸡，是我国劳动人民长期选育出的地方鸡种。土鸡多是纯种，虽然生产性能与现代杂交品种鸡不能媲美，但具有耐粗食、易饲养、肉质好（骨细肉厚、皮薄、肉质嫩滑、味香浓郁、营养全面）等特点，可以生产出符合现代人要求的质优、绿色、安全的食品，深受消费者喜爱。

2 为何养殖者喜欢饲养土鸡?

（1）投资少 一是对鸡舍要求不高，许多棚舍都可以用来养土鸡，减少鸡舍的基建投入；二是养土鸡多采用散放饲养，鸡群在田野、山林中觅食昆虫、草籽和其他野生饲料资源，养殖户仅在晚上饲喂少量原粮或精饲料，可以极大地减少饲料投入。

（2）易饲养 土鸡是我国地方品种，适应能力较强，人们又比较熟悉其生物学特性，饲养规模相对较小，密集程度低，容易饲养成功。

（3）产品价值大 由于土鸡都是地方品种，在肉质和蛋质方面本身具有一些优质基因，如果采用自然的、健康的散放饲养方式，自由觅食，可以生产出绿色的、优质的产品，市场售价高，产品价值大。例如，在坡地、荒山、林地放养的土鸡，冠红，羽毛紧凑光亮，四肢矫健，脂肪沉积适中，皮薄肉嫩，肉质细滑味美，骨硬肉

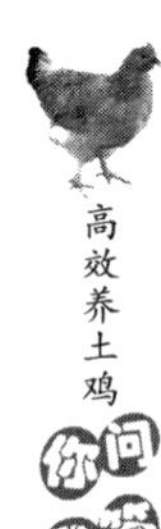

丰，气香入脾，市场上土鸡价格为快速型肉鸡价格的3~5倍；土鸡蛋蛋清浓稠、香味浓郁、蛋白质含量高、胆固醇含量低，味道好，污染少，深受消费者喜爱。市场上土鸡蛋的价格是一般鸡蛋价格的2~3倍。

（4）环境污染少 土鸡生产相对比较分散，多是利用山林、闲田、荒山、坡地、园地等，单位面积粪便、尿液和其他污染物产量少，不易对环境造成污染，而且土鸡生产过程中产生的废弃物可以肥田，促进植物和作物生长，同时，土鸡可以充分利用野生的饲料资源和作物收获过程中遗失的资源。

3 消费者对土鸡外貌有何要求？

（1）基本要求 土鸡一般体型较小，适合家庭消费。外观清秀，胸肌丰满，腿肌发达，胫短细或适中，头小，颈长短适中，羽毛美观。母鸡翘尾，公鸡尾呈镰刀状。

（2）羽毛特征 土鸡羽毛要求丰满，紧贴身躯。土鸡的羽色和花纹多样，不同品种差异明显，有白色羽、红色羽、黄色羽、黑色羽、芦花羽、浅花羽、豇豆白、青色羽、栗羽、麻羽、灰羽、草黄色羽、金色羽、咖啡色羽等。公鸡颈羽、鞍羽、尾羽发达，有金属光泽。土鸡的羽色是其天然标志，生产中要根据消费者的不同需求来选留合适的羽色和花纹。

（3）冠形 土鸡冠形多样，如桑葚冠、豆冠、玫瑰冠、杯状冠、角冠、平头和毛冠等。土鸡冠的颜色要红润（乌冠除外），冠大，肉髯发达，有的个体有胡须。

（4）喙、胫脚的特征 喙、胫脚的颜色有白色、肉色、深褐色、黄色、红色、青色和黑色等，有的个体呈黄绿色和蓝色。不同的消费者对胫色要求不同，南方市场较喜欢青色胫和黄色胫。土鸡以光胫为主，但也有毛胫、毛脚。趾有双四趾的，有一侧四趾一侧五趾的，也有双五趾的。土鸡的爪短直，不像笼养蛋鸡那样长。土鸡的胫部较细，与其他肉鸡有明显的不同。

（5）皮肤颜色 土鸡的皮肤有白色、黄色、灰色和黑色等。

【提示】土鸡的市场销售以活鸡为主，外貌特征直接影响到产品的销售和价格。不同地区、不同的消费者对土鸡的外貌特征和屠体体表要求存在很大的差异。消费者对土鸡的冠形和冠色、羽毛形状、羽毛颜色、羽毛光泽和完整性、皮肤颜色、喙色、胫脚颜色、胫长、体重和肌肉丰满程度等都有严格的选购标准。养殖户应注重外貌特征的选择。同时，掌握土鸡的生物学特性有助于利用其特性进行高效养殖。

4 土鸡有哪些采食特点?

（1）杂食性 土鸡的食谱广泛，觅食力强，可以自行觅食自然界中各种昆虫、嫩草、植物种子、浆果、嫩叶、籽实等食物，有条件的地区可以利用草场、草坡、林间、果园等自然资源进行放牧饲养，减少精饲料的消耗，降低生产成本，生产绿色产品。在配合土鸡饲料时，要因地制宜，利用当地各种动物、植物饲料资源，做到饲料原料多样化。

（2）喜食粒状饲料 土鸡的喙便于啄食粒状饲料，所以土鸡喜欢采食粒状饲料。在不同粒度的饲料混合物中，首先啄食直径为3～4毫米的饲料颗粒，最后剩下的是饲料粉末。因此，加工土鸡饲料时要有一定的粒度，而且粒度均匀，这样有利于土鸡采食和满足均衡的营养需要。

（3）同步采食 土鸡喜欢群居生活，同步采食、饮水；土鸡的采食行为都是在白天（有光照）发生的，而雏鸡需要在晚上人工光照时补料。雏鸡每天的采食次数为30～50次，随日龄的增大，采食次数明显减少，但每次采食的时间延长。自然光照条件下，成年土鸡每日有2个采食高峰，一是日出后2～3小时，二是日落前2～3小时。生产中，要在这两个时段保证饲料供应，满足生长、产蛋的需求，同时要配足料槽、饮水器，满足均衡生长的需要。

5 土鸡有哪些繁殖特点?

（1）卵生，繁殖潜力大 鸡的繁殖表现为卵生，这是与其祖先

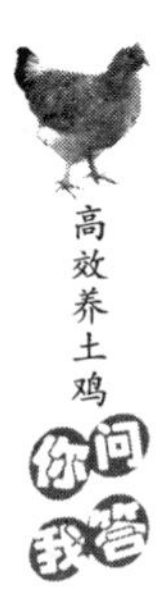

鸟类适应飞翔的生活习性相适应的。精子在母鸡体内保持受精能力长达8～10天，为保持较高的受精率创造条件。鸡没有妊娠期，蛋形成并排出体外后，当环境适宜时可重新发育成幼雏。人们可以利用鸡胚胎体外发育的特性，采用人工孵化的方法大量繁殖。另外，鸡的性成熟早，这也是繁殖力强的一个表现。

（2）繁殖的季节性与光照 母鸡的繁殖除与自身的营养状况有关外，还与外界环境条件，如光照、温度、饲料等因素有关。在自然条件下，光照可影响鸡的生殖机能和生产性能。光照促使鸡的生殖器官发育，性成熟提前且影响蛋重、产蛋时间；另外，公鸡的精液品质和精液量也受其影响。自然光照下，光照使鸡的繁殖性能表现为一定的季节性。养于北半球的母鸡，每当日照逐渐延长的春季，鸡开始产蛋或产蛋增多。现代育种工作中，产蛋的季节性被人们控制和改造，通过人工光照使鸡由繁殖的季节性变为产蛋的全年性。

（3）抱性（就巢性） 抱性是鸟类的生物学特征之一，是其在自然条件下繁殖后代的一种基本方式。在自然条件下的繁殖季节中，母鸡产下一定数量的蛋后，停止产蛋进行就巢孵化。在现代化生产中，由于机械孵化取代自然孵化，抱性繁殖后代的价值已失去，人们希望去除鸡的抱性，提高生产性能。抱性是由于脑下垂体前叶分泌的相当于哺乳动物的催乳素作用的结果，具有高度的遗传性，因此，可以通过选择育种减轻或去除抱性，白来航鸡就是没有抱性的鸡。对出现抱性的母鸡，可放入笼中，放在通风良好、光线充足的环境中，使其醒抱。

6 土鸡有哪些呼吸特性?

土鸡的呼吸系统由鼻腔、喉、气管、肺脏和特殊的气囊组成。喉头没有声带，发出的啼叫音是由于气管分支的地方有一鸣管，气流经此处产生共鸣而发出不同声音。

土鸡的胸腔由于肋骨分成2段，并且又成一定角度，故易于扩张。肺脏缺乏弹性，并紧贴脊柱与肋骨。支气管进入肺部后纵贯整个肺部的称初级支气管。初级支气管在肺脏内逐渐变细，其末端与

腹气囊直接相连，沿途先后分出4群粗细不一的次级支气管。

气囊是装空气的膜质囊，一端与支气管相连，另一端与四肢骨骼及其他骨骼相通。气囊是禽类特有的器官，共有9个，分为锁骨间气囊（1个）、颈气囊（1对）、前胸气囊（1对）、后胸气囊（1对）和腹气囊（1对）。气囊除了充满体腔，并向骨骼和皮下组织侵入。

> 【提示】鸡的抗病力受到呼吸特性的影响。例如，鸡的肺脏很小，但连接很多气囊，这些气囊充斥于体内各个部位，甚至进入骨腔中，通过空气传播的病原体可以沿呼吸道进入肺脏和气囊，从而进入体腔、肌肉、骨骼之中；土鸡横膈膜退化，胸腔与腹腔几乎完全相同，胸腔、腹腔感染很易相互传播至各器官；土鸡的生殖孔、直肠、尿道都开口于泄殖腔，各个系统病容易相互传播；鸡没有淋巴结，这等于缺少阻止病原体在机体内通行的关卡，减少了对疾病的抵抗力。

7 土鸡有哪些生活习性?

（1）耐寒喜暖 土鸡全身布满羽毛，形成了良好的隔热层，加之每年秋季要重新换上一身完整洁净的羽毛过冬，因此，土鸡具有较强的耐寒性。土鸡喜欢温暖干燥的环境，因没有汗腺，加之全身羽毛形成有效保温层，散热主要依靠呼吸和排泄，因此，土鸡不喜欢炎热潮湿的环境。当气温超过30℃时，土鸡的产蛋率下降；当气温超过36℃时，鸡群会出现热应激死亡。所以，夏季饲养土鸡应该注意防暑降温。舍外放养一定有树荫或凉棚，避免阳光直射，阴凉下沙浴可防止中暑。

（2）体小灵活 土鸡体型小，体重轻，羽毛丰满，利于飞翔、攀高。土鸡反应灵敏，胆小怕惊，任何新的声响、动作、物品的突然出现和生产程序的突然变化，都会导致鸡只的惊叫、逃跑、炸群等应激反应。土鸡喜欢登高栖息，习惯上栖架休息。放牧饲养条件下，活动范围广，采食面积大。大规模高密度饲养条件下则会发生争斗，以及啄肛、啄羽等恶癖，如果措施不力，很容易出现啄死现象。

（3）合群认巢 土鸡的合群性较强，喜欢成群活动采食，刚出

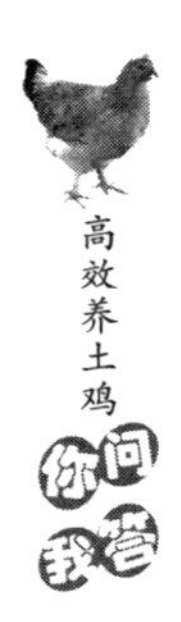

壳几天的雏鸡就会找群，一旦离群就叫声不止。土鸡一般是以1只公鸡为首形成自然交配群。土鸡生长到一定的日龄，相互之间争斗，形成一定的序位（根据个体之间争斗能力的强弱在鸡群中形成一种由强到弱的秩序），群体序位利于群体的稳定。土鸡的认巢能力都很强，能很快适应新的环境、自动回到原处栖息。放牧饲养时，早上放出之前和晚上收圈时利用哨子或口哨给鸡一个信号，然后再喂料，反复进行训练，经过1周后，鸡群就会建立条件反射。晚上收圈时吹哨子或打口哨，鸡群就会回到舍内。

（4）低产就巢 土鸡性成熟时间较晚，受季节影响大，春天饲养的土鸡性成熟早，而秋季饲养的土鸡开产晚，一般开产日龄为150~180日龄。自然条件下，土鸡的产蛋性能具有极强的季节性，主要是受营养、温度和光照的影响，每年春季、秋季是其产蛋率较高的时期。而在光照时间缩短、气温下降、营养供应不足的冬季会停止产蛋。所以，土鸡的年产蛋量低，一般只有100~130枚。土鸡都有不同程度的就巢性（抱性）。自然条件下土鸡通过就巢来孵化小鸡，就巢时母鸡会停止产蛋，也影响到产蛋量的提高。

【提示】 人工大量饲养土鸡时应注意提供适宜的环境条件，加强对种鸡的选择，淘汰抱性强的母鸡，提高生产性能。

（5）杂食 鸡的消化系统结构特殊。鸡无牙齿，采食主要靠角质化的喙啄食，嗉囊与腺胃、腺胃与肌胃交接处狭窄，易于阻塞。因此，加工饲料时，要防止枯枝、铁丝、铁钉、羽毛、毛纤维、塑料布、编织线及不易消化的青草混入饲料，以免被鸡误食形成阻塞，既而发展为软嗉、硬嗉病。放牧饲养时，注意清理牧场异物。鸡的唾液腺及其他消化腺不发达，对食物的机械消化主要在肌胃内（鸡的腺胃是分泌消化腺的场所）进行。

鸡可以充分利用各种动物性、植物性、单细胞类和矿物质饲料，长期放牧饲养的土鸡能采食树叶、草籽、嫩草、青菜、昆虫、蚯蚓、蝇蛆、蚂蚁、沙砾等，也可在果园、收获后的庄稼地采食落在地里的果实和撒落在地里的粮食。土鸡虽然具有一定的耐粗饲的能力，但在粗饲条件下生长较慢。

8 我国土鸡有哪些经济类型?

我国土鸡主要有蛋用型、肉用型、兼用型（蛋肉兼用型）和专用型 4 个类型。

（1）蛋用型 蛋用型土鸡主要以产蛋为主。土鸡体躯较长，后躯发达，皮薄骨细，肌肉结实，羽毛紧凑，鸡冠发达，活泼好动，开产早（小鸡长至 150 日龄开始产蛋），产蛋多，抗病力弱，肉质较差，蛋壳较薄，如仙居鸡、卢氏鸡。

（2）肉用型 肉用型土鸡以产肉为主，体型大，体躯宽深而短，胸部肌肉发达，鸡冠较小，颈短而粗，肌肉发达，外形呈桶状，羽毛蓬松，性情温顺，动作迟缓，生长迅速，容易育肥，成熟晚，产蛋量低，如三黄鸡、九斤鸡和北京油鸡等。

（3）兼用型（蛋肉兼用型） 兼用型土鸡介于蛋用型土鸡和肉用型土鸡之间，肉质较好，产蛋较多，一般年产蛋 100 ~ 150 枚。产蛋期结束后，具有较高的肉用价值。兼用型土鸡体重较大，性情温顺，体格健壮，觅食能力强，有抱性，如狼山鸡、固始鸡和寿光鸡等。

（4）专用型 专用型土鸡是一种具有特殊性能的土鸡，无固定体型，一般是根据特殊用途和特殊的经济性能选育或由野生驯化而成的，如具有药用和观赏价值的丝羽乌骨鸡，用于观赏的长尾鸡和斗鸡等。

9 我国常见的优良土鸡品种有哪些?

我国优良的土鸡品种有上百个，常见的优良土鸡品种及其特点见表 1-1。

表 1-1 常见的优良土鸡品种及其特点

名称	产地分布	外貌特征	生产性能
仙居鸡	浙江省仙居及邻近的临海、黄岩等地	仙居鸡体型紧凑，骨骼纤细，全身羽毛紧贴体躯，背部平直。公鸡羽毛呈黄红色，梳羽与衰羽颜色较浅，并且有光泽。该品种鸡的皮肤为白色或浅黄色，喙短且呈棕黄色，趾呈黄色，少数胫部有小羽，单冠直立	蛋用型土鸡。180 日龄开产，年产蛋 160 ~ 180 枚，蛋重为 42 克左右，壳色以浅褐色为主。产肉性能虽非其所长，但屠宰率、肉质、肉味较好

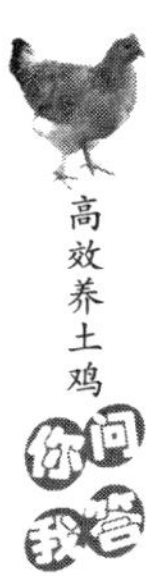

（续）

名称	产地分布	外貌特征	生产性能
白耳黄鸡	江西省的广丰、上饶、玉山和浙江省的江山市	白耳黄鸡体型矮小，体重较轻，羽毛紧密，全身羽毛呈黄色，头部适中，眼大有神。其标准特征是“三黄一白”，即黄羽、黄喙、黄脚，白耳。耳叶大，呈银白色，似白桃花瓣，虹彩呈金黄色；喙略弯，呈黄色或灰黄色；全身羽毛呈黄色；单冠直立，皮肤和胫部呈黄色，无胫羽	蛋用型土鸡。平均150日龄开产，年产蛋180枚，蛋重为54克，蛋壳呈深褐色，壳厚0.34～0.38毫米。成年鸡的屠宰率较高，屠体较丰满
狼山鸡	江苏省如东县、通州区	黑色鸡种，该鸡头部短圆，脸部、耳叶及肉垂均呈鲜红色，白皮肤，黑色胫。狼山鸡的体格健壮，羽毛紧密，头昂尾翘，背部较凹，形成明显的“U”字形	兼用型鸡种。年产蛋135～170枚，平均蛋重为58.7克。500日龄成年公鸡体重为2.84千克，母鸡为2.283千克
固始鸡	河南省固始县	头部清秀、匀称；喙为青黄色，略短、微弯。躯体中等，体型细致紧凑，羽毛丰满。公鸡羽色呈深红色和黄色；母鸡以黄色和麻黄色为主，黑色、白色则少见。其特征是尾羽向后上方卷曲	兼用型鸡种。性成熟期较晚，平均205日龄开产，年产蛋141枚。前期生长速度较慢，屠宰率也不算很高
北京油鸡	北京市朝阳区的大屯和洼里	体躯中等。其中，羽毛呈赤褐色（俗称紫红毛）的鸡，体型较小；羽毛呈黄色（俗称素黄色）的鸡，体型略大，羽毛厚密而蓬松，具有冠羽和胫羽，有些个体兼有趾羽和五趾，不少个体的颌下和颊部生有髯须	兼用型鸡种。以肉味鲜美、蛋质优良著称。生长速度缓慢，成年公鸡体重为2.049千克，母鸡为1.73千克。性成熟较晚，母鸡7月龄开产，年产蛋110～125枚

（续）

名称	产地分布	外貌特征	生产性能
大骨鸡	辽宁省庄河市	体型魁伟，胸深且广，背宽而长，腿长且粗壮，腹部丰满，墩实有力，以体大、蛋大、口味鲜美著称。公鸡羽毛呈棕红色，尾羽呈黑色并带金属光泽。母鸡多呈麻黄色，眼大明亮，单冠，冠、耳叶、肉垂均呈红色。喙、胫、趾均呈黄色	兼用型鸡种。成年公鸡体重为2.9~3.75千克，母鸡为2.3千克。平均213日龄开产，年平均产蛋164枚左右，高的可达180枚以上
寿光鸡	山东省寿光市	有大型和中型2种；还有少数属于小型。成年鸡全身羽毛呈黑色，有的部位呈深黑色并闪绿色光泽。单冠，公鸡冠大而直立，母鸡冠型有大小之分。白色皮肤，胫、趾呈灰黑色，以黑羽、黑胫、黑嘴的“三黑”特点著称	兼用型鸡种。大型鸡年产蛋117.5枚，中型鸡年产蛋122.5枚。大型成年公鸡体重为3.609千克，母鸡为3.305千克；中型成年公鸡体重为2.875千克，母鸡为2.335千克
芦花鸡	山东省汶上县及其附近	鸡体表羽毛呈黑白相间的横斑羽，俗称“芦花鸡”。全身大部分羽毛呈黑白相间、宽窄一致的斑纹状。母鸡头部和颈羽边缘镶嵌橘红色或土黄色羽，羽毛紧密	成年公鸡体重为1.4千克±0.13千克，母鸡为1.26千克±0.18千克。150~180日龄开产。年产蛋130~150枚，较好的饲养条件下年产蛋180~200枚
杏花鸡	广东省封开县	典型特征是三黄（黄羽、黄胫、黄喙）、三短（颈短、胫短、体躯短）、二细（头细、颈细）。翼羽和副翼羽的内侧多为黑色，尾羽有几根黑羽。具有早熟、易肥、皮下和肌肉间脂肪分布均匀、骨细皮薄、肌纤维细嫩等特点	小型肉用优良鸡种。以肉质好，味道鲜美名列广东三大名鸡之一。112日龄公鸡体重为1.3千克，母鸡体重为1.1千克。150日龄开产，早熟，年产蛋70~90枚，平均蛋重41克，蛋壳呈褐色

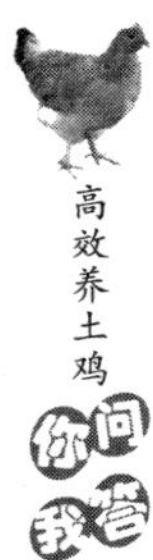

（续）

名称	产地分布	外貌特征	生产性能
惠阳胡须鸡	广东省惠阳区	胸深而背短，后躯丰满，体呈方形。头稍大，喙呈黄色，单冠直立、鲜红，无肉垂或仅有小肉垂，颌下有发达而张开的羽毛，形状似胡须。胡须有乳白色、浅黄色、棕黄色3种颜色。全身羽毛有深黄色和浅黄色2种颜色。公鸡颈羽、鞍羽、小镰羽呈金黄色，主尾羽的颜色分为棕色、黄色、黑色3种颜色，以黑色居多	成年公鸡体重为2～2.5千克；母鸡体重为1.5～2千克；12周龄公鸡的平均体重为1.14千克，母鸡的平均体重为0.845千克。惠阳胡须母鸡6月龄左右开产，年产蛋约110枚，平均蛋重为46克
清远麻鸡	广东省清远县	概括为一楔（指母鸡躯体像楔形，前躯紧凑，后躯圆大）、二细（指头细、脚细）、三麻身（指母鸡背羽呈麻黄、麻棕、麻褐3种颜色）。单冠直立，颜色鲜红	成年公鸡体重为1.7～2.8千克，母鸡体重为1.3～2.5千克。年产蛋70～80枚，平均蛋重为46.6克，蛋壳呈浅褐色
桃源鸡	湖南省桃源县	体型高大，体格结实，羽蓬松，体躯稍长，呈长方形。单冠，公鸡冠直立，母鸡冠倒向一侧，耳叶、肉垂鲜红。公鸡体羽呈金黄色或红色，主翼羽和尾羽呈黑色，梳羽呈金黄色或间有黑斑。母鸡羽色有黄色和麻色2个类型	成年公鸡体重为2.7～3.9千克，母鸡体重为2.5～3.3千克。500日龄产蛋86～148枚，平均蛋重为53.4克，蛋壳呈浅褐色
茶花鸡	云南省西部、西南部、南部和东南部	体型矮小，肌肉结实，骨骼细小，体躯匀称，羽毛紧贴。能飞善跑，好斗性强。以单冠为主，偶见豆冠。喙、胫呈黑色，皮肤呈白色。公鸡羽毛美丽，翼羽和尾羽呈黑色，其他羽毛呈红色。母鸡羽色以麻褐色为主，翼羽和尾羽呈黑色	成年公鸡体重为1.2～1.5千克，母鸡体重为1.0～1.2千克。一般年产蛋100枚左右，平均蛋重为38.2克，蛋壳呈深褐色。180日龄公鸡体重为0.97千克，母鸡为0.9千克

（续）

名称	产地分布	外貌特征	生产性能
浦东鸡	黄浦江以东地区	体型较大，呈三角形。公鸡羽毛有黄胸黄背、红胸红背和黑胸红背3种。母鸡全身黄色，有深浅之分，羽片端部或边缘常有黑色斑点，因而形成深麻色或浅麻色	肉用型鸡。成年公鸡体重为3.55千克，母鸡体重为2.84千克。年产蛋100～130枚，蛋重58克，蛋壳呈褐色，壳质细致，结构良好
峨眉黑鸡	四川省峨眉山、乐山的丘陵山区	峨眉黑鸡体型较大，体态浑圆。全身羽毛呈黑色，有金属光泽。大多为红色单冠，少数有红色豆冠或紫色单冠或豆冠。喙、胫呈黑色，皮肤呈白色，偶有乌皮。公鸡梳羽和镰羽发达	兼用型鸡种。成年公鸡体重为3.0千克，母鸡体重为2.2千克。210日龄左右开产，年产蛋120枚，平均蛋重54克，蛋壳呈褐色
吐鲁番鸡	新疆吐鲁番、鄯善、托克逊一带	毛色较杂，有黑色、浅麻色、栗褐色3种毛色。体大、魁梧、健壮，羽毛丰满、光泽而美丽。头顶宽平而长。喙短、弯曲、粗壮、强劲有力。冠为复冠，矮小，冠色为深红色	专用型鸡种。成年公鸡体重为4～4.5千克，母鸡为3～3.5千克。210～270日龄开产，年产蛋60～80枚，平均蛋重为65克，最高达85克。蛋壳多为浅棕色
丝羽乌骨鸡	江西省的泰和县	纯种乌骨鸡的外貌特征表现为“十全”，即桑葚冠、缨头、绿耳、胡须、丝羽、五爪、毛脚、乌骨、乌肉、乌皮	专用型鸡。具有较高的药用价值
静宁鸡	甘肃省静宁县和庄浪县	体型中等，呈长方形。头颈高举，尾羽耸立。胸部发达，背宽而长。多为胡桃冠，有少量单冠。喙呈青色，皮肤呈白色，有少量胫羽。公鸡羽毛以红棕色及酱红色为主，主翼羽、主尾羽为黑色，镰羽发达，外观美丽。母鸡羽色以黄色为主，麻色次之，有少数黑色和其他杂色	具有较好的产蛋、产肉性能和良好的适应性，肉质鲜嫩，鸡汁鲜美，口感上乘，风味独特。年产蛋117枚，最高可达218枚。公鸡6月龄体重为1.43千克，母鸡9月龄的平均体重可达1.51千克

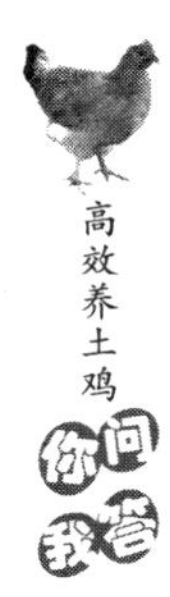

（续）

名称	产地分布	外貌特征	生产性能
文昌鸡	海南省文昌市	文昌鸡体型紧凑、匀称，呈楔形。羽色有黄色、白色、黑色和芦花等。头小，喙短而弯曲，呈浅黄色或浅灰色。单冠直立，冠齿6~8个。冠、肉髯呈红色。耳叶以红色居多，少数呈白色。虹彩呈橘黄色。皮肤呈白色或浅黄色。胫呈黄色	肉用型鸡种，具有觅食能力强、耐粗饲、耐热、早熟等特点。肉质鲜嫩，肉香浓郁，特别是屠体皮肤薄，毛孔细，肌内脂肪含量高，皮下脂肪含量适中。平均120~126日龄开产，产蛋期存活率95.8%。500日龄母鸡产蛋数120~150个。平均蛋重为44克。蛋壳厚度为0.36毫米
鹿苑鸡	江苏省张家港	体型大，胸部较宽深，羽毛紧贴全身，两腿间距较宽。小单冠，红耳叶。喙、脚和皮肤均为黄色。全身羽毛黄色，紧贴体躯，并且使腿羽显得比较丰满。颈羽、主翼羽和尾羽有黑色斑纹。公鸡羽毛色彩较浓，梳羽、蓑羽和小镰羽呈金黄色，大镰羽呈黑色，皆富有光泽	兼用型鸡种。成年公鸡体重为3.0千克，母鸡体重为2.3~2.7千克。180日龄开产，年产蛋140~150枚，平均蛋重为55克，蛋壳呈褐色

10 如何选择土鸡品种?

在选择土鸡品种时要考虑如下方面：

（1）市场需求和市场价格 不同地区由于消费习惯不同，对土鸡外貌特征有不同要求，所以，考虑销售地区和消费对象的需求，选择他们喜爱的羽色和皮肤颜色的品种。

（2）土鸡的生产性能 土鸡品种众多，通常未经系统的选育，并且各地的生态环境和养殖方式也不尽相同。因此，不仅不同品种间生产性能差异较大，而且群体内不同个体间生产性能也很不一致。市场上种鸡来源混杂，群体整齐度较差，羽色、体貌、生产性能和体重大小不整齐。因此，应注意选择体型外貌一致，并且生产性能较好的品种。

（3）适应能力 土鸡的适应能力直接关系到土鸡生产性能的发挥。特别是放养土鸡时多在野外，外界环境条件变化大，如温度、气流、光照等，还会遭受雷鸣闪电、大风大雨、野兽或其他动物侵袭等一些意想不到的刺激，应激因素很多，再加之管理相对粗放，所以，土鸡必须具有较强的抵抗力和适应能力，否则在放养时就可能出现较多的伤亡或严重影响生产性能的发挥。土鸡在放养过程中要大量的觅食野生饲料资源，必须具有较强的觅食能力，同时，野生的饲料资源中含有较多的植物饲料，粗纤维含量高，放养土鸡还应具有较强的消化能力，提高粗纤维的消化利用率。

（4）放养地条件 许多土鸡养殖户利用林地、园地、草地、大田、山地等放养，放养地不同，放养条件也有差异，从而影响土鸡品种的选择。果园、林地或山地放养要求选择腿细长，奔跑能力、觅食能力和抗病能力强，肉质好的小体型鸡（最大能长到1～1.5千克）。这种土鸡觅食活动能达到几百米远，身体灵活能逃避敌害生物，尽管生长慢一些，但因为成活率高，市场售价高，饲养收入要大于其他鸡种。而要圈养，可以选择利用杂交方式选育的一些黑羽红冠带有土鸡特点的品种鸡（这些鸡生长速度相对较快、体重较大，但觅食能力和活动能力差，仅适合集中饲喂条件下的圈养）。

【提示】 种鸡场的管理水平直接影响到其后代的质量和生产性能的表现。要选择管理严格、信誉度高和有资质的种鸡场引种。

11 土鸡有哪些选育方法?

育种实践中，不仅要提高土鸡的生产性能，而且要注意其装饰性状（如羽色、冠形、肤色、胫色、体型等），以满足不同消费者的需求。根据对土鸡不同性状的需求，需要进行选择，其选择方法如下：

（1）表型选择 根据土鸡的外貌特征、生理特征和生产性能记录等进行选择。育种实践中，快慢羽可进行表型选择，雏鸡出壳后第1天根据主翼羽和覆主翼羽的长短选择出快羽、慢羽并分别组群

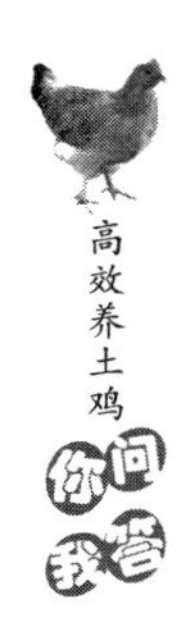

繁殖，在以后各代中逐步选择淘汰慢羽群中的快羽，或经过测定淘汰慢羽群中杂合子公雏。土鸡的鸡冠发育迟早的选择在30日龄左右进行，选择鸡冠发育快、鸡冠红润的个体留种。此外，绿壳蛋、产蛋性能、生长速度等性状的选择均采用表型选择。

（2）基因型选择 基因型选择是以表型选择为基础，根据被选个体的祖先、同胞、后裔和个体本身的遗传性能表现进行的选择。

质量性状的基因型选择比较容易，利用孟德尔定律来进行遗传分析。例如，丝羽性状的选择，丝羽性状由一对隐性基因控制，在快大型乌骨鸡选育中，艾维茵肉鸡与丝羽乌骨鸡杂交后的F_1代全部为正常羽，F_2代中出现的丝羽个体则为隐性纯合体，选择隐性个体纯繁可获得速长型丝羽鸡。而显性基因选择比较困难，因为显性纯合体和显性杂合体的表型相同。因此，除根据表型淘汰隐性个体外，还可应用侧交方法淘汰杂合子。

数量性状的选择比较复杂。任何一个数量性状的表型值都是遗传和环境共同作用的结果。一般我们把遗传效应分为加性效应、显性效应和互作效应。加性效应的基因值可真实地遗传给后代，而显性效应和互作效应虽然也受基因控制，但不能真实地遗传给后代，育种过程中不能固定，对育种工作意义不大。

（3）个体选择 个体选择是指依据个体表型值进行的选择。个体选择是育种实践中广泛采用的一种方法。它适用于质量性状和遗传力中等以上数量性状的选择。个体选择可以有效地改进体重、蛋重、蛋壳、羽毛生长速度和早熟性，是土鸡育种实践中常用的方法之一。

（4）家系选择 家系选择是根据家系的表型值进行选择的一种方法。家系选择是现代家禽育种中广泛采用的一种方法，适用于遗传力低，但经济性状又很重要的选择，如产蛋量、受精率和生命力等。家系选择并不以个体表型值的大小为依据，而是以家系表型均值的大小为依据，以家系为单位进行选择。

> **【提示】** 在育种实践中，注意将个体选择和家系选择结合进行，不能简单地割裂开来。

（5）**单性状选择** 单性状选择是针对某一个性状进行选择，在土鸡育种实践中也经常用到，特别是在一个有稳定遗传结构的群体中选择某一标志性性状时采用，如青胫、青喙、乌皮、乌骨等性状的选择。

（6）**多性状选择** 多性状选择是指育种实践中对多个性状同时选择的一种方法，是家禽育种中常采用的方法。多性状的选择方法有顺序选择法（把所要选择的几个性状，按顺序单独进行选择，这种选择方法需较长时间，而且在遇性状之间呈负相关时，很可能顾此失彼，在使用上有其局限性）、独立淘汰法（对各个待选性状规定一个淘汰标准，个体或家系只要其中一项指标未达标就被淘汰。这种方法易把一些个别性状优良的个体或家系淘汰掉，留下一些所谓的“中庸者”。在鸡育种中，独立淘汰法仍有较强的实用价值）和综合指数选择法（对几个性状同时进行选择时，按照每个性状的遗传力和相关程度及在经济上的重要性，制定一个能代表育种值的综合指数作为选择依据，选择指数比较高的个体留作种用）。

12 土鸡有哪些繁育方法?

（1）**纯种繁育** 用同一品种内的公鸡和母鸡进行配种繁殖，这种方式能保持一个品种的优良性状，有目的地进行系统选育，能不断提高该品种的生产能力和育种价值，所以，无论在种鸡场还是商品生产场都被广泛采用。但要注意，采用本品种繁育，容易出现近亲繁殖的缺点，尤其是规模小的鸡场，鸡群数量小，很难避免近亲繁殖，从而引起后代的生命力和生产性能降低。为了避免近亲繁殖，必须进行血缘更新。

（2）**杂交利用** 不同品种间的公鸡和母鸡的交配称为杂交。由2个或2个以上的品种杂交所获得的后代，具有亲代品种的某些特征和性能，丰富和扩大了遗传物质基础和变异性，因此，杂交是改良现有品种和培育新品种的重要方法。由于杂交一代常常表现出生命力强、成活率高、生长发育快、产蛋产肉多、饲料报酬高、适应性和抗病力强的特点，所以在生产中利用杂交生产出的具有杂种优势的后代，作为商品鸡是经济而有效的。

第二章
土鸡的营养与饲料

13 土鸡需要哪些营养物质？

土鸡的生长、发育和生产需要能量、蛋白质、矿物质（包括常量元素和微量元素）、维生素和水等几大类营养物质。

（1）能量 土鸡的生存、生长和繁殖都需要能量。能量不足，土鸡生长缓慢、产蛋减少，体质变差，甚至会导致死亡。能量主要来源于饲料中的碳水化合物、脂肪，当蛋白质多余而能量不足时，将分解蛋白质产生能量。

① 碳水化合物。能量的主要来源还是碳水化合物，碳水化合物在各种饲料原料中含量最高，通常占到饲料干物质的1/3。碳水化合物包括糖、淀粉、纤维素、半纤维素、木质素、果胶、黏多糖等物质。饲料中的碳水化合物除少量的葡萄糖和果糖外，大多数以淀粉、纤维素和半纤维素等多糖形式存在。

淀粉主要存在于植物的块根、块茎及谷物类籽实中，其含量可高达80%以上。在木质化程度很高的茎叶、稻壳中可溶性碳水化合物的含量则很低。在动物消化道内，淀粉在淀粉酶、麦芽糖酶等水解酶的作用下水解为葡萄糖而被吸收。

纤维素、半纤维素和木质素存在于植物的细胞壁中，一般情况下，不容易被土鸡所消化。因此，鸡饲料中纤维素的含量不可过高，一般纤维素的含量应控制在2.5%～5%。如果饲料中纤维素的含量过低，也会影响土鸡胃、肠的蠕动和营养物质的消化吸收，并且易发生吞食羽毛、啄肛等不良现象。

碳水化合物在体内可转化为肝糖原和肌糖原储存起来，以备不时之需。糖原在动物体内的合成储备与分解消耗经常处于动态平衡状态。动物摄入的碳水化合物，在氧化、供给能量、合成糖原后有剩余时，将用于合成脂肪储备于机体内，以供营养缺乏时使用。

② 脂肪。脂肪不仅能够提供能量，而且是构成细胞膜的重要物质，还参与体内脂溶性维生素的吸收与转运。脂肪所含能量较高，是碳水化合物、蛋白质的 2.25 倍，生产中为了获得较高的能量饲料，需要在饲料中加入油脂。在体内，脂肪酸可以由淀粉转化而来，合成脂肪。但是亚油酸不能在鸡体内合成，玉米和豆粕中的亚油酸含量丰富，一般也不会缺乏。

（2）蛋白质 蛋白质是构成生物有机体的主要物质。土鸡的肌肉、血液、羽毛、皮肤、神经、内脏器官、激素、酶、抗体等主要由蛋白质构成。另外，鸡肉和鸡蛋的主要成分也是蛋白质。蛋白质的基本构成单位为氨基酸，构成蛋白质的氨基酸有 20 种，分为必需氨基酸和非必需氨基酸 2 类。对于土鸡来说，赖氨酸、甲硫氨酸、异亮氨酸、亮氨酸、色氨酸、组氨酸、苯丙氨酸、缬氨酸、苏氨酸、精氨酸和谷氨酸为必需氨基酸，它们在土鸡体内不能合成，必须由饲料供给。非必需氨基酸在鸡体内可相互转化或由必需氨基酸转化而来，只要满足总蛋白质需求，就不会缺乏。

土鸡以植物性饲料为主配合日粮时，最易缺乏的氨基酸为甲硫氨酸、赖氨酸和色氨酸，配方时要注意合理搭配饲料原料，饲料多样化可以使氨基酸互补。适当添加动物性饲料（鱼粉、肉骨粉等），必要时添加氨基酸添加剂，可以提高饲料的利用率。雏鸡缺乏氨基酸时，表现为体重小、生长缓慢、羽毛生长不良；成年鸡缺乏氨基酸时，表现为性成熟推迟、产蛋小、无产蛋高峰及易发生啄癖。

（3）矿物质 矿物质是构成骨骼、蛋壳、羽毛、血液等组织不可缺少的成分，对鸡的生长发育、生理功能及繁殖系统具有重要作用。按照各种矿物元素在动物体内的含量不同，可将其分为常量元素与微量元素 2 类。常量元素是指占动物体总重量 0.01% 以上的元素，它包括钙、磷、镁、钠、钾、氯和硫 7 种元素；微量元素则是指占动物体总重量 0.01% 以下的元素，包括铁、铜、锌、锰、碘、

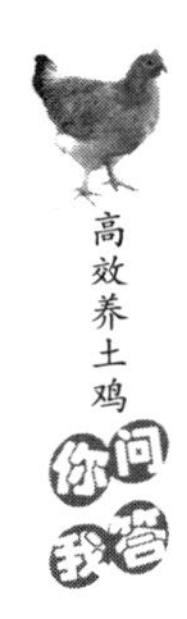

钴、硒、钼、铬等40余种元素。常量元素占动物体内矿物元素总量的99.95%；而微量元素则仅占矿物元素总量的0.05%。

（4）维生素 维生素是动物机体进行新陈代谢、生长发育和繁衍后代所必需的一类有机化合物。维生素的种类很多，但归纳起来分为两大类：一类是脂溶性维生素，包括维生素A、维生素D、维生素E及维生素K；另一类是水溶性维生素，主要包括维生素B族和维生素C。动物对维生素的需要量很小，通常以毫克计。但它们在动物体的生命活动中所起的生理作用却很大，而且相互之间不可代替。

维生素不是形成动物机体各种组织、细胞和器官的原料，也不是能量物质。它们主要是以辅酶和辅基的形式参与构成各种酶类，广泛地参与动物体内的生物化学反应，从而维持机体组织和细胞的完整性，以保证动物的健康和生命活动的正常进行。

动物体内的维生素可从饲料中获取、消化道中微生物合成和动物体的某些器官合成，共3种途径。土鸡的消化道短、消化道内的微生物较少，合成维生素的种类和数量都有限；土鸡除肾脏能合成一定量的维生素C外，其他维生素均不能在鸡体内合成，而必须从饲料中摄取。

动物缺乏某种维生素时，会引起相应的新陈代谢和生理机能的障碍，导致特有的疾病，称为某种维生素缺乏症。数种维生素同时缺乏而引起的疾病，则称为多种维生素缺乏症。

（5）水 水是鸡体的主要组成部分（鸡体内含水量为50%~60%，主要分布于体液、淋巴液、肌肉等组织中），对鸡体内正常的物质代谢有着特殊作用，是鸡体生命活动过程不可缺少的。它是各种营养物质的溶剂，鸡体内各种营养物质的消化与吸收、代谢废物的排出、血液循环、体温调节等都离不开水。鸡和其他动物一样，失去所有的脂肪和一半蛋白质仍能活着，但体内失去总含水量1/10的水分则多数会死亡。鸡所需要的水分6%来自饲料，19%来自代谢水，其余的75%则靠饮水获得，所以水是鸡体必需的营养物质。如果饮水不足，饲料消化率和鸡的生长速度就会下降，严重时会影响健康，甚至引起死亡。高温环境下缺水，后果更为严重。因此，必须供给充足、清洁的饮水。

14 土鸡的能量饲料有哪些?

能量饲料是指那些富含碳水化合物和脂肪的饲料，在干物质中粗纤维含量在18%以下，粗蛋白质含量在20%以下。这类饲料主要包括禾本科的谷实饲料（玉米、小麦、大麦、小米、高粱）和其加工后的副产品（麦麸、米糠类、糟渣类）、动植物油脂和糖蜜等，是鸡饲料的主要成分，用量占日粮总量的60%左右。

15 土鸡的蛋白质饲料有哪些?

蛋白质饲料是指干物质中粗纤维含量低于18%，而粗蛋白质含量高于20%的一类饲料，一般在日粮中占10%~30%。蛋白质饲料包括植物性蛋白质饲料（膨化大豆、大豆粕饼、花生粕饼、棉籽粕饼、菜籽粕饼、芝麻饼、葵花饼等）和动物性蛋白质饲料（鱼粉、血粉及肉骨粉、蚕蛹粉、羽毛粉及人工培育的昆虫和蚯蚓等）。

16 土鸡的矿物质饲料有哪些?

矿物质饲料是为了补充植物性和动物性饲料中某种矿物质的不足而利用的一类饲料。大部分饲料中都含有一定量的矿物质，在散养和低产的情况下，看不出明显的矿物质缺乏症，但在舍饲、笼养、高产的情况下矿物质需要量增多，必须在饲料中补加。矿物质饲料主要有骨粉或磷酸氢钙、贝壳粉、石粉、蛋壳粉、食盐、沸石等。

17 土鸡为何要饲喂沙砾?

沙砾有助于肌胃中饲料的研磨，起到“牙齿”的作用，舍饲鸡或笼养鸡要注意补给，不喂沙砾时，土鸡对饲料的消化能力大大降低。据研究，土鸡吃不到沙砾，饲料消化率要降低20%~30%，因此必须经常补饲沙砾。沙砾要不溶于盐酸。

18 土鸡的青绿饲料有哪些?

青绿饲料中胡萝卜素较多，某些B族维生素丰富，并含有一些微量元素，对于土鸡的生长、产蛋、繁殖及维持鸡体健康均有良好

作用。青绿饲料包括青菜类、块茎类、青绿多汁饲料和草粉等，常用的有白菜、胡萝卜、野菜类和干草粉（苜蓿草粉、槐叶粉和松针粉）等。一般用量占精饲料的20%～30%（舍内规模化饲养，使用青绿饲料不方便，可利用人工合成的维生素添加剂来代替青绿饲料）。喂青绿饲料应注意其质量，以幼嫩时期或绿叶部分含维生素较多。饲用时应防止腐烂、变质、发霉等，并应在鸡群中定时驱虫。

19 土鸡的饲料添加剂有哪些?

为了满足土鸡的营养需要，保证日粮的全价性，需要在饲料中添加原来含量不足或不含有的营养物质和非营养物质，以提高饲料的利用率，促进土鸡生长发育，防治某些疾病，减少饲料储藏期间营养物质的损失或改进产品品质等，这类物质称为饲料添加剂。

饲料添加剂主要有维生素、微量元素添加剂、氨基酸添加剂、抗生素添加剂、中草药饲料添加剂、酶制剂、微生态制剂、酸制（化）剂、低聚糖、糖萜素、大蒜素、驱虫保健剂、防霉剂、抗氧化剂和增色剂等。

20 如何开发树叶类饲料?

鲜嫩叶的营养价值高，含有丰富的维生素和一些活性物质，可以开发饲喂土鸡。

（1）树叶的采收方法 采收方法对树叶的营养成分影响较大。采集树叶应在不影响树木正常生长的前提下进行，如果为了采集树叶而折枝毁树，不仅影响树木生长，而且破坏生态环境。树叶的采收方法如下：

1）青刈法。青刈法适宜分枝多、生长快、再生力强的灌木，如紫穗槐等。

2）分期采收法。对生长繁茂的树木，如洋槐、榆、柳、桑等，可分期采收下部的嫩枝、树叶。

3）落叶采集法。落叶采集法适宜落叶乔木，特别是高大不便采摘的或不宜提前采摘的数叶，如杨树叶等。

4）剪枝法。对需适时剪枝的树种或耐剪枝的树种，特别是道路两旁的树和各种果树，可采用剪枝法。

（2）采收时间 树叶的采收时间依树种而异。松针在春秋两季其含松脂率较低的时期采集；紫穗槐、洋槐叶在北方地区一般于7月底至8月初采集，最迟不要超过9月上旬；杨树叶在秋末刚刚落叶时开始收集，而不能等落叶变枯黄再收集；还可以收集修枝时的叶子；橘树叶在秋末冬初，结合修剪整枝，采集枯叶和嫩枝。

（3）树叶的加工利用 不同类型树叶加工利用方法如下：

1）针叶的加工利用。松针粉中含有多种氨基酸、微量元素，能有效地刺激蛋鸡的排卵功能，提高产蛋率。蛋鸡日粮中添加3%～5%松针粉，产蛋量提高6.1%～13.8%，饲料利用率提高15.1%，蛋重提高2.9%，受精率提高1.0%，并且蛋黄颜色较深；肉鸡日粮中添加3%～5%松针粉，日增重提高8.1%～12.0%，饲料报酬提高8.4%，并且肉质鲜嫩可口。同时，松针粉中含有植物杀菌素和维生素，具有防病抗病功效，能有效地抵御鸡病发生，从而提高雏鸡的成活率，在雏鸡日粮中添加2%松针粉，成活率、增重率和饲料转化率则分别提高7.1%、11.1%和28.4%，生长期缩短10天。

针叶采集后要保持其新鲜状态，含水量为40%～50%。原料储存时要求通风良好，不能日晒雨淋，采收到的原料应及时运至加工场地，一般从采集到加工不能超过3天，以保证产品质量。对树枝上的针叶，应进行脱叶处理。脱叶分手工脱叶和机械脱叶。手工脱下的针叶含水量一般为65%左右，杂质含量（主要是指枝条）不超过35%；机械脱下的针叶含水量为55%左右，杂质含量不超过45%。用切碎机将针叶切成3～4厘米，以破坏针叶表面的蜡质层，加快干燥速度。可采用自然阴干或烘干。烘干温度为90℃，时间为20分钟。干燥后应使针叶的含水量从40%～50%降到20%，以便粉碎加工和成品的储存运输。用粉碎机将针叶加工成2毫米左右的针叶粉，针叶粉的含水量应低于12.5%。加工好的针叶粉的外观为浅绿色，有针叶香味。

针叶粉要用棕色的塑料袋或麻袋包装，防止阳光中紫外线对叶绿素和维生素的破坏。另外，储存场所应保持清洁、干燥、通风，以防吸湿结块。在良好的储存条件下，针叶粉可保存2～6个月。

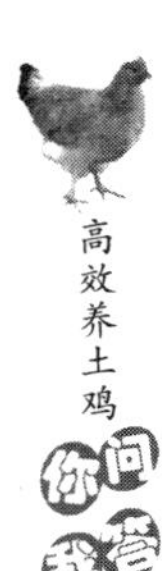

针叶粉作为添加饲料适用于各类畜禽，可直接饲喂或添加到混合饲料中。针叶粉应周期性地饲用，连续饲喂 15～20 天，然后间断 7～10 天，以免影响禽产品的质量。松针粉含有松脂气味和挥发性物质，在畜禽饲料中的添加量不宜过高。一般在肉鸡饲料中的添加量为 3%，蛋鸡和种鸡为 5%；针叶浸出液可供家畜饮用，也可与精饲料、干草或秸秆混合后饲喂。家禽对浸出液有一个适应过程，开始应少量，然后逐渐加大到所要求的量。

2）阔叶的加工利用。阔叶粉碎后可作为配合饲料、混合饲料的原料，在鸡饲料中掺入总量的 5%～10%。阔叶在利用前应进行糖化发酵。将树叶粉碎，掺入一定量的谷物粉，用 40～50℃温水搅拌均匀后，压实，堆积发酵 3～7 天。发酵可提高阔叶的营养价值，减少树叶中单宁的含量。糖化发酵的阔叶饲料主要用于喂猪、鸡；进行蒸煮利用。把阔叶放入金属筒内，用蒸汽加热（180℃左右）15 分钟后，树叶的组织被破坏，利用筒内设置的旋转刀片将原料切成类似“棉花”状物。

21 如何育虫养鸡?

在放牧的地方育虫，鸡可以直接啄食，具体方法如下：

（1）稀粥育虫法 在放牧场的不同区域选择多个小地块作为育虫地，轮流在地上泼稀粥，然后用草等盖好，2 天后草下尽生小虫子，让鸡轮流到各地块上去吃虫子即可。育虫地块注意防雨淋和防水浸。

（2）稻草米糠育虫法 在放牧场挖 1 个宽 0.6 米、深 0.3 米，长度适当的长方形土坑，将稻草切成 6～7 厘米长，用水煮 2 小时，捞出倒入坑内，上面盖 6～7 厘米厚的污泥（水沟泥或塘泥）、垃圾等，再用污泥压实，每天浇 1 盆洗米水。经过 8 天，坑内即可生虫子，翻开压盖物，让鸡啄食即可。鸡每次吃完后，需再盖好污泥等，再浇 1 盆洗米水，可继续生虫子供鸡食用。

（3）粪便发酵育虫 每 500 千克猪粪晒至七成干后加入 20% 肥泥和 3% 麦糠或米糠拌匀，堆成堆后用塑料薄膜封严发酵 7 天左右。挖 1 个深 50 厘米的土坑，将以上发酵料平铺于坑内 30～40 厘米厚，上用青草、草帘、麻袋等盖好，保持潮湿，20 天左右即生蛆、虫、蚯蚓等；在牛粪中加入10%米糠和5%麦糠拌匀，倒在荫凉处的土坑里，上盖杂草、秸秆等，最后用污泥密封，经过20天即可生虫子；在较潮湿的地块上挖1个长和宽各1~2米、深0.3米的土坑，坑底铺一层碎杂草，杂草上铺一层马粪，马粪上再撒一层麦糠，如此一层一层铺至坑满为止，最后盖一层草，坑中每天浇水1次，经1周左右即可生虫子。在放牧场内利用经杀菌消毒处理且发酵的猪粪、鸡粪加20%肥土和3%糠麸拌匀堆成堆后，覆膜发酵7天左右，将发酵料铺在砖砌地面或50厘米宽、70厘米长、30厘米深的坑中，用草盖好，保持潮湿20天左右即可生蛆、虫、蚯蚓等，每天将发酵料翻撒一部分供鸡食用，可节约饲料30%。

（4）杂物育虫法 将鲜牛粪、鸡毛、杂草、杂粪等物混合加水，调成糊状，堆成3米长、1.5米宽、1米高的土堆，堆顶部及四周抹一层稀泥，堆顶部再用草等盖好，以防阳光晒干，经7~15天即可生虫子。

（5）腐草育虫法 在较肥沃的地块挖宽约1.5米、长1.8米、深0.5米的土坑，坑底铺一层稻草，其上盖一层豆腐渣，然后再盖一层牛粪，牛粪上盖一层污泥，如此铺至坑满为止，最后盖一层草，经1周左右即可生虫子。

（6）豆腐渣或豆饼育虫法 把1~2千克豆腐渣倒入缸内，再倒入一些洗米水，盖好缸口，过5~6天即可生虫子，再培育3~4天即可让鸡采食。用6口缸轮流育虫，可满足50只鸡食用。或者把少量豆饼敲碎后与豆腐渣一起发酵，再与秕谷、树叶等混合，放入20~30厘米深的土坑内，上面盖一层稀污泥，再用草等盖严实，经过6~7天即可生虫子。

（7）酒糟或米糠育虫法 酒糟10千克加豆腐渣50千克混匀，在距离房屋较远处堆成长方形，过2~3天即可生虫子，5~7天后可让鸡采食。或者在庭院角落处堆放两堆麦（米）糠，分别用草泥（碎草与稀泥混合而成）糊起来，数天后即可生虫子。或者在鸡舍附近堆放米糠，分别用草泥（碎草与稀泥混合而成）糊起来，数天后即可生虫子，轮流让鸡采食，采食完后再将麦糠等集中成堆照样糊草泥，又可生虫子。

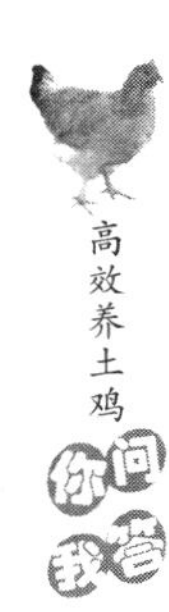

22 如何人工养殖蝇蛆？

蝇蛆是营养成分全面的优质蛋白质资源。分析测试结果表明，蝇蛆含粗蛋白质59%~65%、脂肪2.6%~12%，无论是原物质还是干粉，蝇蛆的粗蛋白质含量都与鲜鱼、鱼粉及肉骨粉相近或略高。蝇蛆的营养成分较全面，含有动物所需要的17种氨基酸，并且每种氨基酸的含量均高于鱼粉。同时，蝇蛆还含有多种生命活动所需要的微量元素，如铁、锌、锰、磷、钴、铬、镍、硼、钾、钙、镁、铜、硒、锗等。使用蝇蛆生产的虫子鸡，肌肉纤维细，肉质细嫩，口感爽脆，香味浓郁，补气补血，养颜益寿。虫子鸡的蛋俗称安全蛋，富含人体所需的17种氨基酸、10多种微量元素和多种维生素，特别是被称为“抗癌之王”的硒和锌的含量是普通禽类的3~5倍，是当代最为理想的食疗珍禽和理想的营养滋补佳品，被誉为“蛋中极品”。

（1）建造蛆棚 选择光线明亮、通风条件好的地方建造蛆棚，根据养殖规模，蛆棚的面积一般为30~100米^2。棚内挖置数个5~10米^{2}的蛆池，池四周砌砖20厘米高，用水泥抹光。蛆池四角处各挖一个小坑放置收蛆桶，桶与坑的间隙用水泥抹平。棚内还要设置多条供苍蝇停息的绳子和多个供苍蝇饮水的海绵水盘。

（2）驯化种蝇 把新鲜鸡粪放入蛆池，堆放数个长400厘米、宽40厘米的小堆。蛆棚的门在白天打开，让苍蝇飞入产卵，傍晚时关闭棚门让苍蝇在棚内歇息。野生蝇在产卵后要将其用药剂杀死，蝇蛆化蛹后，把蛹放在5%的EM菌液中浸泡10~20分钟，当蛹变成苍蝇时，再堆制新鲜鸡粪，诱使新蝇产卵，产卵后将苍蝇杀死。如此重复3~5次，即可将野生蝇驯化成产卵量高、孵出蝇蛆杂菌少、个头大的人工种蝇。

（3）收取蝇蛆 进入正常生产后，每天要取走养蛆后的残堆，更换新鲜鸡粪。经人工驯化的苍蝇产卵后10小时即可孵化出蝇蛆，3~4天成熟的蝇蛆就会爬出粪堆，当它们沿着池壁爬行寻找化蛹的地方时，会全部掉入光滑的塑料收蛆桶内。每天可分两次取走蝇蛆，并注意留足1/5蝇蛆，让其在棚内自然化蛹，以保证充足的种蝇产卵。实践证明，用此方法养殖蝇蛆，每1000千克新鲜鸡粪可产活蛆400千克以上，成本极其低廉。

23 如何人工养殖蚯蚓?

蚯蚓含有丰富的蛋白质，适口性好、诱食性强，是畜、禽、鱼类等的优质蛋白质饲料。蚯蚓粪中有22.5%粗蛋白质、丰富的粗灰分、钙、磷、钾、维生素和17种氨基酸。据报道，把90%蚯蚓粪、10%蚯蚓粉和少量微生物配成生物饲料，按1%~5%的最佳添加量添加，可使肉鸡球虫病、呼吸道疾病、消化道疾病减少50%，蛋鸡产蛋高峰期延长25天左右，所产鸡蛋个大、味香、红心。

(1) 蚯蚓的习性 蚯蚓由于长期生活在土壤的洞穴里，其身体的形态结构对穴居生活环境具有相当的适应性。在自然界，蚯蚓以生活在土壤上层15~20厘米者居多，越往下层越少。蚯蚓喜欢温暖、潮湿和安静的环境。一般蚯蚓的活动温度为5~30℃，生长繁殖的适宜温度为15~25℃，在0~5℃则停止生长发育，进入休眠状态，0℃以下或40℃以上常导致死亡。蚯蚓还喜居安静的环境，怕噪声或震动。蚯蚓对光线非常敏感，喜阴暗，怕强光，常逃避强烈的阳光、紫外线的照射，但不怕红光，趋向弱光。蚯蚓的活动表现为昼伏夜出，即黄昏时爬出地面觅食、交尾，清晨则返回土壤中。

(2) 蚯蚓品种 目前已知地球上有蚯蚓2500余种，在我国分布的有160余种，我们要根据养殖目的来选择蚯蚓品种。适合人工养殖的常见蚯蚓品种及其特性见表2-1。

表2-1 适合人工养殖的常见蚯蚓品种及其特性

名称	特征	适应性
威廉环毛蚓	一般长90~250毫米、宽5~10毫米，背面呈青黄色、灰绿色或灰青色，背中线呈青灰色，环带14~16节	目前在江苏、上海一带养殖较多，在自然界中常栖于树林草地较深土层和村庄周围肥土中
湖北环毛蚓	体细长，长70~220毫米、宽3~6毫米，体节为110~133节，全身呈草绿色，背中线呈紫绿色或深绿色，常见一红色的背血管。腹面呈灰色，尾部体腔液中常有宝蓝色荧光。环带3节，乳黄色或棕黄色，是繁殖率较高和适应性较广的品种	常栖于湿度较大的沟渠近水处和山沟阴湿处，较耐低温，秋后可在落水的绿肥田中放养

（续）

名　称	特　征	适 应 性
参环毛蚓	个体较大，长120～400毫米、宽6～12毫米，背面呈紫灰色，后部颜色较深，刚毛圈稍白，为中药材常用蚯蚓	分布于湖南、广东、广西、福建等地，较难定居，在具有优质土壤的草地和灌溉条件较好的果园和苗圃中养较好
赤子爱胜蚓	长60～130毫米、宽3～5毫米，成熟时体重为0.4～1.2克，全身体节为80～110节，环带位于第25～33节。背孔自第4、5节开始，背面及侧面呈橙红色或栗红色，节间沟无色，外观有明显条纹，尾部两侧呈姜黄色，越老颜色越深，体扁而尾略成鹰嘴钩	具有趋肥性强、繁殖率高、定居性好、肉质肥厚及营养价值高等优点。喜在厩肥、烂草堆、污泥、垃圾场生活
白颈环毛蚓	长80～150毫米、宽2.5～5毫米，背面呈中灰色或栗色，后部呈浅绿色。环带3节（位于第14～16节），腹面无刚毛	分布于长江中下游一带，具有分布较广、定居性较好的特点，宜在菜地、红薯等作物地里养殖

（3）养殖方法　适合在放养鸡的场地养殖的方法见表2-2。

表2-2　适合在放养鸡的场地养殖的方法

方　法	内　容
简易养殖法	简易养殖法包括箱养、坑养、池养、棚养、温床养殖等，其具体做法就是在容器、坑或池中分层加入饲料和肥土，料土相同，然后投放种蚯蚓。这种方法的优点是可利用土鸡舍前后等空地及旧容器、砖池、育苗温床等，来生产动物性蛋白质废饲料，加工有机肥料，处理生活垃圾。就地取材、投资少、设备简单、管理方法简便，并可利用业余或辅助劳力，充分利用有机废物
田间养殖法	选用地势比较平坦，能灌能排的桑园、菜园、果园或饲料田，沿植物行间开沟槽，施入腐熟的有机肥料，上面用土覆盖10厘米左右，放入蚯蚓进行养殖，经常注意灌溉或排水，保持土壤含水量在30%左右。冬天可在地面覆盖塑料薄膜保温，以便促进蚯蚓活动和繁殖能力。由于蚯蚓的大量活动，土壤疏松多孔，通透性能好，可以实行免耕。此方法适宜放养鸡的牧地养殖

（4）饲料的处理 凡无毒的植物性有机物质，经发酵腐熟均可作为蚯蚓的饲料。作物秸秆或粗大的有机废物应切碎，垃圾则应分选过筛，除去金属玻璃、塑料、砖石和炉渣，再经粉碎；家畜粪便和木屑则可不进行加工，直接进行发酵处理。将经过处理的有机物质混合均匀，其中以粪料占60%、草料占40%左右的粪草混合物为最好。之后加水拌匀，含水量控制在40%~50%，即堆积后堆底边有水流出为止。堆成梯形或圆锥形，最后堆外面用塘泥封好或用塑料薄膜覆盖，以保温保湿。经4~5天，堆内的温度可达50~60℃，待温度由高峰开始下降时，要翻堆进行第2次发酵，将上层的料翻到下层，四周的料翻到中间，使之充分发酵腐熟，达到无臭味、无酸味，质地松软不沾手，颜色为棕褐色，最后摊开放置。使用前，先检查饲料的酸碱度是否合适，一般pH在6.5~8.0都可使用。过酸可添加适量石灰，过碱可用水淋洗，这样有利于过多盐分和有害物质的排除。饲用前，先用少量蚯蚓试验饲养，若无不良反应，即可应用。

24 各种饲料原料在土鸡日粮中的用量是多少？

各种饲料原料在土鸡日粮中的用量见表2-3。

表2-3 各种饲料原料在土鸡日粮中的用量

各种饲料原料	成年鸡		育成鸡	
	适宜量	最高允许量	适宜量	最高允许量
玉米	40%~60%	70%	30%~50%	60%
燕麦	20%~30%	40%	15%~20%	30%
去皮燕麦	40%~50%	60%	30%~40%	50%
小麦	20%~30%	30%	35%~40%	40%
黍，粟	20%~25%	40%	15%~20%	30%
稻米	20%~30%	40%	15%~20%	30%
黑麦	5%~6%	7%	3%~4%	5%
大麦	30%~40%	50%	15%~20%	40%
豌豆	10%~15%	25%	7%~10%	15%
大豆	10%~15%	20%	7%~10%	15%
小麦麸	7%~10%	15%	5%~7%	10%

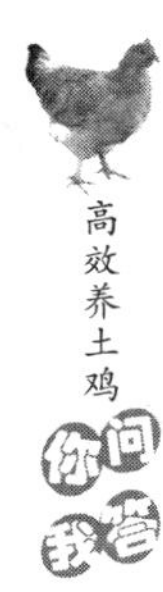

（续）

各种饲料原料	成年鸡		育成鸡	
	适宜量	最高允许量	适宜量	最高允许量
米糠	3%～5%	7%	3%～5%	7%
花生饼	15%～17%	20%	8%～10%	15%
亚麻饼	5%～6%	8%	2%～3%	4%
向日葵饼	15%～17%	20%	8%～10%	15%
大豆饼	18%～20%	30%	15%～20%	30%
饲用酵母	5%～7%	10%	3%～5%	7%
血粉	2%～3%	5%	2%～3%	5%
肉骨粉	5%～7%	10%	3%～5%	7%
羽毛粉	3%～4%	4%	2%～3%	4%
鱼粉	5%～7%	10%	4%～7%	10%
脱脂乳粉	1%～1.5%	3%	2%～3%	4%
苜蓿粉	5%～7%	10%	3%～5%	7%
鱼肝油	1%～2%	3%	0.5%～1%	3%
动物性脂肪	3%～4%	7%	2%～3%	5%
骨粉	2%～3%	3%	1%～2%	2%
贝壳粉	5%～6%	7%	3%～5%	5%
石灰石	5%～6%	7%	3%～5%	5%
食盐	0.3%～0.4%	0.4%	0.2%～0.3%	0.3%
马铃薯	40～50克/（只·天）	80克/（只·天）	20～30克/（只·天）	40克/（只·天）
甜菜	50～60克/（只·天）	100克/（只·天）	20～30克/（只·天）	50克/（只·天）
胡萝卜	20～30克/（只·天）	50克/（只·天）	15～20克/（只·天）	30克/（只·天）
嫩三叶草	15～20克/（只·天）	30克/（只·天）	10～15克/（只·天）	20克/（只·天）
嫩苜蓿	15～20克/（只·天）	30克/（只·天）	10～15克/（只·天）	20克/（只·天）

25 土鸡配合饲料的种类有哪些?

（1）预混料 预混料是由维生素、微量元素、氨基酸等添加剂和食盐与辅料（或载体）、矿物质配合而成的饲料，决定了日粮的全价性，不能直接饲喂，必须配合一定比例的能量饲料和蛋白质饲料。这种饲料一般占全价配合饲料的1%～6%。有饲料加工设备或饲料配合技术较强的大型土鸡养殖场和饲料加工厂可生产使用。盛产各种饲料原料地区的土鸡养殖场和饲料加工点，直接购买不同类型的预混料按照使用说明进行添加使用，可最大限度地降低饲料成本。

（2）浓缩饲料 预混料加上蛋白质饲料构成浓缩饲料，或者全价配合饲料中除能量饲料以外剩余部分的饲料称为浓缩饲料。这种饲料是目前饲料公司生产的主要饲料，适用于能量饲料充足的地方，也适用于受设备限制而不能均匀配合饲料的养殖场（户）。土鸡养殖场和养殖户买回后直接添加玉米、麸皮等能量饲料，混合均匀后即可饲喂土鸡。使用浓缩饲料可以降低运输费用和包装费用。

（3）全价配合饲料 依据土鸡的营养需要，将多种饲料按不同的比例配合成的饲料称为全价配合饲料。这种全价配合饲料被土鸡养殖场和养殖户买回后可直接饲喂。全价配合饲料有干粉料和颗粒料。用粉状全价配合饲料经制粒机压制形成颗粒料。选用棉籽饼、菜籽饼等含有毒素的原料时，要测定毒素含量，控制用量，或者进行脱毒处理。颗粒料有利于鸡的采食，不易挑食，营养平衡，节约饲料。这种饲料适合种土鸡育雏期和商品土鸡育肥期使用，但制粒的加工成本较高。

26 土鸡饲料配制的原则是什么?

（1）灵活应用土鸡的饲养标准 配合日粮时，必须以土鸡的饲养标准为依据，合理应用饲养标准来配制营养完善的全价日粮，这样才能保证鸡群健康并很好地发挥生产性能，提高饲料利用率，降低饲养成本，获得较好的经济效益。但土鸡的营养需要是个极其复杂的问题，饲料的品种、产地、保存好坏都会影响饲料中营养物质的含量，土鸡的品种、类型、饲养管理条件等也能影响营养物质的

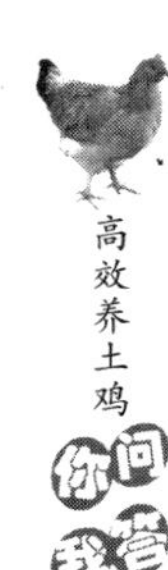

实际需要量，温度、湿度、有害气体、应激因素、饲料加工调制方法等也会影响营养物质的需要量和消化吸收。因此，在生产中原则上既要按土鸡的饲养标准配合日粮，也要根据实际情况做适当的调整。

（2）注意饲料的适口性 土鸡比较挑食，对饲料的适口性要求较高，否则采食量下降，影响生长和产蛋。玉米、豆粕、鱼粉等是土鸡最喜欢的饲料原料。健康养殖土鸡所用的饲料应质地良好，保证日粮无毒、无害、不苦、不涩、不霉、无污染。对某些含有毒有害物质或抗营养因子的饲料最好进行处理或限量使用。另外，土鸡喜食颗粒较大的饲料，不要粉碎太细。饲料发霉、酸败、虫蛀会降低其适口性。

（3）尽量利用和发掘当地的饲料资源 同样的饲料原料，当地原料没有运输费用，价格便宜，可以大大降低饲料成本。所以，大力发掘当地可以利用的饲料资源，能提高饲养效益。例如，槐树叶、松树叶、草粉、小米糠等，可作为非常规饲料原料。

（4）饲料原料要多样化 配合日粮时，应注意饲料原料的多样化，尽量多用几种饲料进行配合，这样有利于充分发挥各种饲料中营养的互补作用，提高日粮的消化率和营养物质的利用率。特别是蛋白质饲料，选用2~3种，通过合理的搭配及氨基酸、矿物质、维生素的添加，可以减少鱼粉、豆粕等价格较高的饲料原料的用量，既能满足鸡的全部营养需要，又能降低饲料价格。

（5）饲料配方要相对稳定 频繁变动饲料配方和原料会造成土鸡的消化不良，影响生长和产蛋。因此，饲料原料要有稳定可靠的来源，有时由于原料价格变化很大，需要改动饲料配方，要逐步进行，避免对土鸡造成大的影响。

27 如何设计土鸡饲料配方？

生产中常用试差法。现举例说明试差法设计饲料配方的方法和步骤。

【例】 设计土鸡产蛋高峰期（产蛋率大于80%）的日粮配方。

第一步，查土鸡产蛋期饲养标准，见表2-4。

表 2-4　土鸡产蛋期饲养标准

营养成分	代谢能/（兆焦/千克）	粗蛋白质（%）	食盐（%）	钙（%）	磷（%）
营养指标	11.50	16.5	0.35	3.2	0.46

第二步，结合本地饲料原料来源、营养价值、饲料的适口性、毒素含量等情况，初步确定选用饲料原料的种类和大致用量。

第三步，从土鸡的常用饲料成分及营养价值表中查出所选用原料的营养成分含量，初步计算粗蛋白质的含量和代谢能。

第四步，将计算结果与饲养标准对比，发现粗蛋白质 17.0%，比饲养标准中的 16.57% 高；代谢能 11.39 兆焦/千克，比饲养标准中的 11.50 兆焦/千克略低。调整配方，增加高能量饲料玉米的比例，降低麸皮的比例，降低高蛋白质饲料豆粕和花生粕的比例，调整后的计算见表 2-5。

表 2-5　土鸡产蛋期日粮配合的计算

饲料种类	初步计算			调整后计算		
	比例（%）	粗蛋白质（%）	代谢能/（兆焦/千克）	比例（%）	粗蛋白质（%）	代谢能/（兆焦/千克）
玉米	62	5.332	8.717	64	5.504	8.998
麸皮	3	0.432	0.197	2	0.288	0.131
豆粕	16	7.552	1.646	15.2	7.174	1.564
棉籽粕	2	0.83	0.159	2	0.83	0.159
菜籽粕	2	0.77	0.160	2	0.77	0.160
花生饼	3	1.317	0.368	2.8	1.229	0.343
鱼粉	1.4	0.771	0.144	1.4	0.771	0.144
石粉	8			8		
骨粉	2			2		
合计	99.4	17.0	11.39	99.4	16.57	11.50

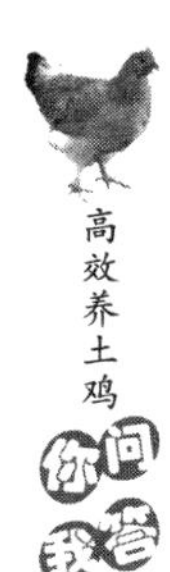

第五步，列出配方。玉米64%、麸皮2%、豆粕15.2%、棉籽粕2%、菜籽粕2%、花生饼2.8%、鱼粉1.4%、石粉8%、骨粉2%、食盐0.25%、复合多维0.04%、甲硫氨酸0.1%、赖氨酸0.1%、杆菌肽锌0.01%。

28 土鸡有哪些参考的饲料配方可供选择?

（1）种用或蛋用土鸡参考的饲料配方 种用或蛋用土鸡参考的饲料配方见表2-6和表2-7。

表2-6 种用或蛋用土鸡参考的饲料配方

饲料种类	比例（%）											
	0~6周龄			7~14周龄			15~20周龄			土鸡产蛋期		
	1	2	3	1	2	3	1	2	3	1	2	3
玉米	65.0	63.0	64.9	65.0	65.0	65.0	70.4	66.0	65.0	64.6	64.6	62.0
麦麸	0	2.0	0	6.0	7.3	6.0	14.0	13.4	13.5	0	0	0
米糠	0	0	0	0	0	0	0	5	7	0	0	0
豆粕	22.0	21.9	25.0	16.3	14.0	13.0	6.0	0	0	15.0	15.0	14.0
菜籽粕	2	0	2	4	4	2	2	6	5	0	2	0
棉籽粕	2	2	2	3	0	2	2	2	2	0	0	0
花生粕	2.0	6.0	2.6	0	3.0	6.0	0	0	0	4.0	4.0	8.0
芝麻粕	2.0	0	0	0	0	0	0	2.0	2.0	2.0	1.0	2.7
鱼粉	2.0	2.0	0	0	1.0	0	0	0	0	3.1	2.0	2.0
石粉	1.22	1.20	1.20	1.20	1.20	1.20	1.10	1.10	1.10	8.00	8.00	8.00
磷酸氢钙	1.3	1.4	1.8	1.2	1.2	1.5	1.2	1.2	1.1	1	1.1	1.0
微量添加剂	0.1	0.1	0.1	0	0	0	0	0	0	0	0	0
复合多维	0.04	0.04	0.04	0	0	0	0	0	0	0	0	0
食盐	0.26	0.30	0.30	0.30	0.30	0.30	0.30	0.30	0.30	0.30	0.30	0.30
杆菌肽锌	0.02	0.02	0.02	0	0	0	0	0	0	0	0	0
氯化胆碱	0.06	0.04	0.04	0	0	0	0	0	0	0	0	0
复合预混料	0	0	0	3	3	3	3	3	3	2	2	2

注：微量添加剂是微量元素添加剂。

表 2-7　土鸡父母代种鸡参考的饲料配方

饲料种类	比例（%）					
	雏鸡（0～8周龄）	育成期（9～19周龄）	产蛋前期（20～24周龄）	高峰期（25～45周龄）	产蛋后期（46周龄～淘汰）	种公鸡（20周龄～淘汰）
玉米	62.6	62.0	64.1	65.0	66.0	62.0
麸皮	6.1	13.5	5.0	2.5	3.8	15.3
豆粕	18.0	9.0	13.0	13.0	11.2	6.5
菜籽粕	3.0	5.5	5.0	5.0	6.0	5.5
鱼粉	6.8	2.0	4.0	4.0	3.0	2.5
骨粉	1.4	2.0	2.1	2.2	2.2	2.2
石粉	—	—	1.5	3.0	2.5	—
贝壳粉	0.8	0.7	4.0	4.0	4.0	0.7
食盐	0.3	0.3	0.3	0.3	0.3	0.3
预混料	1.0	5.0	1.0	1.0	1.0	5.0
营养水平	100	100	100	100	100	100

注：此配方适用于河南省地区饲养的土著鸡父母代种鸡。

（2）商品土鸡参考的饲料配方　商品土鸡参考的饲料配方见表2-8和表2-9。

表 2-8　0～4周龄商品土鸡参考的饲料配方

饲料成分	配方1（%）	配方2（%）	配方3（%）
玉米	60.0	58.0	64.0
豆粕	22.4	22.0	15.0
菜籽粕	2.0	3.0	3.0
棉籽粕	1.0	3.0	5.0
花生粕	6.0	5.0	6.0
肉骨粉	2.0	0	0
鱼粉	2.0	3.0	1.0

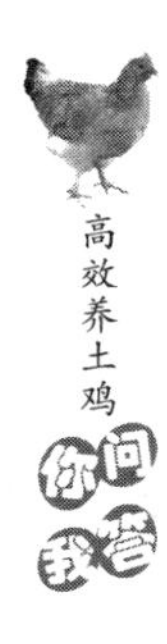

（续）

饲料成分	配方1（%）	配方2（%）	配方3（%）
油脂	0	1.0	1.0
石粉	1.2	1.2	1.2
磷酸氢钙	1.1	1.5	1.5
食盐	0.3	0.3	0.3
复合预混料	2.0	2.0	2.0

表2-9　5周龄以上商品土鸡参考的饲料配方

饲料成分	配方1（%）	配方2（%）	配方3（%）	配方4（%）	配方5（%）	配方6（%）
玉米	63.2	65.6	70.0	69.5	64	64.5
麸皮	3	3	0	0	5	7
豆粕	17.0	20.0	12.0	13.5	20.0	18.0
菜籽粕	0	0	0	0	0	0
棉籽粕	0	0	0	10	0	0
花生粕	5	0	0	0	0	0
蚕蛹	0	0	0	2	0	0
鱼粉	6	3	14	2	8	8
油脂	3	3	0	0	0	0
石粉	0.50	2.00	1.50	0.65	0.33	0.13
磷酸氢钙	1.0	2.0	1.2	1.0	1.3	1.0
食盐	0.30	0.40	0.30	0.35	0.37	0.37
复合预混料	1.0	1.0	1.0	1.0	1.0	1.0

29 配合饲料的形状有哪些？

（1）粉料　粉料是将颗粒大的饲料原料磨碎后按一定比例与其他颗粒小的饲料混合而成的粉状饲料。这种饲料营养全面、均匀、品质稳定，饲喂方便，易于消化吸收，但适口性差，容易浪费。

（2）**颗粒料** 颗粒料是将混合好的粉料，用颗粒机制成直径为2.5～5.0毫米的颗粒。颗粒料饲喂方便，适口性强，能刺激食欲，并能防止挑拣，避免浪费，但颗粒料成本较高。

（3）**破碎料** 将颗粒料再进行破碎而成的饲料为破碎料。它的特点和颗粒料近同，只是颗粒较小。破碎料适于喂雏鸡。

30 浓缩饲料配制和使用应注意什么？

（1）**只需要添加能量饲料** 土鸡浓缩饲料在生产过程中已根据土鸡不同阶段的生长需要和饲料保质需要加入了各种添加剂、矿物质、维生素和蛋白质饲料，因而在使用时只需要添加能量饲料即可，不需要再加入其他添加剂。否则，既增加成本，造成浪费，又会因某些物质过量而造成中毒，抑制土鸡的生长与生产。

（2）**要充分搅拌均匀** 土鸡浓缩饲料与能量饲料进行混合时，无论是机械或人工混合，都必须搅拌均匀，以确保浓缩饲料在成品中均匀分布。这样才能使土鸡浓缩饲料产品在生产中发挥最佳效益。

（3）**注意能量饲料原料的质量** 能量饲料原料（如玉米）的粉碎粒度应符合土鸡要求，一般以直径为2～3毫米的小颗粒为宜。

（4）**注意保存** 注意浓缩饲料的保存，应储藏在阴凉干燥处；注意防潮、防鼠、防虫害；注意储藏期不能过长，以免失效，做好合理计划，尽量在保质期内用完。对于超过保质期的浓缩饲料，一定要慎用。

31 如何去除饲料原料中的有毒物质？

（1）**菜籽饼的脱毒处理** 菜籽饼含有较多的硫代葡萄糖苷和植酸，适口性较差，并且能引起蛋鸡中毒，影响了菜籽饼的营养价值和应用范围。

1）水洗法。在水泥池或缸底开一小口，装上假底，将菜籽饼置于假底上，使凉水连续不断地流入菜籽饼中，不断淋去水，保持2小时，过滤，弃滤液，再用2倍水浸泡3小时，弃滤液，脱毒率可达94%以上。

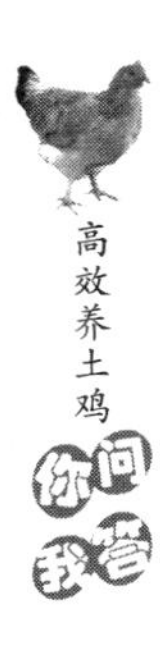

2）铁盐法。将菜籽饼粉碎，按饼重的0.5%～1%称取硫酸亚铁，溶于饼重1/2的水中，待硫酸亚铁充分溶解后，将饼拌湿，存放1小时。在106℃下蒸30分钟，取出风干。这样处理的菜籽饼作为饲料，不但脱毒完全，也能给饲料补偿一部分铁盐。

3）碱处理法。用1%的Na_2CO_3水拌和菜籽饼，湿度控制在50%左右，堆放1小时，然后用100～105℃蒸汽蒸40分钟。

4）坑埋法。坑埋法简单、成本低，硫甙脱毒率可达到90%～97%，噁唑烷硫酮残毒仅为0.006毫克/千克，脱毒率可达99%以上，蛋白质损失率只有1%左右。具体方法是：在干燥耕地上挖宽1.0米、深1.5米，长度依饼的数量而定的土坑。一般每立方米可埋菜籽饼500千克。装坑前，将菜籽饼加等量的水，坑底铺上席子，装满坑后再盖上席子，或者草帘上盖0.3米厚的土，埋2个月即可使用。这种脱毒方法的脱毒率与土壤含水量关系很大，土壤的含水量为5%，脱毒率可达97%以上；土壤的含水量为20%时，脱毒率仅为70%。

5）微生物脱毒法。发酵脱毒剂是将酵母菌、乳酸菌、醋酸菌、白地霉和黑曲霉等微生物混合后用浅盘培养形成的固体培养物。微生物脱毒法是将菜籽饼粉碎，加入菜籽饼重0.5%的复合微生物制剂，拌匀，加水调至含量为40%，在水泥地板上堆积保湿发酵。8小时后品温38℃左右，翻堆1次，再堆积，保温，控制品温在35～38℃。每日翻堆1次，发酵第3天，辛辣味大增，4～5天辛辣味逐渐消失，发酵完毕。太阳下晒至含水量为8%即可。

6）焙炒法。置粉碎的菜籽饼料于锅中，文火焙炒半小时左右，同时不断翻动，至散发出扑鼻香味，然后掺入0.5%食盐，搅拌力求均匀，即可饲用。

（2）棉籽饼的脱毒处理　由于棉籽饼中含有对家畜产生毒副作用的棉酚，若对棉籽饼进行脱毒与发酵处理，则可使其成为优良的高蛋白饲料。

1）热处理法。在油料加工过程中采用高水分蒸炒法（使料坯的含水量达到18%，入榨温度为130%），使棉酚大部分转化成无毒的结合棉酚。此法的缺点是会使蛋白质变性，导致消化率与营养价值降低。

2）硫酸亚铁法。将配制好的硫酸亚铁饱和溶液直接均匀地喷洒在经粉碎的棉籽饼上，含水量不超过10%，以便饼粕安全储存。此外，还可将已加铁剂的饼粕用1%石灰水（比例为1∶1）充分拌匀，置于场地上晒干或烘干后即可。加入石灰水可使脱毒更趋完全。

3）尿素处理法。尿素加入量为饼粕总量的0.25%～2.5%、加水量为10%～50%，加热至85～110℃，经过20～40分钟可使棉籽毒性降至微毒。

4）氨处理法。将棉籽饼和稀氨液（2%～3%）按1∶1的比例搅拌均匀后，浸泡25分钟，再将含水原料烘干至含水量为10%即可。

5）碱液处理法。配制2.5%的NaOH溶液与棉籽饼充分混合，其用量与饼粕重量比为0.92∶1，pH控制在10.5。料温达到72～75℃，持续搅拌10～30分钟后，均匀喷洒。将棉籽饼用石灰水或草木灰水浸泡并淘洗后喂鸡，方法简单，效果亦佳。

6）凹凸棒石处理法。凹凸棒石是一种镁铝硅酸盐，含有很多微量和常量元素，除了可以作为一种矿物质添加剂外，还可作为棉籽饼的脱毒剂；它与棉籽饼一同被均匀地添加到饲料中，其用量与棉籽饼用量的比例为1∶5。

（3）蓖麻饼的脱毒处理 蓖麻饼含有蓖麻毒蛋白、蓖麻碱、CB-IA变应原和血球凝集素4种有毒物质，未经处理不能直接饲喂动物，所以长期以来蓖麻饼被当作肥料施用于农田。

1）盐水浸泡。盐水的浓度为10%，蓖麻饼与盐水的比例为1∶6，在室温下浸泡8小时，过滤后用水冲洗1次，蓖麻碱、变应原的去除率分别为89.15%、78.80%。盐酸的浓度为3%，饼粕与盐酸的比例为1∶3，在室温下浸泡3小时，过滤后用水冲洗2次，蓖麻碱和变应原的去除率分别为80.66%和98.22%。

2）碳酸钠溶液浸泡。碳酸钠溶液的浓度为10%，饼粕与碳酸钠溶液的比例为1∶3，在室温下浸泡3小时，过滤后用水冲洗2次，蓖麻碱和变应原的去除率分别为83.56%和75.06%。

3）石灰法。蓖麻饼中加3倍水，再加4%生石灰，100℃蒸15分钟，烘干，蓖麻碱和变应原的去除率分别为71.38%和100%。

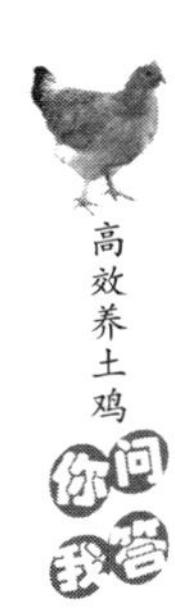

4）氢氧化钠法。先将蓖麻饼中的含水量调到20%，加20%氢氧化钠，在0.14兆帕压力下湿煮，过滤，蓖麻碱和变应原的去除率均为100%。

5）沸水洗涤法。将蓖麻饼用100℃沸水洗涤2次。蓖麻碱和变应原的去除率分别为79.31%和68.71%。

6）蒸煮。蓖麻饼加水拌湿，常压蒸1小时，沸水洗2次。蓖麻碱和变应原的去除率分别为86.90%和93.87%；蓖麻饼加水拌湿，通入120～125℃蒸汽处理45分钟，80℃水洗2次。蓖麻碱和变应原的去除率分别为82.76%和98.45%。

（4）霉变饲料的脱毒处理 霉变饲料含有毒的霉菌毒素，如黄曲霉毒素、麦角毒素、玉米赤霉烯酮等。

1）挑选法。人工挑选局部或少量霉烂变质的饲料，挑选出来的变质饲料要做抛弃处理。

2）水洗去毒法。将轻度发霉的饲料粉（如果是饼状饲料，应先粉碎）放在缸里，加入清水（最好是开水），水要能淹没发霉饲料，泡开饲料后用木棒搅拌，每搅拌一次需要换水一次，如此反复清洗5～6次，便可用来喂养动物。或者将发霉的饲料放在锅里，加水煮30分钟或蒸1天后，去掉水分，再作为饲料用。

3）碳酸钠溶液浸泡。用5%碳酸钠溶液浸泡2～4小时后再进行干燥。

4）化学去毒法。采用次氯酸、次氯酸钠、过氧化氢、氨、氢氧化钠等化学制剂，对已发生霉变的饲料进行处理，可将大部分黄曲霉毒素去除掉。

5）药物去毒法。将发霉的饲料粉用0.1%高锰酸钾溶液浸泡10分钟，然后用清水冲洗2次，或者在发霉饲料粉中加入1%硫酸亚铁粉末，充分拌匀，在95～100℃条件下蒸煮30分钟即可。

6）维生素C去毒法。维生素C可阻断黄曲霉毒素的氧化作用，从而阻止其氧化为具有活性的毒性物质。在饲料中添加一定量的维生素C，再加上适量的氨基酸，是防止动物黄曲霉毒素中毒的有效方法。

7）吸附去毒法。使用霉菌毒素吸附剂可有效去除霉变饲料中的毒素。它是通过霉菌毒素吸附剂在畜禽和水生动物体内发挥吸附毒素的功效，以达到脱毒的目的，是常用、简便、安全、有效的脱毒方法。应用中要选用既具有广谱吸附能力又不吸附营养成分，并且对动物无负面影响的吸附剂。较好的吸附剂有百安明、霉可脱、霉消安-1、抗敌霉、霉可吸等。

凡经去毒处理的饲料，不宜再久储，应尽快在短时期内投喂。

32 如何合理储藏饲料原料？

在正常情况下，购入的原料一般在使用前会在仓库里存放一定时间，边取边用。在原料存放期间，尽可能减少原料在储藏过程中的损失，维持其原有的状态和营养特性。

（1）先入先用 入库的原料实行挂牌存储，标明原料的品种、产地、入库时间、质量、件数及主要营养成分含量、垛号等，先入库的先用。要做好每日原料和添加剂的领出量和存留量的记录。

（2）定期检查 定期检查储存原料的温度、水分、有无霉变等，发现异常时应及时进行挑拣、翻垛、提前使用等。大宗和使用时间长的饲料原料要定期抽样检查。发生霉坏或有异议的原料不能随便投入生产，要经有关人员检验后视情况做出处理意见方可使用。

（3）环境适宜 原料储藏厂库要高燥，通风良好。存放添加剂或易吸潮的原料时，应注意通风，使用防潮板。

33 如何生产加工优质饲料？

（1）原料的选择 选择符合标准要求的原料，对霉坏、结块的原料有责任拒绝领取。

（2）严格执行配方的原料种类、质量和数量 原料的种类、数量必须与饲料配方的原料组成相符，不能随意增减饲料原料的数量或更换饲料原料。

（3）保持加工设备干净 配料前要清理干净饲料机械中残留的饲料，避免混料。

（4）注意饲料的粉碎粒度 按照要求进行饲料粉碎，特别要注

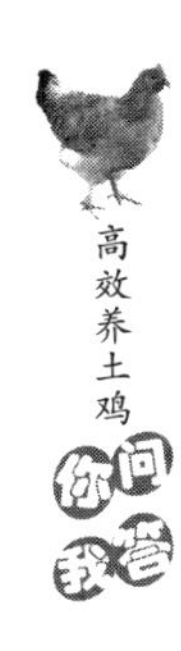

意饲料的粉碎粒度。

（5）混合均匀 饲料混合不均匀，则配方在无形中发生了更改，饲料产品的质量就会受到影响，甚至引起动物的中毒或死亡。饲料混合的时间和方法要得当，一些微量成分先进行预混合再与大宗饲料原料一起混合。

34 如何安全储存配合饲料?

（1）配合饲料储存的环境条件控制 配合饲料储存的环境条件控制如下：

1）水分和湿度的控制。配合饲料储存中的水分一般要求在12%以下，如果将水分控制在10%以下，则任何微生物都不能生长。配合饲料的水分大于12%或空气中湿度大时，配合饲料在储存期间必须保持干燥，包装要用双层袋，内用不透气的塑料袋，外用编织袋包装。注意储存环境特别是仓库要经常保持通风、干燥。

2）温度的控制。温度低于10℃时，霉菌生长缓慢，高于30℃时则生长迅速，使饲料质量迅速变坏，饲料中不饱和脂肪酸在温度高、湿度大的情况下，也容易氧化变质。因此，配合饲料应储于低温通风处。库房应具有防热性能，防止日光辐射，房顶要加刷隔热层；墙壁涂成白色，以减少吸热。仓库周围可种树遮阴，以改善外部环境，调节库房内小气候，确保储藏安全。

3）虫害、鼠害的预防。储存中影响害虫繁殖的主要因素是温度、相对湿度和饲料含水量。一般储粮害虫的适宜生长温度为26～27℃，相对湿度为10%～50%。一般蛾类吃食饲料表层，甲虫类则全层为害。为避免虫害和鼠害，在储藏饲料前，应彻底清除仓库内壁、夹缝及死角，堵塞墙角漏洞，并进行密封熏蒸处理，以有效地防控虫害和鼠害，最大限度地减少其造成的损失。

（2）不同配合饲料的安全储存 不同配合饲料的安全储存如下：

1）预混料。预混料一般要求在低温、干燥、避光处储藏。包装要密封；许多矿物盐能促使维生素分解，因此矿物质添加剂不宜和维生素混在一起储存；预混料为避免氧化降低效价，应加入抗氧化剂，如BHT、乙氧基喹啉等；储存时间直接影响添加剂的效价，某些维生素添加剂每月损失量达5%～10%，其产品应做到快产、快销、快用，各种添加剂最好能在短期内用完。切忌长期储存，更不要今年购进，明年才用。

2）浓缩饲料。浓缩饲料含蛋白质丰富，含有微量元素和维生素，其导热性差，易吸湿，微生物和害虫容易滋生，维生素也易被光、热、氧等因素破坏失效。浓缩饲料中应加入防霉剂和抗氧化剂，以增加耐储藏性。一般储藏3～4周，就要及时销出或使用。

3）全价颗粒饲料。全价颗粒饲料因用蒸汽调制或加水挤压而成，大量的有害微生物和害虫被杀死，并且间隙大、含水量低，糊化淀粉包住维生素，故储藏性能较好，只要防潮、通风、避光储藏，短期内不会霉变，维生素破坏较少。

4）全价粉状饲料。全价粉状饲料的表面积大，孔隙度小，导热性差，容易返潮，脂肪和维生素接触空气多，易被氧化和受到光的破坏，因此此种饲料不宜久存。一般储存2～3周就要及时销售或在安全期内使用。

第三章 土鸡养殖场的建设及卫生防护

35 土鸡养殖场有哪几种类型?

土鸡的饲养方式有如下 2 种类型:

(1) 圈养土鸡 土鸡从出生到淘汰都饲养在圈舍内。

(2) 圈养+放养土鸡 雏鸡阶段饲养在圈舍内，育雏结束或外界气温适宜时将土鸡移到放养地饲养。

36 土鸡养殖场的建设原则是什么?

(1) 隔离防疫原则 疾病，特别是疫病是影响鸡群生产性能和土鸡养殖场效益的主要因素。土鸡养殖场的环境及附近的隔离卫生和防疫条件的好坏，对疾病的传播和发生有重大的影响，要减少或避免疾病发生，在土鸡养殖场建设时必须遵循隔离防疫原则。对拟建场地要进行详细的调查，了解历史疫情和污染状况；场地要远离污染源，有良好的隔离条件；对场地要进行合理的规划布局，配备应有的隔离防疫设施，并能正常运行。

(2) 生态原则 土鸡养殖场的土壤、水源、空气、周围建筑环境应符合生产标准要求，避免受到重工业、化工业等工厂的污染；选择场址时还应考虑粪便、污水等废弃物的处理和利用条件，如周围有大片农田、林地等，可以消化大量的废弃物，避免对土鸡养殖场的环境和周边环境造成污染而影响长远发展；土鸡养殖场要设置不同的排水系统，对鸡舍的污水要进行处理；设置专用粪场，并做必要处理。

（3）**经济实用原则** 建设土鸡养殖场要尽量节约土地。土地资源日益紧缺，场地（如土鸡种鸡场或孵化场）最好选择荒坡林地、丘陵或贫瘠的边缘土地，少占或不占农田；鸡舍建设要科学实用，在保证正常生产的前提下尽量减少固定资产投入。

37 如何选择圈养土鸡养殖场的场地？

（1）**地势、地形** 应选择高燥、向阳背风，并且远离沼泽的地块，以避免寄生虫和昆虫的危害。地面开阔、整齐、平坦而稍有坡度，以便排水。地面坡度以1%～3%为宜，最大不得超过25%。场区面积在满足生产、管理和职工生活福利的前提下，尽量少占土地。

（2）**土壤** 从防疫卫生观点出发，场地土壤要求透水性、透气性好，容水量及吸湿性弱，毛细管作用弱，导热性弱，保湿良好；不被有机物和病原微生物污染；没有地质化学环境性地方病；地下水位低和非沼泽性土壤。综上所述，在不被污染的前提下，沙壤土建场较理想。

（3）**水源** 圈养土鸡场必须有可靠的水源。水量充足，能满足人、鸡的饮用和生产、生活，并应考虑防火和未来发展的需要；水质良好，满足人饮用水质要求的水源都可以作为鸡的饮用水源；便于防护，以保护水源水质经常处于良好状态，不受周围的污染；取用方便。

（4）**其他方面** 选择场址时，应注意到圈养土鸡场与周围社会的关系，既不能使圈养土鸡场成为周围社会的污染源，也不能受周围环境的污染。应选在居民区的低处和下风向处，但应避开居民污水排放口，更应远离化工厂、制革厂、屠宰场等易造成环境污染的企业。一般放牧场应距居民区200米以上，圈养土鸡场应保持500米以上的距离。圈养土鸡场应交通便利，但应距主要公路100～300米。场内应有专用公路相连，而且通向放牧场和水源的道路不应与主要公路交叉。此外，选场址时还应注意供电条件。

38 如何规划圈养土鸡养殖场的场地？

（1）**分区规划** 圈养土鸡场通常根据生产功能，分为生活区（管理区）、生产区和病鸡隔离区等。

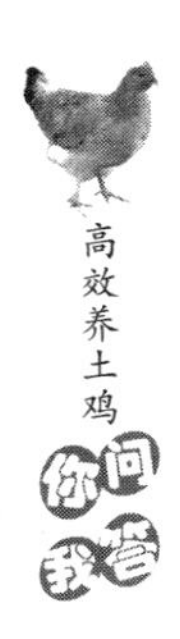

1）生活区。生活区是圈养土鸡场进行经营管理活动的区域，与社会联系密切，易造成疫病的传播和流行，该区的位置应靠近大门，并与生产区分开，外来人员只能在生活区活动，不得进入生产区。场外运输车辆不能进入生产区。车棚、车库均应设在生活区。除饲料库外，其他仓库也应设在生活区。职工生活区设在上风向和地势较高处，以免圈养土鸡场产生的不良气味、噪声、粪尿及污水因风向和地面径流污染生活环境和造成人、畜疾病的传染。

2）生产区。生产区是土鸡生活和生产的场所，该区的主要建筑为各种鸡舍和生产辅助建筑物。生产区应位于全场中心地带，地势应低于管理区，并在其下风向处，但要高于病畜管理区，并在其上风向处。生产区内饲养着雏鸡、育成年鸡和种土鸡等不同日龄的鸡群，其生理特点、环境要求和抗病力不同，所以在生产区内，要分小区规划，育雏区、育成区和种鸡区严格分开，并加以隔离，日龄小的鸡群放在安全地带（上风向、地势高的地方）。大型圈养土鸡场则可以专门设置育雏场、育成场和种鸡场，隔离效果更好，疾病发生机会更小。

3）病鸡隔离区。病鸡隔离区主要是用来治疗、隔离和处理病鸡的场所。为防止疫病传播和蔓延，该区应在生产区的下风向处，并在地势最低处，而且应远离生产区。隔离舍尽可能与外界隔绝。该区四周应有自然的或人工的隔离屏障，设单独的道路与出入口。

（2）鸡舍间距 鸡舍间距影响鸡舍的通风、采光、卫生、防火。鸡舍之间距离过小，通风时，上风向鸡舍的污浊空气容易进入下风向鸡舍内，引起病原在鸡舍间传播；采光时，南边的建筑物遮挡北边建筑物；发生火灾时，很容易殃及全场的鸡舍及鸡群；由于鸡舍密集，场区的空气环境容易恶化，微粒、有害气体和微生物含量过高，容易引起鸡群发病。为了保持场区和鸡舍环境良好，鸡舍之间应保持适宜的距离，开放舍间距为20～30米，密闭舍间距以15～25米较为适宜。

（3）鸡舍朝向 鸡舍朝向是指鸡舍长轴与地球经线是水平还是垂直。鸡舍朝向影响到鸡舍的采光、通风和太阳辐射。朝向选择应考虑当地的主导风向、地理位置、鸡舍采光和通风排污等情况。鸡舍朝南，即鸡舍的纵轴方向为东西向，对我国大部分地区的开放舍来说是较为适宜的。这样的朝向，在冬季可以充分利用太阳辐射的温热效应和射入舍内的阳光防寒保温；夏季辐射面积较少，阳光不易直射舍内，有利于鸡舍防暑降温。

鸡舍内的通风效果与气流的均匀性和通风量的大小有关，但主要看进入舍内的风向角多大。风向与鸡舍纵轴方向垂直，则进入舍内的是穿堂风，有利于夏季的通风换气和防暑降温，不利于冬季的保温；风向与鸡舍纵轴方向平行，风不能进入舍内，通风效果差。所以，要求鸡舍纵轴与夏季主导风向的角度以45°~90°较好。

（4）道路和储粪场 圈养土鸡场设置清洁道和污染道，清洁道供饲养管理人员、清洁的设备用具、饲料和新母鸡等使用，污染道供清粪、污浊的设备用具、病死鸡和淘汰鸡使用。清洁道和污染道不交叉。圈养土鸡场应设置粪尿处理区。粪尿处理区距鸡舍30~50米，并在鸡舍的下风向处。储粪场可设置在多列鸡舍的中间，靠近道路，有利于粪便的清理和运输。储粪场和污水池要进行防渗处理，避免污染水源和土壤。

（5）防疫隔离设施 圈养土鸡场周围要设置隔离墙，墙体严实，高度为2.5~3米。圈养土鸡场周围设置隔离带。圈养土鸡场的大门应设置消毒池和消毒室，供进入人员、设备和用具的消毒。

圈养土鸡场的规划布局图如图3-1和图3-2所示。

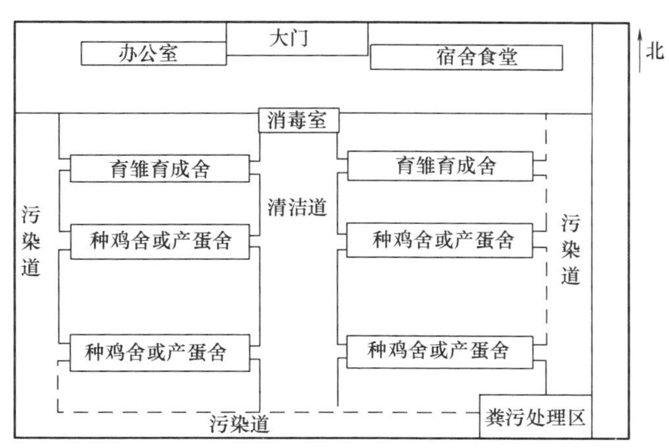

图3-1 小规模种鸡或蛋鸡养殖场布局图

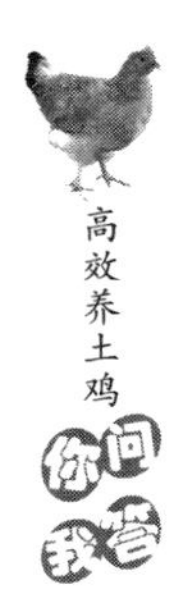

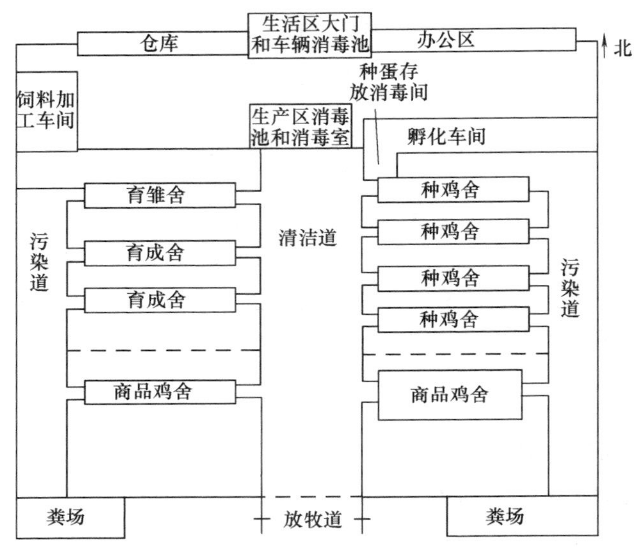

图 3-2　规模种鸡或蛋鸡养殖场布局图

39 如何选择土鸡放养期的场地?

放养土鸡需要有良好的生态条件。适合规模放养土鸡的地方包括山地、坡地、园地、大田、河湖滩涂和经济林地等。放养场地必须远离住宅区、工矿区和公路主干线，环境僻静、空气质量好。

山地、坡地最好有灌木林、荆棘林和阔叶林等，其坡度不宜过大，附近有未被污染的小溪、池塘等清洁水源。场地高燥，空气新鲜，环境安静，使土鸡能够自由活动，如晒太阳、觅食和泥沙浴等，土鸡可采食天然饲料。土壤以沙壤土为佳。

园地包括竹园、果园、茶园和桑园等，应选择向阳、平坦、干燥、取水方便、树冠较小、树木稀疏、无污染和无兽害的场地。否则，场地阳光不足，阴暗潮湿，或者坡度太大，都不利于鸡群管理和鸡体健康。最理想的是核桃园、枣园、柿园、桑园等。在果园放养土鸡，一定要躲过用药期。

可以利用冬闲田放养土鸡。一般选择离村庄较远、交通便利、地势平坦、取水和排水方便的地块，面积一般不小于 1000 米^2。

40 如何规划土鸡放养期的场地？

根据场地的大小、植被的多少、散养鸡数量的多少分割围栏（圈养区域以鸡舍为中心，半径距离一般不超过80～100米，若距离太远，土鸡不会走到那么远的地方，场地就浪费了），采取定期轮牧的饲养方式，等一片散养地的草被土鸡采食得差不多后赶到另一片散养地，做到土鸡一经散养就日日有可食的草、虫或树叶等。同时，有利于果园、林地的翻耕及鸡粪的处理利用和卫生管理。为了保证散养鸡有充足的饲草，可预先在散养地种植一些可供土鸡食用的牧草，如苜蓿、黑麦草等。

41 建造孵化车间有何要求？

孵化车间的建筑设计必须注意如下几点：

（1）孵化车间要隔离　孵化车间由种蛋储存库、孵化间、出雏间和雏鸡储存室等部分组成，之间要有房门隔离。工作流程为种蛋库→孵化室→出雏间，这样有利于隔离消毒。

（2）孵化车间设置小窗户　孵化车间的窗户要小，避免阳光直射种蛋、孵化器和雏鸡，而且有利于熏蒸消毒。

（3）孵化车间地面要硬化　孵化车间的地面最好为水泥地面，并设置排水槽，有利于冲洗消毒。孵化间和出雏间一侧设置洗涤间，有利于对孵化盘和出雏盘进行清洗消毒。

（4）孵化间和出雏间要设置排气孔　将每台孵化器、出雏器排出的有害气体集中在一个管道内，然后经排气孔排出。

孵化车间的平面图如图3-3所示。

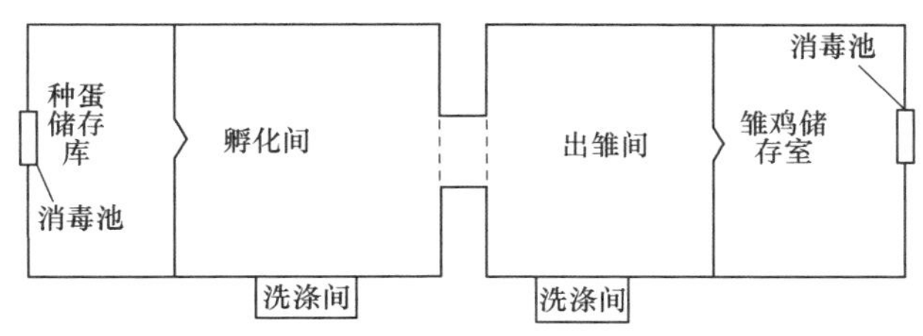

图3-3　孵化车间的平面图

（5）保证环境适宜和水电稳定供应 孵化车间的环境温度保持在22～27℃，相对湿度保持在60%～80%；保证供应充足、洁净的软水（禁用镁、钙含量高的硬水），要有充足的供电保证。

42 育雏舍有哪些要求？

（1）较好的保温隔热能力 鸡舍的保温隔热能力影响舍内温热环境，特别是温度。保温隔热能力好，有利于冬天的保温和夏季的隔热，有利于舍内适宜温度的维持和稳定。育雏舍，由于雏鸡需要较高的环境温度，育雏期需要人工加温，所以，对保温性能要求更高些。育雏舍的维护结构设计要合理，具有一定的厚度，设置顶棚，精细施工。为减少散热和保温可以缩小窗户面积（每间可留2个1米×1米的窗户）和降低育雏舍的高度（高度一般为2.5～2.8米）。育雏育成舍，不仅要考虑保温，还要考虑通风和隔热。设置的窗户面积可以大一些，育雏期封闭，育成期可以根据温度情况打开。设置活动式顶棚，育雏期封闭，育成期根据温度情况打开。适当提高育雏舍房檐的高度（3～3.2米），并设置通风换气系统。

（2）良好的卫生条件 育雏舍的地面要硬化，墙体要粉刷光滑，有利于冲洗和清洁消毒。

（3）适宜的面积 面积的大小关系到饲养密度，影响培育效果。培育方式不同、土鸡的种类不同、饲养阶段不同，需要的面积不同，育雏舍的面积应根据培育方式、种类、数量来确定。

43 育成舍或育肥舍有哪些要求？

育成年鸡和育肥鸡一般不需要人工加温，需要增加面积和通风量，对育成舍和育肥舍的结构没有特殊要求，可以因地制宜进行建设，但需要考虑冬季的保温和夏季的防暑。

44 种鸡舍有哪些要求？

种鸡舍要求有一定的保温性能，采光和通风条件良好，一般不需要供温设施，通过自身产热就能维持所需温度。种鸡舍要求地面宽阔，跨度一般在6~8米，长度依饲养规模而定。种鸡舍的高度要求在3.5~4米，要设置顶棚。阳面窗户面积大，阴面窗户面积小。种鸡自然交配时，舍前应设置运动场，面积是舍内面积的1~2倍，舍内设产蛋箱。笼养时采用人工授精技术，无须运动场和产蛋箱。不同的饲养方式，舍内的结构和设施不同。自然交配的种鸡舍有地面平养、网上平养和地面—网上结合平养（图3-4）；人工授精的种鸡舍有一般式和高床式（图3-5）。

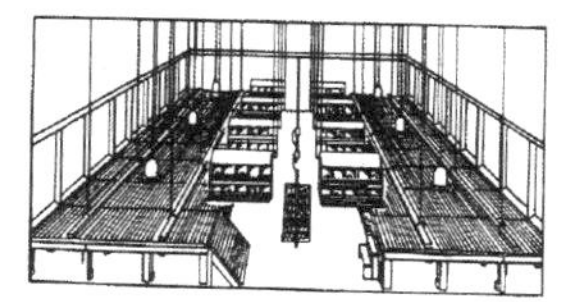

图3-4 地面—网上结合平养种鸡舍

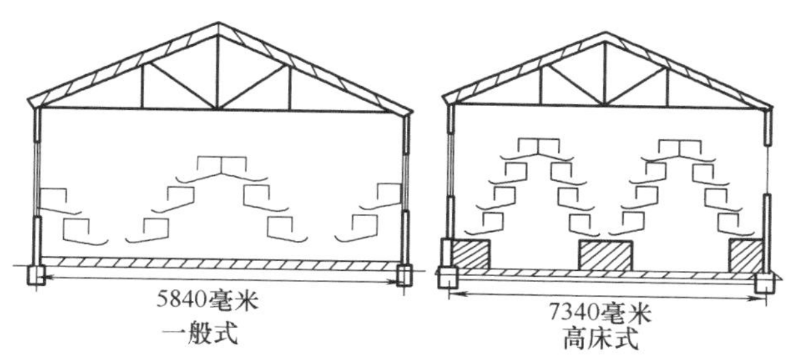

图3-5 一般式和高床式笼养种鸡舍

45 土鸡放养期的简易鸡舍如何建设？

在果园、林地等放养区，在一块地势较高、背风向阳的平地，用油毡、无纺布及竹木、茅草等，借势搭建坐北朝南的简易鸡舍。简易鸡舍可直接搭成金字塔形，棚门朝南，另外三边可着地，也可四周砌墙，其方法不拘一格。要求随鸡龄增长及所需面积的增加，可以灵活扩展。棚舍应能保温、能挡风，并且做到雨天不漏水、雨停棚外不积水，刮风时棚内不串风。或者用竹、木搭成人字形框架，棚顶高2米，南北檐高1.5米。扣棚用的塑料薄膜接触地面部分用土压实，棚的顶面用绳子扣紧。棚的外侧东、北、西三面要挖好排水沟，四周用竹片围起，做到冬暖夏凉；棚内安装电灯，配齐食槽、饮水器等用具。一般500只鸡为一个养鸡单位，按

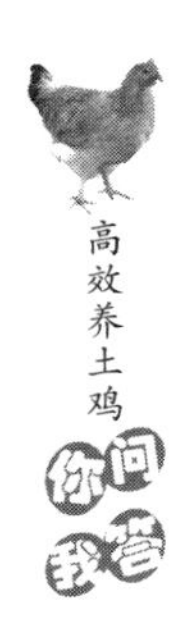

每平方米容纳 15～20 只鸡的面积搭棚。值班室和仓库建在鸡舍旁，方便看管和饲养。

46 土鸡放养期的普通鸡舍如何修建?

土鸡放养期的普通鸡舍（图 3-6）修建成斜坡式的顶棚，坡面向南，背面彻一道 2 米高的墙，东西两侧可留较大的窗户，南侧可用尼龙网或铁丝网围隔。这种鸡舍可建在果园内。

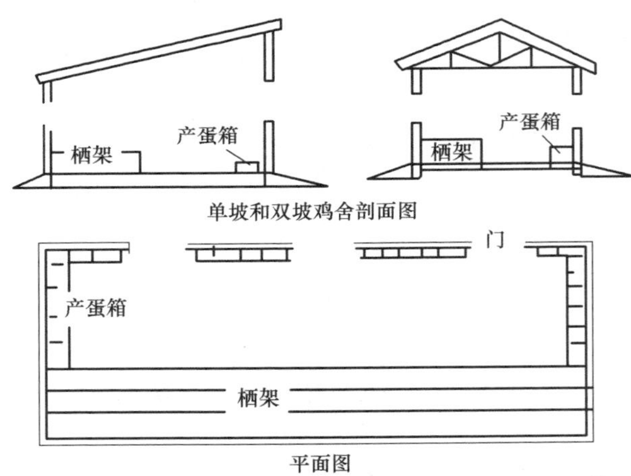

图 3-6　土鸡放养期的普通鸡舍的剖面图和平面图

47 土鸡放养期的塑膜大棚鸡舍如何修建?

修建塑膜大棚的材料可因地制宜，就地取材。墙可用砖或石头等砌成，圈外设储粪池。后坡棚顶用木板、竹子、板皮、柳条等铺平，上面铺以废旧塑膜、编织袋、油毡等，再用黄泥掺麦草或锯末抹平，上面盖瓦或石棉瓦等。棚支架可用木材、竹子、钢筋、硬塑料等。棚杆间距为 0.5～0.8 米；塑膜大棚鸡舍的排气口设在棚顶部的背风面，高出棚顶 50 厘米，排气孔顶部要设防风帽。鸡舍进气口应设在南墙或东墙的底部，距地面 5～10 厘米。单坡式塑膜大棚鸡舍如图 3-7 所示。

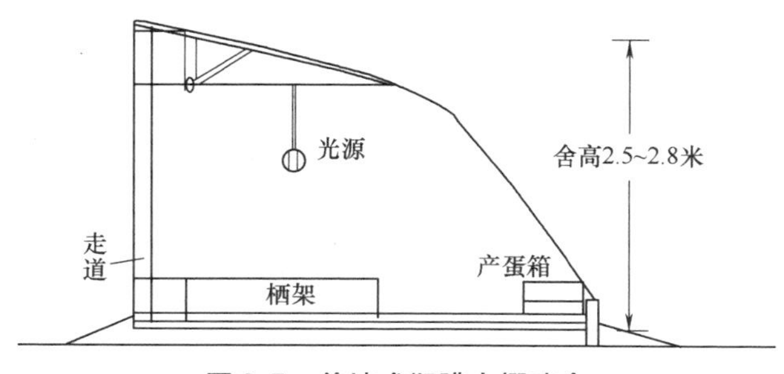

图 3-7　单坡式塑膜大棚鸡舍

48 土鸡舍的供温设备有哪些?

(1) 煤炉供温　采用煤炉供温是在育雏舍内设置煤炉和排烟通道，使房舍内保温良好。燃料用炭块、煤球、煤块均可，每 20 ~ 30 $米^2$ 设置一个炉即可，如图 3-8 所示。为了防止舍内空气污染，可以紧挨墙砌煤炉，把煤炉的进风口和掏灰口设置在墙外。这种方法的优点是省燃料，温度易上升；缺点是费人力，温度不稳定。煤炉供温适用于专业户、小规模鸡场的各种育雏方式。

图 3-8　煤炉供温示意图

(2) 保姆伞供温　保姆伞的形状像伞，撑开吊起，伞内侧安装有加温和控温装置（如电热丝、电热管、温度控制器等），伞下一定区域温度升高，达到育雏温度，如图 3-9 所示。雏鸡在伞下活动、采食和饮水。伞的直径大小不同，养育的雏鸡数量不等。现在伞的材料多是耐高温的尼龙，可以折叠，使用比较方便。其优点是育雏数量多，雏鸡可以在伞下选择适宜的温度带，换气良好；缺点是育雏舍内还需要保持一定的温度（需要保持 24℃）。保姆伞供温适用于地面平养、网上平养。

(3) 烟道供温　根据烟道的设置，烟道供温可分为地下烟道供温和地上烟道供温两种形式。

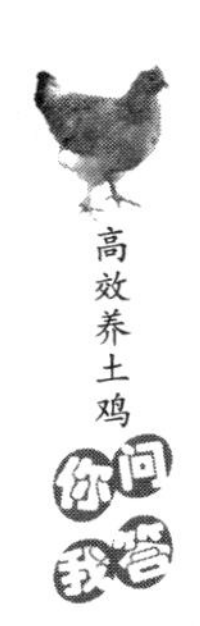

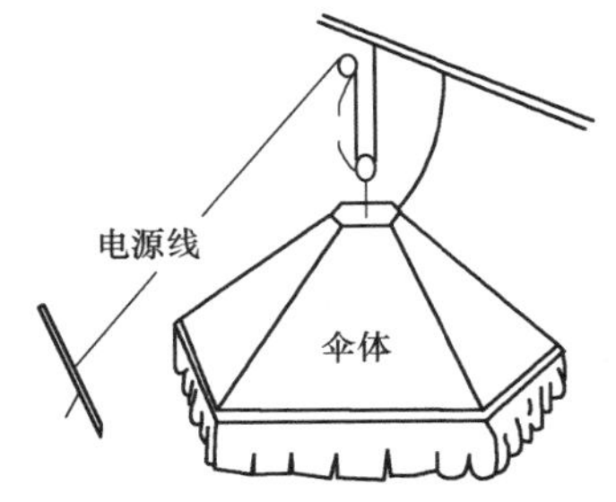

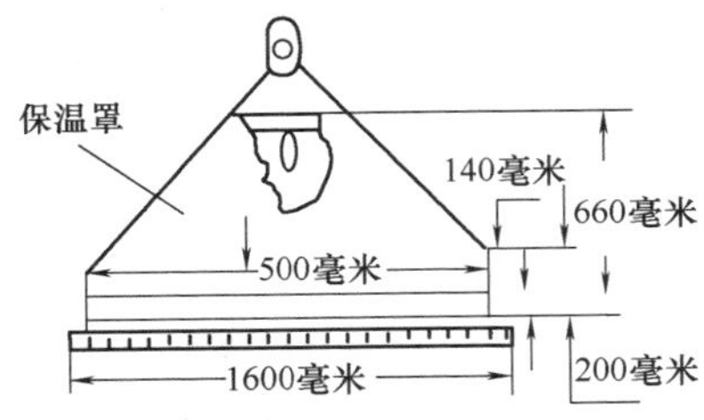

图 3-9　保姆伞示意图

1）地下烟道供温。在育雏舍，顺着房的后墙地下修建两个直通火道，烟道面与地面平，火门留在育雏舍中央，烟道最后从育雏舍墙上利用烟囱通往室外。为了保温，在烟道上设有护板，并靠墙挖一斜坡，护板下半部是活动的，可以支起来，便于打扫。这种地下烟道，可以使用当地任何燃料，经济实用，根据舍内温度，昼夜烧火，是一种经济、简便、有效的供温设备，可广泛采用。

2）地上烟道供温。烟道设在育雏舍的地面以上，雏鸡活动在烟道下，这种烟道可使用任何燃料，也可根据舍温调整烧火次数，以保证适宜的舍温需要。

（4）温控锅炉　可在育雏舍内安装散热片和管道，利用锅炉产生的热气或热水使育雏舍内温度升高，如图 3-10 所示。采用此法，育雏舍清洁卫生，育雏温度稳定，但投入较大。

图 3-10　温控锅炉示意图

（5）热风炉供温　将热风炉产生的热风引入育雏舍内，使舍内温度升高，如图 3-11 所示。

49 土鸡舍的通风方式有哪几种?

土鸡舍的通风方式有自然通风和机械通风两种。

（1）自然通风　自然通风主要利用舍内外温度差和自然风力进行舍内外空气交换，适用于开放舍和有窗舍。利用门窗的开启和土鸡舍屋顶上的通风口进行。通风效果决定于舍内外的温差、通风口的大小和风力的大小。炎热的夏季土鸡舍内外温差小，冬季土鸡舍

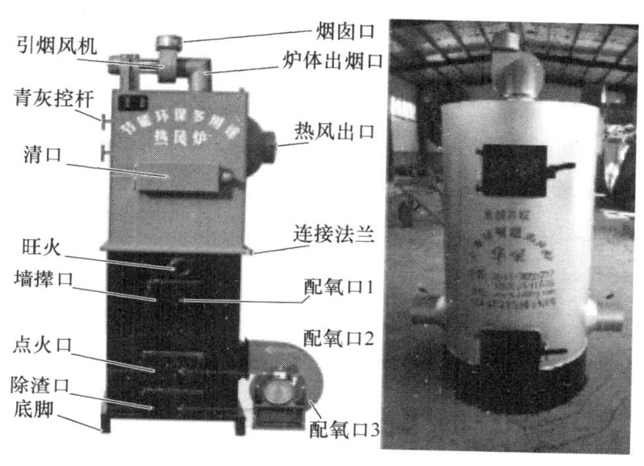

图 3-11　热风炉（暖风炉）示意图

封闭严密，这些都会影响通风效果。

（2）机械通风　机械通风是利用风机进行强制送风（正压通风）和排风（负压通风）。常用的风机是轴流式风机。风机是由外壳、叶片和电动机组成的，有的叶片直接安装在电动机的转轴上，有的是叶片轴与电动机轴分离，由传送带连接。

50 土鸡舍的照明设备如何安装?

土鸡舍必须安装人工光照照明系统。人工照明采用普通灯泡或节能灯泡，安装灯罩，以便防尘和最大限度地利用灯光。根据不同的饲养阶段采用不同功率的灯泡。例如，育雏舍用 40 ~ 60 瓦的灯泡，育成舍用 15 ~ 25 瓦的灯泡，产蛋舍用 25 ~ 45 瓦的灯泡，灯距为 2 ~ 3 米。笼养鸡舍每个走道上安装一列光源。平养鸡舍的光源布置要均匀。

51 笼养土鸡需要哪些笼具?

（1）育雏笼　常见的是 4 层重叠育雏笼。该笼 4 层重叠，层高 333 毫米，每组笼面积为 700 毫米 × 1400 毫米，层与层之间设置两个粪盘，全笼总高为 1720 毫米。一般采用 6 组配置，其外形尺寸为

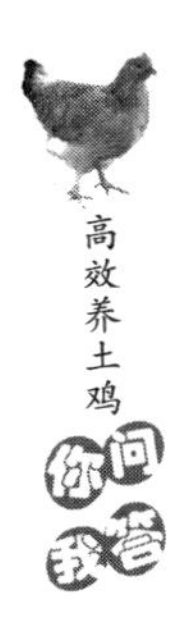

4404 毫米×1450 毫米×1720 毫米，总占地面积为 6.38 米^2，可育至 7 周龄雏鸡 800 只。加热组在每层顶部内侧装有 350 瓦远红外加热板 1 块，由乙醚胀缩饼或双金属片调节器自动控温，另设有加湿槽及吸引灯，除与保温组连接一侧外，三面采用封闭式，以便保温。保温组两侧封闭，与雏鸡活动笼相连的一侧挂帆布帘，以便保温和雏鸡进出。雏鸡活动笼两侧挂有饲喂网格片，笼外挂饲槽或饮水槽。目前，多采用 6~7 组的雏鸡活动笼。

（2）育雏育成笼 育雏育成笼每个单笼长 1900 毫米，中间由一隔网隔成 2 个笼格，笼深 500 毫米，适用于 0~20 周龄的雏鸡，以 3 层阶梯或半阶梯布置，每小笼养育成 12~15 只鸡，每整组育成 144~180 只。饲槽喂料，乳头饮水器或长流水水槽供水。

（3）种鸡笼 种鸡笼有小群笼和单体笼。小群笼每笼放置 10~12 只母鸡，1 只公鸡，或者 20 只母鸡，2 只公鸡，自然交配。单体笼每笼分 4 格，每格放置 4 只鸡，人工授精。

52 土鸡养殖场的清粪设备有哪些?

土鸡养殖场的清粪方式有人工清粪和机械清粪。人工清粪需要的设备是铁钎、刮板和粪车；机械清粪的设备有刮板式清粪机、输送带式清粪机。

53 土鸡养殖场的清洗消毒设施有哪些?

（1）人员的清洗消毒设施 土鸡养殖场应对本场人员和外来人员进行清洗消毒。一般在养殖场入口处设有人员脚踏消毒池，外来人员和本场人员在进入场区前都应经过消毒池对鞋进行消毒。在生产区入口处设有消毒室，消毒室内设有更衣间、消毒池、淋浴间和紫外线消毒灯等，本场工作人员及外来人员在进入生产区时，都应经过淋浴、更换专门的工作服和鞋、通过消毒池、接受紫外线灯照射等过程，方可进入生产区。紫外线灯照射的时间要达到 15~20 分钟。

（2）车辆的清洗消毒设施 土鸡养殖场的入口处设置车辆消毒设施，主要包括车轮清洗消毒池和车身冲洗喷淋机。

（3）场内清洗消毒设施 土鸡养殖场常用的场内清洗消毒设施有高压冲洗机、喷雾器和火焰消毒器。

54 土鸡养殖场的喂料设备有哪些?

喂料方式有人工喂料和机械喂料。人工喂料时，育雏期的饲喂用具有开食盘（每100只鸡1个，图3-12）、长形料槽（每只鸡5厘米）或料桶（每15只鸡1个，图3-13）。育成期使用大号料桶（每10只鸡1个）或长形料槽（每只鸡10厘米）；成年鸡使用长形料槽。自动喂料时，有自动喂料系统，主要有链环式喂料系统、螺旋式喂料系统、塞盘式喂料系统、轨道车喂饲机等几种形式。

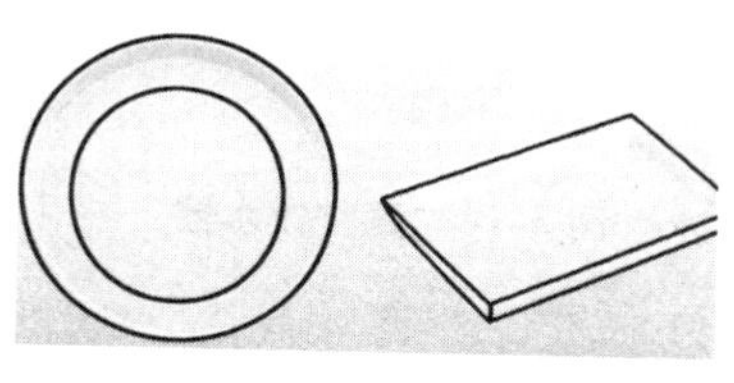

图3-12 雏鸡开食盘图

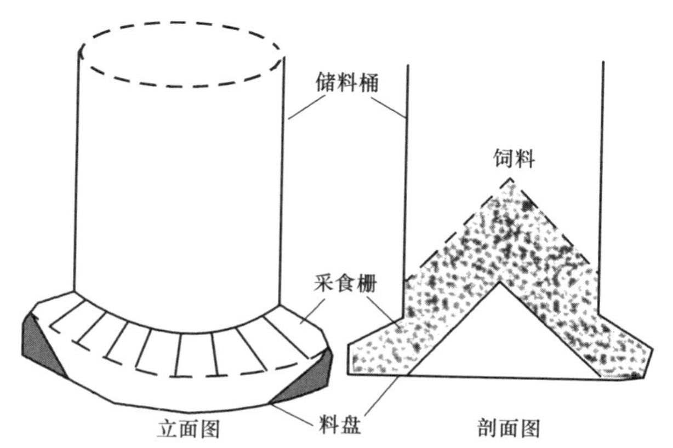

图3-13 料桶立面图和剖面图

55 土鸡养殖场的饮水设备有哪些?

土鸡养殖场的饮水设备主要有水槽式饮水器、真空饮水器（图3-14）、吊塔式饮水器（图3-15）、杯式和乳头式饮水器（图3-16）等几种。

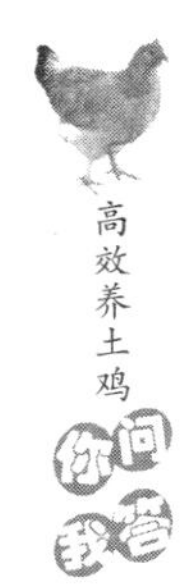

图 3-14　真空饮水器

图 3-15　吊塔式饮水器（普拉松）

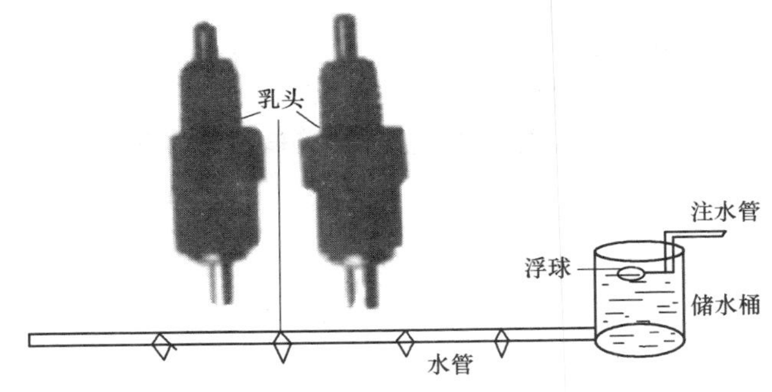

图 3-16　乳头式自动饮水器图

56 土鸡养殖场的其他用具有哪些?

（1）防疫用具　土鸡养殖场还需要准备滴管、连续注射器、气雾机等防疫用具，如图 3-17 所示。

滴管

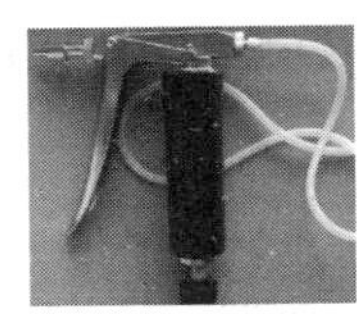

连续注射器

气雾机

图 3-17　防疫用具

（2）自动断喙器　自动断喙器是一种采用低速电动机，通过连杆转动机件，带动电热刀片上下运动，并与定位刀片自动对刀，快速完成断喙、止血、清毒过程的自动化设备，如图3-18所示。

图3-18　自动断喙用具

（3）称重用具　称重应选择误差在15克之内的磅秤。

57 土鸡养殖场如何进行绿化？

对场区进行全面绿化，栽树、种花、种草，建成花园式养鸡场，不仅净化了空气，美化了环境，使职工心情舒畅，工作愉快，而且也提高了养殖场的品位，有利于维护与周边居民的邻里关系。

（1）生活区的绿化　生活区的绿化应具有美化环境和观赏效果。各种花木可相间排列，构成一定的美观图案，并使花木的开花期错开，使全年都有花木绽放开花。

（2）场界周围的绿化　场界周围宜种植常绿乔木和灌木混合林带。场界的北、西两侧的这种混合林带的宽度应达10米以上，一般至少种植5行，以增加防风、防沙效果。

（3）防疫隔离区的绿化　防疫隔离区包括疫病控制室、粪便污物处理区。为达到降尘和防止人、畜闯入的目的，应以乔木和灌木相间种植，密度要大，使人、畜不能穿越为宜。

（4）场内道路的绿化　场内道路的绿化以遮阴和美化为目的，可种植常绿乔木，并配植有观赏价值的花木或花草。

（5）鸡舍之间的绿化　在鸡舍之间较宽的情况下，可种植一些树干低矮的桃树或梨树。这样不但可美化环境，收获一定量的鲜果，而且又不妨碍鸡舍的通风和采光。如果鸡舍之间的距离较近，则不宜种树，而可种植花草，以避免妨碍鸡舍的通风和采光。

（6）鸡舍周围的绿化　鸡舍南墙和西山墙的墙边可种植攀爬植物，如爬山虎、葡萄等，使藤蔓延着窗户两侧的墙壁攀爬直达房顶，这样可大大增强鸡舍的防暑降温效果。

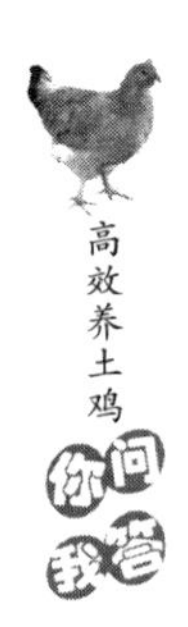

58 如何对土鸡养殖场的水源进行防护？

不同地区的土鸡养殖场有不同类型的水源，其卫生防护要求不同。

（1）地面水 河水、湖水、泉水和池塘水等可作为水源，使用时应注意：一是取水点附近及上游不能有任何污染源；二是在取水处可设置汲水踏板或建汲水码头伸入河、湖、池塘中，以便能汲取远离岸边的清洁水；三是可以在岸边建自然渗滤井或沙滤井，以改善地面水的水质。

（2）地下水 可通过水井取水，取水时应注意：一是选择合适的水井位置，水井设在管理区内的高燥处，防止雨水、污水倒流引起污染，远离厕所、粪坑、垃圾堆、废渣堆等污染源；二是水井结构良好，井台要高出地面，使地面水不能从四周流入井内，井壁使用水泥、石块等材料，以防地面水漏入，井底铺用沙、石、多孔水泥板，以防搅动底部泥沙。

59 土鸡养殖场的灭鼠措施有哪些？

鼠是人、畜多种传染病的传播媒介，鼠还盗食饲料和禽蛋，咬死雏禽，咬坏物品，污染饲料和饮水，危害极大，养殖场必须加强灭鼠。灭鼠的措施主要有：

（1）防止鼠类进入建筑物 鼠类多从墙基、顶棚、瓦顶等处窜入室内，在设计施工时应注意：墙基最好用水泥制成，碎石和砖砌的墙基应用灰浆抹缝。墙面应平直光滑，防鼠沿粗糙墙面攀登。砌缝不严的空心墙体，易使鼠隐匿营巢，要填补抹平。为防止鼠类爬上屋顶，可将墙角处做成圆弧形。墙体上部与顶棚衔接处应砌实，不留空隙。瓦顶房屋应缩小瓦缝及瓦和椽间的空隙并填实。用砖、石铺设的地面和畜床应连接紧密，并用水泥灰浆填缝。各种管道周围要用水泥填平。通气孔、地脚窗、排水沟（粪尿沟）的出口均应安装孔径小于1厘米 的铁丝网，以防鼠窜入。

（2）器械灭鼠 器械灭鼠的方法简单易行，效果可靠，对人、畜无害。灭鼠器械的种类繁多，主要有夹、关、压、卡、翻、扣、淹、粘、电等。近年来还研究和采用电灭鼠和超声波驱鼠等方法。

（3）化学灭鼠 化学灭鼠效率高、使用方便、成本低、见效快；缺点是能引起人、畜中毒，有些鼠对药剂有选择性、拒食性和耐药性，所以使用时必须选好药剂和注意使用方法，以保证安全有效。灭鼠药剂的种类很多，主要有灭鼠剂、熏蒸剂、烟剂、化学绝育剂等。土鸡养殖场化学灭鼠应当使用慢性长效灭鼠药，如溴敌隆、敌鼠钠盐等。

养殖场化学灭鼠要注意定期和长期结合。定期灭鼠有 3 个时机：一是在鸡群淘汰后，切断水源，清走饲料，此时投放毒饵的效果最好；二是在春季鼠类繁殖高峰，此时的杀灭效果也较好；三是秋季天气渐冷，外部的鼠类迁入舍内之际。在这三种情况下，灭鼠能达到事半功倍的效果。长期灭鼠的方法是在室内外鼠类活动的地方放置一些毒饵盒。毒饵盒要让鼠类容易进入和通过，而其他动物不能接触毒饵。要经常更换毒饵。

土鸡养殖场的鼠类以孵化室、饲料库、鸡舍最多，这些都是灭鼠的重点场所。饲料库可用熏蒸剂毒杀。投放毒饵时，要防止毒饵混入饲料中。鼠尸应及时清理，以防被人、畜误食而发生二次中毒。选用鼠长期吃惯的食物作为饵料，突然投放，饵料充足，分布广泛，以保证灭鼠的效果。

60 土鸡养殖场的杀虫措施有哪些？

土鸡养殖场易滋生蚊、蝇等有害昆虫，骚扰人、畜和传播疾病，给人、畜的健康带来危害，可采取如下措施杀灭：

（1）搞好环境卫生 搞好养殖场的环境卫生，保持环境清洁、干燥，是杀灭蚊、蝇的基本措施。蚊虫需要在水中产卵、孵化和发育，蝇蛆也需在潮湿的环境及粪便等废弃物中生长。因此，应填平无用的污水池、土坑、水沟和洼地；保持排水系统畅通，对阴沟、沟渠等定期疏通，勿使污水储积；对储水池等容器加盖，以防蚊、蝇飞入产卵；对不能清除或加盖的防火储水器，在蚊、蝇滋生季节，应定期换水。永久性水体（如鱼塘、池塘等），蚊、蝇多滋生在水浅而有植被的边缘区域，修整边岸，加大坡度和填充浅湾，能有效地

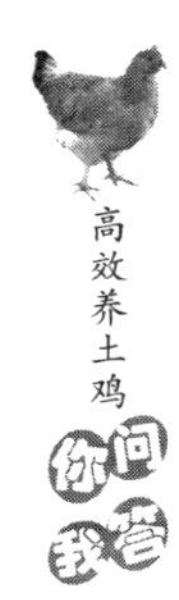

防止蚊、蝇滋生。土鸡舍内的粪便应定时清除，并及时处理，储粪池应加盖并保持四周环境的清洁。

（2）化学杀灭 化学杀灭是使用天然或合成的毒物，以不同的剂型（粉剂、乳剂、油剂、水悬剂、颗粒剂、缓释剂等），通过不同途径（胃毒、触杀、熏杀、内吸等），毒杀或驱逐蚊、蝇。化学杀虫法具有使用方便、见效快等优点，是当前杀灭蚊、蝇的较好方法。

1）马拉硫磷。马拉硫磷为有机磷杀虫剂。它是世界卫生组织推荐用的室内滞留喷洒杀虫剂，其杀虫作用强而快，具有胃毒、触毒作用，也可用作熏杀，杀虫范围广，可杀灭蚊、蝇、蛆、虱等，对人、畜的毒害小，故适于土鸡舍内使用。

2）敌敌畏。敌敌畏为有机磷杀虫剂。它具有胃毒、触毒和熏杀作用，杀虫范围广，可杀灭蚊、蝇等多种害虫，杀虫效果好。但对人、畜有较大毒害，易被皮肤吸收而中毒，故在土鸡舍内使用时，应特别注意安全。

3）合成拟除虫菊酯。合成拟菊酯是一种神经毒药剂，可使蚊、蝇迅速呈现神经麻痹而死亡。特别是对蚊的毒效，比敌敌畏、马拉硫磷等高10倍以上；对蝇类，因不产生抗药性，故可长期使用。

（3）物理杀灭 利用机械方法及光、声、电等物理方法，捕杀、诱杀或驱逐蚊、蝇。例如，可以发出声波或超声波并能将蚊、蝇驱逐的电子驱蚊（蝇）器，具有防除效果。

（4）生物杀灭 生物杀灭是指利用天敌杀灭害虫的方法，如池塘养鱼即可达到鱼类治蚊的目的。此外，应用细菌制剂——内菌素杀灭吸血蚊的幼虫，效果良好。

61 如何无害化、资源化处理土鸡养殖场的粪便?

粪便既是污染物质，也是很好的资源，鸡粪的处理应该注重无害化、资源化。

（1）生产肥料 鸡粪是优质的有机肥，经过堆积腐熟或高温、发酵、干燥处理后，体积变小、松软、无臭味，不带病原微生物，常用于果林、蔬菜、瓜类和花卉等经济作物，也用于无土栽培和生产绿色食品。

1）堆粪法。堆粪法是一种简单实用的处理方法，在距土鸡养殖场100～200米或以外的地方设一个堆粪场，在地面挖1条浅沟，深约20厘米，宽1.5～2米，长度不限（随粪便多少确定）。先将非传染性的粪便或垫草等堆至25厘米厚，其上堆放欲消毒的粪便、垫草等，高达1.5～2米，然后在粪堆外再铺上10厘米厚的非传染性的粪便或垫草，并覆盖10厘米厚的沙子或土，如此堆放3周至3个月，即可用以肥田，如图3-19所示。当粪便较稀时，应加些杂草；太干时，倒入稀粪或加水，使其不稀不干，以促进迅速发酵。

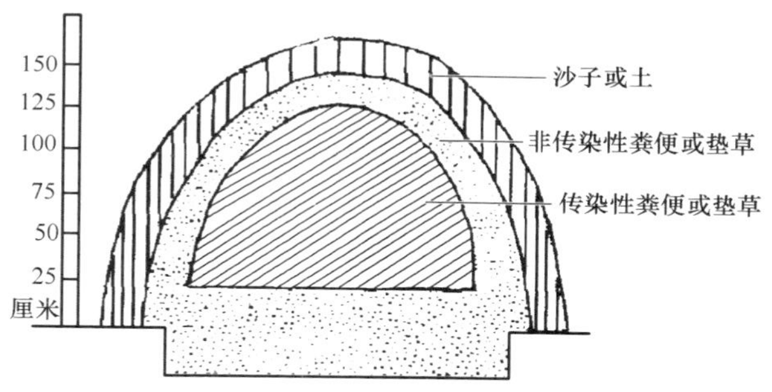

图3-19　堆粪法

2）干燥。新鲜鸡粪的主要成分是水，通过脱水干燥，可使其含水量达到15%以下。这样，一方面减少了鸡粪的体积和重量，便于包装、运输和应用；另一方面也可有效地抑制鸡粪中微生物的生长繁殖，从而减少了营养成分特别是蛋白质的损失。常用的干燥方法有高温快速干燥法、太阳能自然干燥法、鸡舍内干燥法和自然干燥法。

（2）生产饲料　鸡粪含有丰富的营养成分，开发利用鸡粪饲料具有非常广阔的应用前景。国内外试验结果均表明，鸡粪不仅是反刍动物良好的蛋白质补充料，也是单胃动物及鱼类良好的蛋白质来源。鸡粪饲料资源化的处理方法有直接饲喂、干燥处理（自然干燥、微波干燥和其他机械干燥）、发酵处理及膨化处理等。

1）干燥处理。利用自然干燥或机械干燥设备将新鲜鸡粪进行干燥处理。

2）发酵处理。利用各种微生物的活动来分解鸡粪中的有机成分，从而可以有效地提高有机物质的利用率；在发酵过程中形成的特殊理化环境可以抑制和杀灭鸡粪中的病原体，同时还可以提高粗蛋白质的含量并达到除臭的效果。

① 自然厌氧发酵。发酵前应先将鸡粪适当干燥，使其水分保持在32%～38%，然后装入用混凝土筑成的圆筒或方形水泥池内，装满压实后用塑料膜封好，留一小透气孔，以便让发酵产生的废气逸出。发酵的时间长短不一，随季节而定，春秋两季一般3个月，冬季4个月，夏季1个月左右即可。由于细菌活动产热，刚开始温度逐渐上升，内部温度达到83℃左右时即开始下降，当其内部温度与外界温度相等时，说明发酵停止，即可取出鸡粪按适当比例直接混入其他饲料内喂食。

② 充氧动态发酵。鸡粪中含有大量微生物，如酵母菌、乳酸菌等，在适宜的温度（10℃左右）与湿度（含水量为45%左右）及氧气充足的条件下，需氧菌迅速繁殖，将鸡粪中的有机物质大量分解成易被消化吸收的物质，同时释放出硫化氢、氨气等。鸡粪在45～55℃条件下处理12小时左右，即可获得除臭、灭菌的优质有机肥料和再生饲料。此法发酵效率高，速度快，营养损失少，杀虫灭菌彻底。但必须先经过预处理，并且产品的含水量较高，不宜长期储存。

③ 青贮发酵。将含水量为60%～70%的鸡粪与一定比例铡碎的玉米秸秆（或利用垫草）、青草等混合，再加入10%～15%糠麸或草粉，以及0.5%食盐，混匀后装入青贮池或窖内，踏实封严，经30～50天后即可使用。青贮发酵后的鸡粪中粗蛋白质含量可达18%，并且具有清香气味，适口性增强，是牛、羊的理想饲料，可直接饲喂反刍动物。

④ 酒糟发酵。在鲜鸡粪中加入适量的糠麸，再加入10%酒糟和10%水，搅拌混匀后，装入发酵池或缸中发酵10～12小时，再经100℃蒸汽灭菌后即可利用。发酵后的鸡粪适口性好，具有酒香味，发酵时间短，处理成本低，但处理后的鸡粪不能长期储存，应现用现配。

3）膨化处理。将含水量小于25%的鸡粪与精饲料混合后加入膨化机，经机内螺杆粉碎、压缩与摩擦，物料迅速升温并呈糊状，经机头的模孔射出。由于机腔内外压力相差很大，物料迅速膨胀，水分蒸发，比重减小，冷却后含水量可降至13%～14%。膨化后的鸡粪膨松适口，具有芳香气味，有机质消化率提高10%左右，并可消灭病原菌，杀死虫卵，而且有利于长期储存和运输。但入料的含水量要求小于25%，故需要配备专门的干燥设备才能保证连续生产，并且耗电较高，生产率低，一般适用于小型土鸡养殖场。

4）糖化处理。在经过去杂、干燥、粉碎后的鸡粪中，加入清水，搅拌均匀（加水量以手握鸡粪呈团状且不滴水为宜），与洗净切碎的青菜或青草充分混合，装缸压紧后，撒上3厘米左右厚的麦麸或米糠，缸口用塑料薄膜覆盖扎紧，用泥封严。夏季放在阴凉处，冬季放在室内，10天后就可糖化。处理后的鸡粪养分含量提高，无异味且适口性增强。

（3）生产动物性蛋白质　利用粪便生产蝇蛆、蚯蚓等优质高蛋白质物质，既减少了污染，又提高了鸡粪的使用价值，但缺点是劳动力投入大，操作不便。近年来，美国科学家已成功在可溶性粪肥营养成分中培养出单细胞蛋白。家禽粪便中含有矿物质，啤酒糟中含有一定量的碳水化合物，而部分微生物能够以这些营养物质为食。俄罗斯研究人员发现一种拟内孢霉属的细菌和一种假丝酵母菌能食用上述物质产生细菌蛋白，这些蛋白质可用于制造动物饲料。

（4）生产沼气　鸡粪是沼气发酵的优质原料之一，尤其是含水量高的鸡粪。鸡粪和草或秸秆以2:1～3:1的比例，在碳氮比13:1～30:1，pH为6.8～7.4的条件下，利用微生物进行厌氧发酵，产生可燃性气体。每千克鸡粪可产生0.08～0.09米^{3}的可燃性气体，发热值为4187～4605兆焦/米^3。发酵后的沼渣可用于养殖鱼、蚯蚓及栽培食用菌和生产优质有机肥。

62 如何处理土鸡养殖场的污水？

土鸡养殖场必须专设排水设施，以便及时排除雨水、雪水及生产污水。全场排水网分主干和支干。主干主要是配合道路网设置的路旁排水沟，将全场地面径流或污水汇集到几条主干道内排出；支

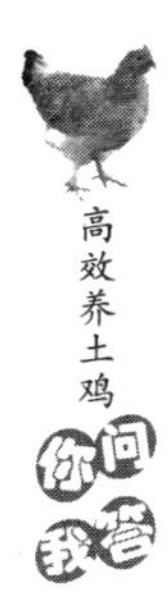

干主要是各运动场的排水沟，设于运动场边缘，利用场地倾斜度，使水流入沟中排走。排水沟的宽度和深度可根据地势和排水量而定，沟底、沟壁应夯实，暗沟可用水管或砖砌，如果暗沟过长（超过 200 米），应增设沉淀井，以免污物淤塞，影响排水。但应注意，沉淀井应距水源 200 米以上，以免造成污染。污水经过消毒后排放。被病原体污染的污水，可用沉淀法、过滤法、化学药品处理法等进行消毒。比较实用的是化学药品消毒法。该方法是先将污水处理池的出水管处的木闸门关闭，将污水引入污水池后，加入化学药品（如漂白粉或生石灰）进行消毒。化学药品的用量视污水量而定（一般 1 升污水用 2 ~5 克漂白粉）。消毒后，将闸门打开，使污水流出。

【提示】 有的养殖场认为污水不处理无关紧要或污水处理投入大，建场时不考虑污水处理问题，有的养殖场只是随便在排水沟的下游挖个大坑，谈不上几级过滤沉淀，有时遇到连续雨天，沟满坑溢，污水四处流淌，或直接排放到土鸡养殖场周围的小渠、河流或湖泊内，严重污染水源和场区及周边环境，也影响本场土鸡的健康。

63 如何处理病死的土鸡？

病死的土鸡能很快分解腐败，散发恶臭，污染环境。特别是发生传染病的病死土鸡，其病原微生物会污染大气、水源和土壤，造成疾病的传播与蔓延。因此，必须正确而及时地处理病死土鸡。

（1）焚烧法　焚烧是一种较完善的方法，但不能利用产品，并且成本高，故不常用。但对一些危害人、畜健康极为严重的传染病病鸡的尸体，仍有必要采用此法。焚烧时，先在地上挖 1 条十字形沟（沟长约 2.6 米，宽 0.6 米，深 0.5 米），在沟的底部放木柴和干草引火用，于十字沟交叉处铺上横木，其上放置病死土鸡的尸体，尸体四周用木柴围上，然后洒上煤油焚烧。也可用专门的焚烧炉焚烧。

（2）高温理法　高温处理法是将病死土鸡放入特设的高温锅（150℃）内熬煮，达到彻底消毒的目的。土鸡养殖场也可用普通大

锅，经100℃以上的高温熬煮处理。此法可保留一部分有价值的产品，但要注意熬煮的温度和时间，必须达到消毒的要求。

（3）土埋法 土埋法是利用土壤的自净作用使其无害化。此法虽简单但不理想，因其无害化过程缓慢，某些病原微生物能长期生存，从而污染土壤和地下水，并会造成二次污染。采用土埋法，必须遵守卫生要求，即埋尸坑应远离土鸡舍、放牧地、居民点和水源，并且高燥，病死土鸡的掩埋深度不小于2米，尸体四周应洒上消毒药剂，埋尸坑四周最好设栅栏并做标记。

⚠**【注意】** 处理病死土鸡的尸体时，不论采用哪种方法，都必须将病鸡的排泄物、各种废弃物等一并进行处理，以免造成环境污染。

64 如何处理土鸡养殖场的垫料？

土鸡养殖场采用地面平养（特别是育雏育成期）时多使用垫料，使用垫料对改善环境条件具有重要的意义。垫料具有保暖、吸潮和吸收有害气体等作用，可以降低舍内湿度和有害气体浓度，保证一个舒适、温暖的小气候环境。没有发生传染病鸡群的垫料可以重复利用，将使用过的垫料在阳光下曝晒消毒后再利用。发生过传染病鸡群的垫料不能再利用，应焚烧处理。

第四章 种用土鸡的饲养管理

65 种用土鸡的饲养阶段是如何划分的？

种用土鸡一般可以分为育雏期、育成期和产蛋期 3 个饲养阶段。

（1）育雏期 0～6 周龄的土鸡称作雏鸡，这一阶段称为育雏期。雏鸡体小质弱，对外界环境的适应能力差，饲养要求条件高，稍有不慎就会发病死亡。育雏舍要求保温，并有加温设施，为雏鸡的生长发育提供适宜的温度。雏鸡饲料的营养要求较高，需要供给高能量、高蛋白质日粮，满足其快速生长的需要。育雏期还要对雏鸡频繁进行疫苗接种，增强其对疫病的抵抗力。

（2）育成期 从育雏结束一直到开始产蛋的土鸡称为育成年鸡，也叫后备鸡，这一阶段称为育成期。土鸡的性成熟较晚，育成期较长，早熟品种，如浦东鸡、萧山鸡、固始鸡、正阳鸡、惠阳鸡等开产周龄为 26～30 周龄；晚熟品种，如北京油鸡、静宁鸡、寿光鸡等开产周龄为 32～34 周龄。为便于饲养管理，又把育成期细分为育成前期（7～12 周龄）和育成后期（13 周龄到开产）2 个阶段。

1）育成前期。育成前期的土鸡对环境的适应性大大增强，食欲旺盛，是体重、肌肉、骨骼、内脏增长的重要时期。饲料要有较高的代谢能水平和蛋白质水平，满足其生长需要。另外要保证优质钙、磷饲料的供给，使土鸡的骨骼生长发育良好。

2）育成后期。育成后期的土鸡生长发育渐缓，体重增加速度放慢。这时的土鸡脂肪沉积加快，尤其是腹部脂肪增加较多，对光照反应敏感。这一阶段的饲养管理重点是降低饲料营养水平，保证适宜的体重，防止鸡体过肥而影响产蛋；加强光照管理，采用渐减或恒定的光照方案，控制土鸡适时开产。同时注意育成期末，如早熟品种在24周龄时，晚熟品种在30周龄时逐渐延长光照时数，促使性腺发育，促进全群开产。

（3）产蛋期 育成结束到淘汰的土鸡叫产蛋鸡（或成年鸡），这一阶段叫产蛋期。随着产蛋率的上升，蛋重逐渐增加，体重增加趋缓。为了节约饲料，提高种蛋的合格率，产蛋期又分为产蛋前期（产蛋率5%～80%）、产蛋高峰期（产蛋率在80%以上）和产蛋后期（产蛋率降到80%以下）3个阶段，各阶段对饲料营养的要求各不同。

66 雏鸡的生理特点有哪些？

（1）生长发育迅速 雏鸡正常出壳的体重为37克左右，2周龄末体重可达到140克左右，6周龄的雏鸡体重达到410克左右，可见雏鸡代谢旺盛，生长发育迅速，需要较多的营养物质。因此，育雏期的日粮中营养物质的含量要全面、充足和平衡，并创造有利的采食条件，如光线充足、饲喂用具合理配置。由于雏鸡代谢旺盛，单位体重的耗氧量和废气排出量也大大高于成年鸡，必须保证充足的新鲜空气。

（2）体温调节机能弱 初生的幼雏体小娇嫩，大脑的体温调节机能还没有发育完善（如刚出壳的雏鸡体温低于成年鸡1～3℃，只有待3周龄左右才达到成年鸡的体温），热调节能力弱。雏鸡体重越小，表面积相对越大，散热多，再加之雏鸡的绒毛稀而短（刚出壳无羽毛，在4～5周龄、7～8周龄、12～13周龄、18～20周龄分别脱换4次羽毛，直到产蛋结束再进行换羽），机体保温能力差。所以，雏鸡对外界环境的适应能力很差，特别是对低温的适应力极差，需要人工控制温度，为雏鸡创造温暖、干燥、卫生、安全的环境条件。

（3）消化机能尚未健全 雏鸡代谢旺盛、生长发育快，但消化器官容积小（消化道长度只是成年鸡的2/3）、消化酶不充足，消化功能差。因此，雏鸡的日粮不仅要求营养成分的含量高，而且要易

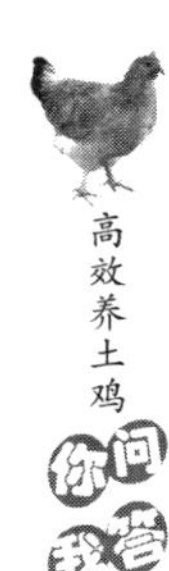

于消化吸收。要选择容易消化的饲料配制日粮，对棉籽粕、菜籽粕等一些非动物性蛋白质饲料，雏鸡难以消化，适口性差，利用率较低，要适当控制添加比例，增加玉米、豆粕、鱼粉等优质饲料的用量。饲喂时还要注意少喂勤添。

（4）抗病能力差 雏鸡体小质弱，对疾病的抵抗力很弱，易感染疾病，如鸡白痢、大肠杆菌病、法氏囊病、球虫病、慢性呼吸道病等。育雏阶段要严格控制环境卫生，切实做好防疫隔离。

（5）胆小 雏鸡比较敏感，胆小怕惊吓。雏鸡的生活环境一定要保持安静，避免有噪声或突然惊吓。非工作人员应避免进入育雏舍。在育雏舍和运动场上应增加防护设备，以防鼠、蛇、猫、狗、老鹰等的袭击和侵害。

（6）群居性强 雏鸡模仿能力强，喜欢大群生活，一起采食、活动和休息，因此可以大群高密度饲养。但雏鸡对一些恶癖，如啄斗也具有模仿性，生产中应加以严格管理，避免密度过高和光线过强，发现及时挑出，防止发生和蔓延。

67 土鸡育雏有哪些方式?

育雏方式有平面饲养和立体饲养，不同方式各有特点，根据实际情况进行选择。

（1）平面饲养 平面饲养有更换垫料育雏、厚垫料育雏和网上育雏。

1）更换垫料育雏。一般把雏鸡养在铺有垫料的地面上，垫料厚3~5厘米，需要经常更换。育雏前期可在垫料上铺上黄纸，有利于饲喂和雏鸡活动。换上料槽后可去掉黄纸，根据垫料的潮湿程度更换或部分更换。垫料可重复利用。常用的垫料有稻壳、花生壳、松木刨花、锯末、玉米芯、秸秆等。这种方式的优点是简单易行，但缺点也较突出，雏鸡经常与粪便接触，容易感染疾病，饲养密度小，占地面积大，管理不够方便，劳动强度大。

2）厚垫料育雏。厚垫料育雏是指在地面铺上10~15厘米厚的垫料，雏鸡生活在垫料上，以后经常用新鲜的垫料覆盖于原有垫料上，到育雏结束才一次清理垫料和废弃物。这种方式的优点是劳动强度小，雏鸡感到舒适（由于原料本身能发热，雏鸡腹部受热良好），并能为雏鸡提供某些维生素（厚垫料中微生物的活动可以产生维生素 B_{12}，有利于促进雏鸡的食欲和新陈代谢，提高蛋白质利用率）。

3）网上育雏。现阶段，大多数商品蛋鸡场的育雏采用这一方式，就是将雏鸡养在离地面 80 ~ 100 厘米高的网上。网面的构成材料种类较多，有钢制的（钢板网、钢编网）、木制的和竹制的，现在常用的是竹制的，将多个竹片串起来，制成竹片间距为 1.2 ~ 1.5 厘米的竹排，将多个竹排组合形成育雏网面，育雏前期再在上面铺上塑料网，可以避免别断雏鸡脚趾，雏鸡感到舒适。网上育雏的优点是粪便直接落入网下，雏鸡不与粪便接触，减少了病原感染的机会，尤其大大降低了球虫病暴发的危险，同时，由于养在网上，提高了饲养密度，减少了土鸡舍的建筑面积，可减少投资，提高经济效益。

（2）立体饲养（笼养） 立体饲养就是把雏鸡养在多层笼内，这样可以增加饲养密度，减少建筑面积和占用土地面积，便于机械化饲养，管理定额高，适用于规模化饲养。育雏笼由笼架、笼体、料槽、水槽和托粪盘构成。规模不等，一般笼架长 100 厘米，宽 60 ~ 80 厘米，高 150 厘米。从离地 30 厘米起，每 40 厘米为一层，可设 3 层或 4 层，笼底与托粪盘相距 10 厘米。

> **【提示】** 垫料要重量轻、吸湿性好、易干燥、柔软有弹性、廉价且适于做肥料。

68 育雏前如何拟订育雏计划？

育雏计划包括进雏时间、批次、数量及饲料、设备、用具和人力的配备安排等。育雏计划就是每年育雏的批次、数量、雏鸡入舍和转群移舍的时间等具体的安排。育雏计划的拟订要考虑育雏舍及设备条件、饲料来源、资金状况、场地的水电条件及市场需求。例如，每批次育雏数量的确定就要考虑育雏舍的面积、育雏方式（不同育雏方式的饲养密度不同）和育雏季节等。

69 育雏前要做好哪些准备工作？

准备工作做得好坏，关系到育雏期的成活率和育成年鸡的质量，

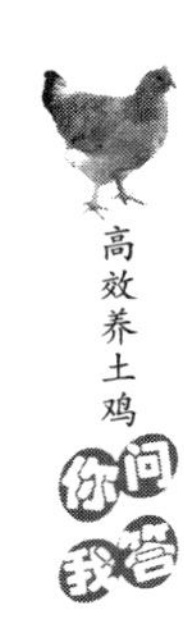

直接影响培育效果。

（1）育雏舍准备　按照雏鸡的数量要求准备好育雏舍，并对育雏舍进行消毒。进雏鸡前对育雏舍进行彻底的清洁消毒。清洁消毒的方法和步骤如下：

1）清理、清扫、清洗。先清理育雏舍内的设备、用具和一切杂物，然后清扫育雏舍。清扫前在舍内喷洒消毒液，既可消毒，又可防止尘埃飞扬。把舍内墙壁、顶棚、地面的角落清扫得干干净净。清扫后用高压水冲洗机清洗育雏舍。不能移动的设备、用具也要清扫消毒。

2）墙壁、地面消毒。育雏舍的墙壁可用10%石灰乳加5%氢氧化钠溶液抹白，新建育雏舍的墙壁可用5%氢氧化钠溶液或5%福尔马林溶液喷洒。地面用5%氢氧化钠溶液喷洒。

3）设备、用具消毒。把移出的设备、用具，如料盘、料桶、饮水器等清洗干净，然后用5%福尔马林溶液喷洒或在消毒池内浸泡3~5小时，移入育雏舍。

4）熏蒸消毒。把育雏时使用的设备、用具移入舍内后，封闭育雏舍的门、窗和所有缝隙进行熏蒸消毒。常用的药品是福尔马林和高锰酸钾。根据育雏舍的污浊程度，选用不同的熏蒸浓度（其浓度有：每立方米空间14毫升福尔马林和7克高锰酸钾、每立方米空间28毫升福尔马林和14克高锰酸钾、每立方米空间42毫升福尔马林和21克高锰酸钾）。

5）育雏舍周围环境消毒。用10%甲醛溶液或5%~8%氢氧化钠溶液喷洒育雏舍周围和道路。

【注意】熏蒸时把高锰酸钾放入陶瓷或瓦制的容器内（舍内可以多放几个容器），将福尔马林溶液缓缓倒入，迅速撤离，封闭好门。熏蒸效果最佳的环境温度是24℃以上，相对湿度为75%~80%，熏蒸时间为24~48小时。熏蒸后若残渣是一些微湿的褐色粉末，则表明反应良好；若残渣呈紫色，则表明福尔马林用量不足或药效降低；若残渣太湿，则表明高锰酸钾用量不足或药效降低。

（2）人员准备 提前对饲养人员进行培训，以便掌握基本的饲养管理知识和技术。育雏人员在育雏前1周左右到位并着手工作。

（3）饲料准备 不同的饲养阶段需要不同的饲料。育雏料在雏鸡入舍前1天进入育雏舍，每次配制的饲料不要太多，能够饲喂5～7天即可，太多则存放时间长，饲料容易变质或营养损失。

（4）药品准备 准备的药品包括：疫苗等生物制品；防治白痢、球虫病的药物（如球痢灵、杜球、三字球虫粉等）；抗应激剂（如维生素C、速溶多维）；营养剂（如糖、奶粉、多维电解质等）；消毒药（酸类、醛类、氯制剂等，准备3～5种消毒药交替使用）。

（5）温度调试 安装好供温设备后要调试，观察温度能否上升到要求的温度，需要多长时间。室温一般要求33～35℃，相对湿度为65%～70%。如果达不到要求，要采取措施尽早解决。育雏前2天，要使温度上升到育雏温度且保持稳定。根据供温设备的情况提前升温，避免雏鸡入舍时温度达不到要求影响育雏效果。

70 如何选择雏鸡?

由于种鸡的健康、营养和遗传等先天因素的影响，以及孵化、长途运输、出壳时间过长等后天因素的影响，初生雏中常出现有弱雏、畸形雏和残雏等，对此需要淘汰，因此选择健康雏鸡是育雏的首要工作，也是育雏成功的基础。

（1）精神表现 健雏活泼好动，无畸形和伤残，反应灵敏，叫声响亮。用手轻拍雏鸡箱，雏鸡眼睛圆睁、站立者为健雏。伏地不动、没有反应，腹部过大或过小、脐部有血痂或有血线者为弱雏。

（2）外貌状态 健雏绒毛丰满，有光泽，干净无污染；绒毛有黏着的为弱雏。健雏的体重应适宜匀称。土鸡出壳重应在30克以上，同一品种大小均匀一致；健雏卵黄吸收良好，腹部不大、柔软，脐部愈合良好、干燥、上有绒毛覆盖。弱雏卵黄囊外露，无绒毛覆盖。

（3）触摸品质 手握健雏时，感觉绒毛松软饱满，挣扎有力；触摸腹部时，感觉大小适中、柔软有弹性；触摸脐部时，健雏光滑平整，无钉手感觉。弱雏的脐孔大，有脐钉。

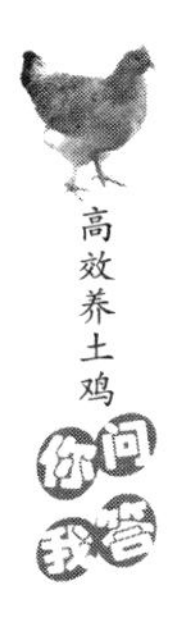

71 如何运输雏鸡？

（1）运输工具 雏鸡经公母鉴别，分级装箱后，一般应在24小时内运到育雏舍，长途运输也不应超过48小时，以免中途死亡。路程过远，可采用飞机空运。

运雏的基本要求是卫生、及时、安全、舒适。装雏最好选用专用的雏鸡箱，雏鸡箱一般用瓦楞纸制成，长60厘米、宽45厘米、高18厘米，四周均有通气孔，内部分为4格，底垫锯末或麦秸，每格可放雏鸡25只，每箱100只。运雏的车辆应装有空调机，装车前应进行清洗和消毒，装车时箱与箱之间应留出通气道。运雏箱要平稳、牢靠，耐震动，不倾斜。雏鸡运达目的地后应立即卸车，并将雏鸡放入育雏舍，休息1~2小时后，再开食和饮水。

（2）携带证件 雏鸡运输的押运人员应携带检疫证、身份证、合格证和种畜禽生产经营许可证、路单及有关的行车手续。

（3）运输过程中的注意事项 一是应防寒、防热、防闷、防压、防雨淋和防震动。二是运输人员在出发前应准备好食品和饮用水，中途不能停留。远距离运输应有2个驾驶员轮换开车。押运雏鸡的技术人员在汽车启动后30分钟应检查车厢中心位置的雏鸡活动状态。三是定期检查雏鸡。如果雏鸡的精神状态良好，每隔1~2小时检查1次。检查间隔时间的长短应视实际情况确定。

72 雏鸡入舍时应做好哪些工作？

（1）铺垫纸 在网床上或育雏笼底网上铺上垫纸，以防雏鸡折脚。

（2）准备好水 雏鸡入舍前2小时，将饮水器装满20℃左右的温开水，水中加入4%~5%的糖（白糖、红糖或葡萄糖等）或2%~3%的奶粉。为缓解应激，可在水中加入维生素C或速溶多维等抗应激剂。雏鸡入舍后能够立即饮到水，可以减轻路途疲劳和防止脱水。为防治白痢，可以在水中加入诺氟沙星、阿米卡星（丁胺卡那霉素）、阿莫西林等抗菌药物。

饮水器要均匀摆放在育雏舍内，每个饮水器的半径范围不超过

1.5 米。饮水器高度适当，应该与雏鸡的背部相平，随着雏鸡的体高增加而调整饮水器水盘的高度，防止雏鸡进入水盘弄湿绒毛或淹死雏鸡。

（3）雏鸡入舍 雏鸡到达后应尽快将雏鸡箱移入育雏舍内，并小心地将雏鸡放在网床上或育雏伞下。密度要求：地面平养 30 只/米^2，网床平养 40 只/米^2，立体笼养 60 只/米^2。将雏鸡箱搬出舍外进行处理（一次性的纸箱要烧掉，重复利用的塑料箱要清理消毒）。

（4）全面消毒 雏鸡入舍后，要对育雏舍及其周围进行彻底的消毒，育雏舍消毒时消毒液要用温水稀释，避免对雏鸡冷刺激。

> ⚠ **【注意】** 雏鸡入舍时一定要保持舍内温度适宜和稳定。温度达不到要求时，要先让雏鸡在箱中休息，尽快升温。

73 如何给雏鸡“开水”和饮水？

雏鸡的第 1 次饮水称为“开水”。雏鸡入舍后就可以饮水（雏鸡出壳后 24 小时消耗体内水分的 8%，48 小时消耗 15%。加之运输、入舍等，体内水分容易消耗，所以，一般应在出壳 24～48 小时让雏鸡饮到水），大部分雏鸡自己会饮水。如果雏鸡不知道或不愿意饮水，可采用人工诱导或驱赶的方法（把雏鸡的喙浸入水中几次，雏鸡知道水源后便会饮水，其他雏鸡也会学着饮水）使雏鸡尽早学会饮水，对个别不饮水的雏鸡可以用滴管滴服。如果使用乳头饮水器，每个乳头可供 10～12 只雏鸡饮水，最好在吊杯内加些水，诱鸡饮水。

0～3 日龄雏鸡饮用温开水，水温为 16～20℃，以后可饮洁净的自来水或深井水。雏鸡饮水时，应注意以下几点：一是将饮水器均匀放在育雏舍光亮温暖、靠近料盘的地方；二是保证饮水器中经常有水，发现饮水器中无水，立即加水，不要待所有饮水器无水时再加水（雏鸡有定位饮水习惯），避免鸡群缺水后的暴饮；三是饮药水要现用现配，以免失效，并且准确掌握药量，防止过高或过低，过高易引起中毒，过低则无疗效；四是经常刷洗饮水器的水盘，保持干净卫生；五是饮水免疫的前后 2 天，饮用水和饮水器不能含有消毒剂，否则会降低疫苗效果，甚至使疫苗失效；六是注意观察雏鸡是否都能饮到水，发现饮不到水时要查找原因，立即解决。若饮水

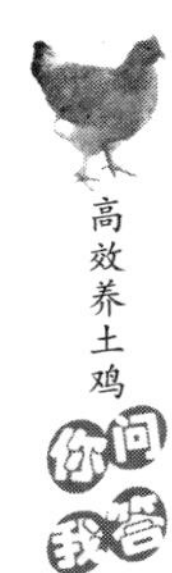

器少，要增加饮水器数量；若光线暗或不均匀，要增加光照强度或调整光照角度；若温度不适宜，要调整温度。

【提示】 雏鸡入舍后要让雏鸡尽快学会饮水和饮到水。育雏期间每个饮水器中都不能断水，发现饮水器无水要立即加水。

74 雏鸡的饮水量是多少?

雏鸡的饮水量受到多种因素的影响，如品种、日龄、日粮类型、健康和环境温湿度等。雏鸡正常的饮水量见表4-1。

表4-1 雏鸡正常的饮水量 ［单位：毫升/(天·只)］

周龄	1~2周龄	3周龄	4周龄	5周龄	6周龄	7周龄	8周龄
饮水量	自由饮水	40~50	45~55	55~65	65~75	75~85	85~90

75 如何给雏鸡开食?

给雏鸡首次喂料叫开食。雏鸡开食要适时，原则上大约有1/3的雏鸡有觅食行为时即可开食。一般是幼雏进入育雏舍，休息、饮水后就可开食。最重要的是保证雏鸡出壳后尽快学会采食。学会采食的时间越早，采食的饲料越多，越有利于雏鸡的早期生长和体重达标。

(1) 开食的饲料 开食料过去常用小米、玉米，南方也有用大米。例如，将小米煮七成熟后，控水即可。现在常用配合饲料。

(2) 开食的用具 开食最合适的饲喂用具是大而扁平的容器或料盘。因其面积大，雏鸡容易接触到饲料和采食饲料。每个规格为40厘米×60厘米的开食盘可容纳100只雏鸡采食。有的鸡场在地面或网面上铺上厚实、粗糙并有高度吸湿性的黄纸。

(3) 开食的方法 将全价配合饲料用温水拌湿（手握成块一松即散），撒在开食盘或黄纸上面让雏鸡采食。湿拌料可以提高适口性，又能保证雏鸡采食的营养物质全面（因许多微量物质都是粉状，雏鸡不愿采食或不易采食，拌湿后，粉可以粘在粒料上，雏鸡一并采食）。

对不采食的雏鸡群要人工诱导其采食，即用食指轻敲纸面或食盘，发出小鸡啄食的声响，诱导雏鸡跟着手指啄食，有一部分雏鸡啄食，很快会使全群采食。

（4）开食后的饲喂次数 开食后，每1~2小时添料1次，添料的过程也是诱导雏鸡采食的一种措施。雏鸡学会采食后，可以按顿饲喂。

（5）开食效果检查 开食后要注意观察雏鸡的采食情况，保证每只雏鸡都吃到饲料，尽早学会采食。开食几小时后，雏鸡的嗉囊应是饱的，若不饱应检查其原因（如光照太弱或光线不均匀、食盘太少或撒料不匀、温度不适宜、体质弱或其他情况）并加以解决和纠正。开食好的雏鸡采食积极、速度快，采食量逐日增加。

（6）开食的注意事项 一是加强对弱雏的管理。雏鸡入舍后要进行检查，将个体小、体质差、不吃料的雏鸡挑出小群饲养，使其尽快学会饮水采食。二是保证采食时间。雏鸡前3天保持24小时光照时间，使雏鸡随时都可以在明亮的状态下饮水和采食。三是保持开食盘和黄纸的清洁卫生。

【提示】 目前提倡早期开食，即雏鸡出壳后24小时内开食。开食的饲料可以刺激消化道并促进消化道发育，腹腔内剩余的卵黄可以更多地转化为免疫球蛋白用于提高雏鸡的免疫功能，雏鸡获得的营养更多，生长更快。

76 如何饲喂雏鸡？

雏鸡学会采食后，就可以正常饲喂。

（1）饲喂次数 雏鸡入舍2天后，可以按次饲喂。前2周每天喂6次，其中5：00和22：00各喂1次；3~4周每天喂5次；5周以后每天喂4次。育成期一般每天饲喂1~2次。

（2）饲喂方法 进雏后的前3~5天，饲料撒在黄纸或料盘上，让雏鸡采食，以后改用料桶或料槽。前2周每次饲喂不宜过饱。幼雏贪吃，容易采食过量，引起消化不良，一般每次采食九成饱即可，采食时间约45分钟。3周以后可以自由采食。生产中要根据雏鸡的采食情况灵活掌握喂料量，下次添料时余料多或吃不净，说明上次喂料量较多，可以适当减少一些，否则，应适当增加喂料量。既要

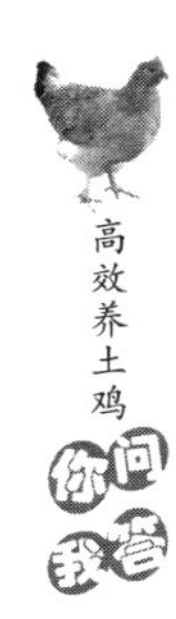

保证雏鸡吃好，获得充足营养，又要避免饲料的浪费。

（3）料中加入药物 为了预防沙门氏菌病、球虫病的发生，可以在饲料中加入药物。料中加药时，剂量要准确、拌料要均匀，以防药物中毒。生产中呋喃唑酮（痢特灵）、球虫药中毒情况时有发生，应该重视。

（4）喂给雏鸡沙砾 沙砾进入肌胃后可刺激肌胃，使肌胃的收缩和舒张能力加强；并且还可以磨碎食物，有助于食物的消化和吸收，提高饲料的利用率。雏鸡被关在笼内或网上，无法从周围环境中采食到沙砾，故雏鸡 2 周龄后，就在鸡笼内的网上放置沙砾盘（槽），盘内放入碎石子或粗沙，让其自由采食。将碎石子或粗沙混合于饲料中饲喂，效果也很好。但是，混有碎石子或粗沙的饲料不宜用于自动喂料机，以免沙砾磨损机械设备。

77 如何给雏鸡喂青绿饲料？

青绿饲料富含维生素，喂给雏鸡青绿饲料可节省昂贵的复合维生素添加剂。雏鸡从 5 ~6 日龄起，可以喂给青绿饲料。青绿饲料切碎后，可混合于粉状饲料中喂给，也可单独饲喂。青绿饲料的用量一般应控制在精饲料用量的 20% 左右。饲喂青绿饲料费工费时，操作麻烦，适用于小型养殖户及散放饲养的雏鸡。

78 如何调控育雏舍的温度？

温度是饲养雏鸡的首要条件，温度不仅影响雏鸡的体温调节、运动、采食、饮水及对饲料的消化吸收和休息等生理环节，还影响机体的代谢、抗体产生、体质状况等。只有适宜的温度才有利于雏鸡的生长发育和成活率的提高。

（1）适宜的育雏温度 适宜的育雏温度见表 4-2。

表 4-2 适宜的育雏温度 （单位：℃）

日龄或周龄	1 ~2 日龄	1 周龄	2 周龄	3 周龄	4 周龄	5 周龄	6 周龄	7 ~20 周龄
温度	35 ~33	33 ~30	30 ~28	28 ~26	26 ~24	24 ~21	21 ~18	18 ~16

育雏期不仅要保证适宜的育雏温度，还要保证适宜的舍内温度。

（2）温度的测定 正确测定温度也很重要，使用保姆伞育雏，温度计挂在距伞边缘15厘米，高度与鸡背相平（大约距地面5厘米）处。暖房式加温，温度计挂在距地面、网面或笼底面5厘米高处。

（3）不同温度下雏鸡的行为表现 不同温度下雏鸡的行为表现如下：

1）高温。幼雏远离热源，两翅和嘴张开，呼吸加深加快，发出吱吱鸣叫声，采食量减少且饮水量增加，精神差。

2）低温。温度低的情况下，雏鸡拥挤叠堆，向热源靠近。行动迟缓，缩颈躬背，羽毛蓬松，不愿采食和饮水，发出尖而短的叫声。

3）忽高忽低。育雏期间温度忽高忽低，不稳定，对雏鸡的生理活动影响很大。育雏温度骤然下降，雏鸡会发生严重的血管反应，循环衰竭，窒息死亡；育雏温度骤然升高，雏鸡体表血管充血，散热消耗大量能量，抵抗力明显降低。忽冷忽热，雏鸡很难适应，不仅影响生长发育，而且影响抗体水平，抵抗力差，易发生疾病，后期马立克氏病的发生率较高。

（4）温度的调控 育雏温度适宜与否，不能固守温度计测定的温度，要根据雏鸡的行为表现进行适当的调整。育雏过程中，随着日龄增加逐渐降低温度，每天降低0.5℃或每周降低3℃；育雏结束后要脱温。过去在春季育雏的情况下，雏鸡6周龄可以脱温（因为外界气温较高，雏鸡可以适应）。但现在一年四季都可育雏，育雏季节不同，脱温时间就有很大差异（温度高的季节脱温早，冬季脱温晚）。脱温要慎重，根据育雏季节和雏鸡的体质确定脱温时间，并逐渐脱温，使雏鸡有一个适应的过程。同时还要注意晚上和寒流突然袭击对雏鸡的不良影响，随时做好保温的准备。

> **【注意】** 温度计使用前要校对，其方法是：将一支标准温度计（体温计）和校对的温度计放入35～38℃的温水中，观察其差值。如果校对的温度计与标准温度计的温度一致，说明准确；如果低于标准温度计A℃，可在校对的温度计上贴上白色胶布，并标注+A℃；如果高于标准温度计A℃，可在校对的温度计上贴上白色胶布，并标注-A℃。

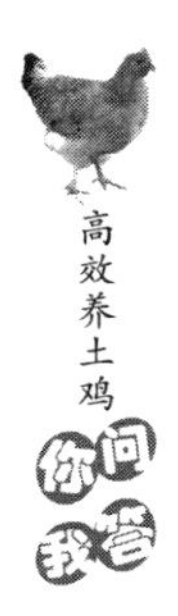

79 如何调节育雏舍的湿度?

适宜的湿度使雏鸡感到舒适，有利于其健康和生长发育；育雏舍内过于干燥，雏鸡体内的水分随着呼吸而大量散发，则腹腔内的剩余卵黄吸收困难，同时干燥导致雏鸡饮水过多，易引起拉稀，脚爪发干，羽毛生长缓慢，体质瘦弱；育雏舍内过于潮湿，由于育雏温度较高，并且育雏舍内水源多，容易造成高温高湿环境，在此环境中，雏鸡闷热不适，呼吸困难，羽毛凌乱污秽，易患呼吸道疾病，增加死亡率。一般育雏前期为防止雏鸡脱水，相对湿度较高，为70%～75%，可以采用在舍内火炉上放置水壶、在舍内喷热水等方法提高湿度；10～20 日龄，相对湿度降到 65% 左右；20 日龄以后，由于雏鸡的采食量、饮水量、排泄量增加，育雏舍易潮湿，所以要加强通风，更换潮湿的垫料和清理粪便，以保证舍内相对湿度为 40%～55%。

80 如何进行育雏舍的通风换气?

新鲜的空气有利于雏鸡的生长发育和健康。雏鸡的体温高，呼吸快，代谢旺盛，呼出的二氧化碳多；雏鸡的日粮营养丰富，消化吸收率低，粪便中含有大量的有机物，有机物发酵产生的氨气（NH_3）和硫化氢（H_2S）多；加之人工供温燃料不完全燃烧产生的一氧化碳（CO），都会使舍内空气污浊，有害气体含量超标，危害雏鸡的健康，影响其生长发育。加强通风换气可以驱除舍内的污浊气体，换进新鲜空气。同时，通风换气还可以减少舍内的水汽、尘埃和微生物，调节舍内温度。

育雏舍既要保温，又要通风换气，保温与通风换气是一对矛盾，应在保持温度的前提下，进行适量的通风换气。通风换气的方法有自然通风和机械通风 2 种。自然通风的具体做法是：在育雏舍设通风窗，气温高时，尽量打开通风窗（或通气孔），气温低时把它关好。机械通风多用于规模较大的土鸡养殖场，可根据育雏舍的面积和所饲养雏鸡数量，选购和安装风机。育雏舍内的空气以人进入舍内不刺激鼻、眼，不觉胸闷为宜。通风时要切忌间隙风和冷风只吹雏鸡，以免雏鸡着凉感冒。

81 如何调节土鸡舍的光照?

光照是影响土鸡生长发育和生殖系统发育的最重要因素，12 周龄以后的光照时数对育成年鸡性成熟的影响比较明显。10 周龄以前可保持较长光照时数，使土鸡采食较多饲料，获得充足的营养更好生长。12 周龄以后，光照时数要恒定或渐减。

（1）密闭舍 密闭舍不受外界光照的影响，育成期光照时数一般恒定为 8~10 小时。光照方案见表 4-3。

表 4-3 密闭舍的光照参考方案

日龄或周龄	1~3日龄	4~7日龄	2周龄	3~4周龄	5~6周龄	7~8周龄	8~10周龄	11~18周龄	19周龄	20周龄	21周龄以后
光照时数/小时	23	22	20	18	16	14	12	8~10	11	12	每周增加0.5小时，直至15.5小时恒定
光照强度/勒克斯	20~30	20~30	10~15	10~15	5~8	5~8	5~8	5~8	5~8	5~8	10勒克斯左右

（2）开放舍或有窗舍 开放舍或有窗舍由于受外界自然光照的影响，需要根据外界自然光照变化制订光照方案。光照方案制订方法有渐减法和恒定法。其具体方法如下：

1）渐减法。查出本批出壳雏鸡 20 周龄时的自然光照时数（A），再加上 7 小时，作为第 1 周光照时数，以后每周减少 20 分钟，20 周龄以后，每周增加 0.5 小时，直至 15.5~16 小时恒定。方案：1~3 日龄，23 小时；4~7 日龄，（$A+7$）小时；以后每周减少 20 分钟，20 周龄时光照时数为 A。20 周龄后每周增加 20~30 分钟，直至达到 16 小时恒定。

2）恒定法。查出该批雏鸡 20 周龄内最长的自然光照时数（B），作为育雏育成期的光照时数，20 周龄以后，每周增加 20~30 分钟，直至 15.5~16 小时恒定。方案：1~3 日龄，23 小时；4~7 日龄，

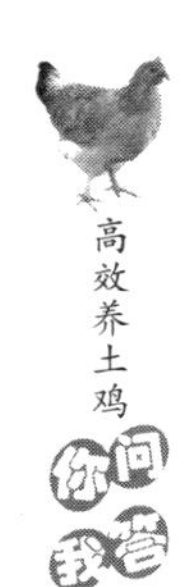

22小时；8~14日龄，20小时；15~21日龄，18小时；22~28日龄，16小时；以后保持B直至20周龄；20周后每周增加20~30分钟，直至16小时恒定。

82 如何调节育雏舍的饲养密度？

饲养密度是指每平方米饲养雏鸡的只数。饲养密度过大，雏鸡发育不均匀，易发生疾病，死亡率高，所以保持适宜的饲养密度是必要的。育雏期不同饲养方式的饲养密度要求见表4-4。

表4-4 育雏期不同饲养方式的饲养密度

周　　龄	地面平养/(只/米^2)	网上平养/(只/米^2)	立体笼养/(只/米^2)①
1~2周龄	35~40	40~50	60
3~4周龄	25~35	30~40	40
5~6周龄	20~25	25	35
7~8周龄	15~20	20	30

① 为笼底面积。

83 如何给种用土鸡剪冠？

为识别不同品系、性别、杂交组合和防止冻伤，以及减少冠的机械性损伤，无论哪一代的种公雏，都要在1日龄时剪冠。操作时以左手掌轻握刚出壳的种公雏，右手持医用弯头剪刀由头前方且沿头顶皮肤向后整齐剪去鸡冠，注意不要剪破头部其他部位，以防感染，一旦不慎出血，应迅速涂擦紫药水或碘酒。

84 如何给雏鸡断喙？

雏鸡的饲养管理过程中，由于种种原因，如饲养密度大、光照强、通气不良、饲料不全价及机体自身因素等会引起雏鸡之间相互叨啄，形成啄癖，包括啄羽、啄肛、啄翅、啄趾等，轻则伤残，重者造成死亡，所以生产中要对雏鸡进行断喙。同时，断喙可节省饲料，减少饲料浪费，使鸡群发育整齐。

(1) 断喙的时间 蛋用雏鸡一般在8~10日龄断喙，可在以后转群或上笼时补断。断喙时间晚，喙质硬，不好断。断喙过早，雏鸡体质弱，适应能力差。断喙时间不合适，会引起较严重的应激反应。

（2）断喙的用具 较好的用具是自动断喙器。在农村，可采用500瓦的电烙铁固定在椅子上代用，以烙代切，会对雏鸡造成较大的应激。

（3）断喙的方法 用拇指捏住鸡头后部，食指捏住下喙咽喉部，将上下喙合拢，放入断喙器的小孔内，借助于灼热的刀片，切除鸡上下喙的一部分，断去上喙长度的1/2，下喙长度的1/3，灼烧组织可防止出血。

（4）断喙应注意的问题 一是断过的喙应上短下长才符合要求。断喙不可过长，一则易出血不易止血，二则影响以后的采食，引起生长缓慢。二是准确掌握断喙温度，以650~750℃为宜（断喙器刀片成暗红色）。温度太高，会将喙烫软变形；温度低，起不到断喙之作用，即使断去喙，也会引起出血、感染。三是鸡群发病期间不能断喙，待鸡群痊愈后再断喙。在免疫期间最好不进行断喙，避免影响抗体生成，有的养殖场为了减少抓鸡次数，在断喙时同时免疫接种，此时应在饮水或饲料中添加足量的抗应激剂。四是断喙后食槽应有1~2厘米厚的饲料，以避免雏鸡采食时喙与槽底接触引起喙痛影响以后采食。五是防止断喙后出血，在断喙前后3天，料内加维生素K 5毫克/千克。六是断喙器保持清洁，以防断喙时交叉感染（多场共用一个断喙器时，在断喙前要进行熏蒸消毒）。

> **【提示】** 对于生态放养的土鸡，如果饲养密度小，活动范围大，有充足的野生饲料资源，可以不断喙。有的土鸡养殖场不断喙，给土鸡戴眼镜，减少啄癖（土鸡500克以上开始戴眼镜一直到上市）。

85 如何将弱雏扶壮？

随着日龄增加，鸡群内会出现体质瘦弱的个体。注意及时挑出小鸡、弱鸡和病鸡，隔离饲养，适当提高环境温度，降低饲养密度；增加饲喂次数，保证充足饮水；在饲料或饮水中添加糖、奶粉等营

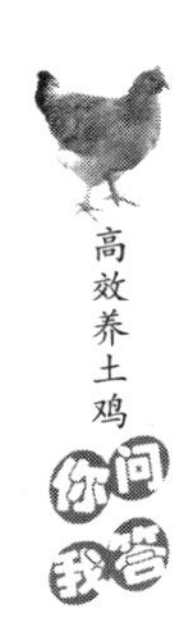

养剂，或者加入维生素C或速溶多维等抗应激剂。必要时可使用土霉素、卡那霉素、诺氟沙星等抗菌药物等。还需要对鸡群精心管理。

86 如何观察雏鸡?

观察鸡群能及时发现问题，把疾患消灭于萌芽状态，所以每天都要细致观察鸡群。观察从以下几个方面进行：

（1）采食情况　正常的鸡群采食积极，食欲旺盛。触摸嗉囊饱满。个别雏鸡不食或采食不积极应隔离观察。有较多的雏鸡不食或不积极，应该引起高度重视，找出原因。其原因一般有：①突然更换饲料，如两种饲料的品质或饲料原料差异很大，突然更换，鸡只没有适应引起不食或少食；②饲料腐败变质，如酸败、霉变等；③环境条件不适宜，如育雏期温度过低或过高、温度不稳定等；④疾病，如鸡群发生较为严重的疾病。

（2）精神状态　健康的雏鸡活泼好动；不健康的雏鸡会呆立一边或离群独卧，低头垂翅等。

（3）呼吸系统情况　观察有无咳嗽、流鼻、呼吸困难等症状，在晚上夜深人静时，蹲在土鸡舍内静听雏鸡的呼吸音，正常情况下应该是安静的，听不到异常声音。如果有异常声音，应引起高度重视，做进一步检查。

（4）粪便检查　粪便可以反映鸡群的健康状态。正常的粪便多不干不湿，呈黑色圆锥状，并且顶端有少量尿酸盐沉着；发生疾病时，粪便会有不同的表现。例如，鸡只患鸡白痢，排出的是白色带泡状的稀薄粪便；患球虫病，排出的是带血或肉状粪便；患法氏囊病，排出的是稀薄的白色水样粪便等。粪便观察可以在早上开灯后，因为晚上鸡只卧在笼内或网上排粪，鸡群没有活动前粪便的状态容易观察。

87 雏鸡死亡的原因有哪些?

雏鸡的体温调节机能不完善，对营养要求高，对疾病的抵抗力弱，容易死亡。了解雏鸡死亡的原因，采取措施减少死亡。

（1）雏鸡死亡的先天因素　雏鸡死亡的先天因素如下：

1）由于种鸡的饲养管理不善从而造成种蛋污染严重，营养不足，禽胚的生命力和抵抗力降低，甚至死亡。某些病原经母体进入蛋而传给后代，常见的有白痢病、副伤寒、败血支原体病（败血霉形体病）、螺旋体病、马立克氏病等；某些病原通过破损、蛋壳的气孔从外源侵入蛋内，常见的有葡萄球菌、肠道杆菌、绿脓杆菌、副伤寒杆菌及许多霉菌等，主要在种蛋的收集、储存、运输，或者产蛋箱和孵化器中被污染而发生。这些微生物可引起胚胎残废或出壳后发病，可见雏鸡发生脐炎、白痢病、慢性呼吸道病和大肠杆菌病等；胚蛋的维生素、矿物质、微量元素及氨基酸缺乏，也会引起胚胎死亡。措施：保证种鸡营养全面均衡；保证种鸡洁净卫生，加强隔离和消毒，以减少死亡。

2）孵化不善致使雏鸡体弱多病。孵化中温度过高或过低，通风换气不足，致使胚胎出壳过早或过迟，孵化率在50%～60%，所产雏鸡体弱，易患各种病而大批死亡，这种雏鸡往往体小、卵黄吸收不良、脐部未愈合，精神差、站立困难，多在育雏5日内死亡。措施：保证适宜的孵化温度、通风换气和湿度，提高雏鸡质量。

3）消毒不严格造成脐部感染。孵化器、育雏舍、种蛋及各种用具等消毒不严，存在各种细菌，如大肠杆菌、假单胞菌、沙门氏菌、葡萄球菌等，可因脐孔闭合不好而侵入卵黄囊，造成感染发炎，即脐炎。患病鸡，可见其腹部膨大，脐部潮湿肿胀，有难闻的气味，因毒血症而死亡。死后剖检可见未吸收的卵黄及卵黄囊扩大，卵黄呈水样或棕色水样，囊体易破裂，此病有50%死于育雏头3天，92.3%死于10天以内。措施：对种蛋、孵化器、育雏舍及各种用具进行严格消毒是预防发病的唯一手段，消毒的最好方法是福尔马林熏蒸，对刚出壳雏鸡可用14毫升福尔马林，7克高锰酸钾熏蒸2～3分钟（消毒时间不能过长，否则易引起雏鸡结膜炎和角膜炎），种蛋用28毫升福尔马林，14克高锰酸钾熏蒸，其他器具用42毫升福尔马林，21克高锰酸钾熏蒸消毒。也可用红霉素或季胺溶液浸种蛋，能消灭蛋内的支原体，可获得健康雏鸡。

（2）雏鸡死亡的后天因素 雏鸡死亡的后天因素如下：

1）因疾病死亡。发生雏鸡白痢、球虫病、新城疫、禽流感、法

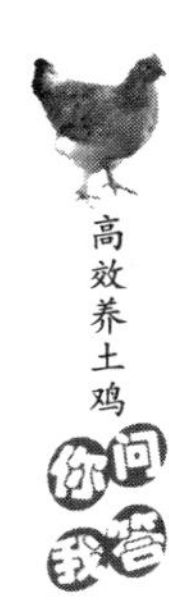

氏囊病、传染性支气管炎及中毒病等危害雏鸡和引起死亡。措施：加强育雏舍的隔离卫生和消毒，保持适宜的育雏条件，做好免疫接种工作。

2）雏鸡营养缺乏症。蛋白质或氨基酸缺乏表现为生长缓慢，采食量减少，体质衰弱。维生素缺乏最常见的是维生素 A、维生素 D、维生素 E 和 B 族维生素（尤其是维生素 B_2）的缺乏，通常在 2～3 周龄出现症状。鸡群营养缺乏的特点：先是少数雏鸡出现症状，之后逐渐增多，发病率与死亡率都较高，不及时采取治疗措施则大批死亡，损失很大（3～4 周龄死亡最多）。措施：根据不同品种和阶段对营养的需求，提供营养全面、充足且易于消化利用的饲料。

3）运输过程中管理不善。雏鸡因路途运输时间过长而脱水，入舍后很容易死亡。措施：出壳后及早起运，尽量缩短路途运输时间。

4）雏鸡因挤压死亡。对于大群饲养，因挤压死亡的要占鸡群的 5%～10%。措施：平时在工作中要注意避免育雏温度低或突然下降，突然停电熄灯，或者窜进野兽及各种惊吓引起的骚动等。保持适宜的饲养密度，备有足够的食槽、饮水器，保持舍内适温、通风、干燥和光照强度适中的小气候环境，可防止这些损失。

5）因恶食癖死亡。恶食癖中啄癖危害严重，啄癖多发生于 3 周龄后，最常见的有啄肛癖（常见鸡群追啄一只鸡的肛门，致使其肛门破伤或出血，严重时直至肠脱出而死，内脏争吃一空）、啄趾癖（鸡群相互啄食脚趾，引起出血或跛行，重者可啄断脚趾）、啄羽癖（鸡群互相啄扯羽毛，直至啄光为止）。措施：发生啄肛、啄趾可能是因为饲料缺乏食盐和其他矿物质，应在饲料中添加微量元素添加剂和钙、磷等矿物质；发生啄羽可能是因为饲料中缺含硫氨基酸，可适当添加甲硫氨酸和胱氨酸，或 3% 左右的羽毛粉，或 1%～2% 的石膏。啄癖最好的预防措施是在 9～10 日龄进行断喙。采用红光照射能使鸡群安静，减少应激反应，防止啄癖发生。用红色灯泡进行光照，3～5 瓦/米^2，采用红光照射后 2～3 天，可以减少或停止啄癖，连续照射 10～15 天后再恢复用白炽灯光照。已经发生啄癖后，雏鸡被啄伤的部位要抹以紫药水消毒，不可涂红药水，否则啄得更厉害。

6）兽害死亡。兽害要占鸡群总死亡率的4%～7%。鸡群最大的害敌是鼠和黄鼠狼，其次是猫、狗等。措施：对于4周龄前的雏鸡，应加强值班护理；育雏舍的门、窗要用尼龙网拦好；及时堵塞舍内外的大小洞口；育雏前最好统一灭鼠；进出育雏舍应随手关好门、窗。兽害还能带来传染病，必须引起足够重视，采取综合防范措施才能奏效。

88 育成期土鸡有何生理特点？

育成期土鸡一般是指6～20周龄的土鸡。育成期的饲养管理目标是培育出个体质量和群体质量都优良的育成母鸡。育成期土鸡具有如下生理特点：

（1）适应能力强 育成阶段的土鸡羽毛已经丰满，换羽已经长出成羽，体温调节能力健全，对外界的适应能力强。

（2）消化能力强 育成阶段的土鸡的消化器官发育良好，消化能力增强，采食多，鸡体容易过肥；钙、磷的吸收能力不断提高，骨骼发育处于旺盛时期，此时肌肉生长最快。适当降低饲粮的蛋白质水平，保持微量元素和维生素的供给，育成后期增加钙的补充。

（3）生殖器官发育快 母雏鸡从第11周龄起，卵巢滤泡逐渐积累营养物质，滤泡渐渐增大；公雏鸡12周龄后睾丸及副性腺发育加快，精子细胞开始出现。18周龄以后性器官发育更为迅速。由于12周龄以后鸡的性器官发育很快，对光照时间长短的反应非常敏感，光照时间延长会促进早熟，所以要控制光照时间。

89 育成期土鸡的饲养方式有哪些？

（1）笼养 用蛋鸡育成笼饲养育成期土鸡。笼养的优点是：相同房舍饲养数量多；饲养管理方便；鸡体与粪便隔离，有利于疫病预防；免疫接种时抓鸡方便，不易惊群。笼养投资相对较大，每只鸡多投入1.5元左右，适合大规模、集约化土鸡饲养。

（2）网上平养 在离地面40～60厘米高度设置平网，将育成期土鸡养于其上。采用网上平养，鸡体与粪便彻底隔离，育成率提高。平网所用材料有钢丝网、木板条和竹板条等。网上平养适合中等规

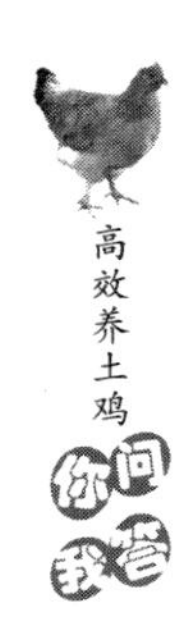

模的土鸡养殖户采用，在舍内设网时要注意留有走道，便于饲喂和管理操作。

(3) 地面垫料平养 在舍内地面铺设厚垫料，将育成期土鸡养于其上。这种方式投资较小，增加了土鸡的运动量，适合小规模的土鸡养殖户采用。缺点是鸡体与粪便接触，容易发生疾病，特别是增加了球虫病的发病率，生产中一定要注意药物预防。垫料平养成败的关键是对垫料的管理。垫料要柔软有弹性、易干燥、吸水性好、廉价轻质。日常要经常翻动垫料和更换潮湿结块的垫料。

(4) 放牧饲养 土鸡在放牧的过程中，不仅能吃到大量的青绿饲料、昆虫、草籽等营养物质，满足部分营养需要，节约饲料，而且能够加强运动，增强体质。土鸡放牧可选择果园、林地、草场、山坡、农田茬地等一切可以利用的地方。天气晴朗时，可延长放牧时间。放牧场地要经常更换地方，减少疫病的传播。

90 如何饲养好育成期土鸡?

育成期土鸡的饲养重点是控制体重，防止过肥而影响产蛋。育成期饲料中所含的营养较育雏期和产蛋期都低，应适当加大麸皮、米糠的比例。平养时可供给一定量的青绿饲料，占配合饲料用量的25%左右。育成期土鸡每天要减少喂料次数，平养时，上午一次性将全天的饲料量投放于料桶或料槽内；笼养时，上午、下午分2次投料；放牧饲养时，每天傍晚入舍前适当补饲精饲料。育成期土鸡每天喂料量的多少要根据体重发育情况而定，每周称重1次（抽样比例为10%），计算平均体重，与标准体重对比，确定下周的饲喂量。育成期土鸡要供给充足、洁净的饮水。

91 如何管理好育成期土鸡?

育成期土鸡饲养管理的好坏直接关系到以后的产蛋潜力发挥和重用价值。经过精心饲养管理，培育出体型一致、健康活泼、适时开产的优质育成母鸡。

(1) 脱温 育雏结束，进入育成阶段要脱温。一要注意脱温的时间。要根据外界的环境温度来确定脱温时间。例如，冬季育雏时脱温时间可能推迟到 8 ~ 9 周龄，甚至是 10 周龄。二要注意逐渐脱温。三要注意育成年鸡的防寒。特别是在寒冷季节，脱温后一定准备防寒设备，了解天气变化，避免突然的寒冷引起育成年鸡的死亡。

（2）转群 育成阶段进行多次转群，如育雏舍转入育成舍，再转入种鸡舍，或转入放牧地进行放牧，尽量减少应激。

（3）饲养管理程序稳定 严格执行饲养管理操作规程，保证人员稳定、饲养程序和管理程序稳定。

（4）卫生管理 每天清理清扫舍内的污物，保持舍内环境卫生；定时清粪；土鸡舍每周消毒 2 ~ 3 次，周围环境每周消毒 1 次。

（5）环境控制 育成舍内温度应保持在 15 ~ 25℃，相对湿度为 55% ~ 60%，注意通风换气，排除舍内氨气、硫化氢、二氧化碳等有害气体，保证充足的新鲜空气。

（6）光照管理 光照通过对生殖激素的控制而影响到土鸡的性腺发育。育成期的生长重点应放在体重的增加和骨骼、内脏的均衡发育，这时如果生殖系统过早发育，会影响到其他组织系统的发育，出现提前开产，产后种蛋较小，全年产蛋量减少。因此，育成期特别是育成中后期（7 周龄至开产）的光照原则是，光照时间不可以延长，光照强度不可以增加；育成期光照一般以自然光照为主，适当进行人工补充光照。每年 4 月 15 日至 8 月 25 日出壳的雏鸡，育成中后期正处于自然光照逐渐缩短的时期，基本符合光照原则，可以完全利用自然光照。而每年 8 月 26 日至次年 4 月 14 日出壳的雏鸡，育成中后期处于自然光照逐渐延长的情况，这时要结合人工补充光照（每天定时开灯、关灯）以使每天光照保持恒定时数，或者使光照时间逐渐缩短。

（7）细致观察鸡群 每天都要细致观察鸡群的精神状态、采食情况、粪便形态和其他异常，及时发现问题并采取措施解决。

（8）补充断喙 于 7 ~ 12 周龄对第 1 次断喙效果不佳的个体进行补充断喙。用断喙器进行操作，要注意断喙长度合适，避免引起出血。

（9）疾病预防 要做好育成舍的卫生和消毒工作，如及时清粪、清洗消毒料槽（盘）和饮水器、带鸡消毒等。还要注意环境安静，

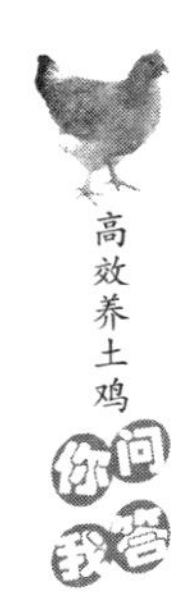

避免惊群。同时要做好疫苗接种和驱虫。育成期防疫的传染病主要有新城疫、鸡痘、传染性支气管炎等（具体时间和方法见土鸡的疾病防治部分）。驱虫是指驱除体内线虫、绦虫等，驱虫要定期进行，最后在转入产蛋舍前还要驱虫1次。驱虫药有左旋咪唑、丙硫咪唑（阿苯达唑）等。

（10）记录和分析 记录的内容与育雏期相同，根据记录情况每天填写育雏育成年鸡周报表，见表4-5。每周根据周报表对育成年鸡的体重、胫长和采食情况进行分析，找出问题，制订下一步改进措施。育成结束计算育成期成活率和育成成本。

表4-5 育雏育成年鸡周报表

周龄____ 批次____ 品种____ 数量____ 鸡舍栋号____ 填表人：

日期	日龄	存栏数	死淘数	喂料量	温度	湿度	通风	光照	其他

标准体重__________ 平均体重__________ 体重均匀度__________

标准胫长__________ 平均胫长__________ 胫长均匀度__________

92 如何进行转群?

土鸡普遍采用三段制饲养方式，在一生中要进行2次转群。第1次转群在6~7周龄时进行，由育雏舍转入育成舍；第2次转群在18~19周龄时进行，由育成舍转入产蛋舍。

（1）转群前土鸡舍的准备 转群前应对土鸡舍进行彻底的清扫消毒，准备转群所需的笼具等饲养设备。做好人员的安排，使转群在短时间内顺利完成。另外，还要准备转群所需的抓鸡、装鸡、运鸡用具，并经严格消毒处理。

（2）转群时间安排 为了减少对鸡群的惊扰，转群要求在光线较暗的时候进行。天亮前，天空具有微光，这时转群，鸡群较安静，并且便于操作。夜里转群，舍内应有小功率灯泡照明，抓鸡能看清部位。

（3）转群注意事项 转群时应注意以下事项：

1）减少鸡只伤残。抓鸡时应抓鸡的双腿，不要只抓单腿或鸡脖。每次抓鸡不宜过多。每只手 1～2 只。从笼中抓出或放入笼中时，动作要轻，最好两人配合，防止损伤土鸡的皮肤。装笼运输时，不能过分拥挤。

2）笼养育成年鸡转入产蛋舍时，应注意来自同层的鸡最好转入相同的层，避免应激。

3）转群时将发育良好、中等和迟缓的鸡分栏或分笼饲养。对发育迟缓的鸡应放置在环境条件较好的位置（如上层笼），加强饲养管理，促进其发育。

4）结合转群可将部分发育不良、畸形个体淘汰，降低饲养成本。

5）转群前在饲料或饮水中加入镇静剂（如地西泮、氯丙嗪），可使鸡群安静。另外，结合转群进行疫苗接种，以免增加应激次数。

93 如何控制育成鸡的体型和均匀度？

体型好、发育均匀整齐的鸡群，产蛋量大，种用价值高。定期称测体重和胫骨长度，计算平均体重和平均胫长，根据平均体重调整饲料饲喂量，使育成鸡的体重符合要求。同时要计算均匀度，了解鸡群发育的均匀情况，并进行必要调整，使育成的新母鸡群体均匀整齐。均匀度是指群体内体重在平均体重 ±10% 范围内的个体所占的比例。为了获得较高的均匀度，生产中要做好以下几个方面的工作：

（1）保持合理的饲养密度 育成鸡要及时调整饲养密度，大的饲养密度是造成个体间大小差异的主要原因。育成期的饲养密度要求见表 4-6。

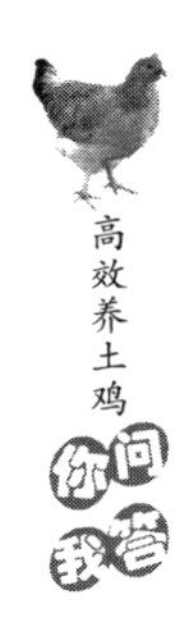

表 4-6　育成期的饲养密度要求

周　龄	地面垫料平养/(只/米^2)	网上平养/(只/米^2)	笼养/(厘米^2/只)
7～12 周龄	8～10	10～11	320～370
13～18 周龄	7～8	8～9	430～480

（2）保证均匀采食　饲料是土鸡生长发育的基础，只有保证土鸡均匀采食到饲料，获得必需的营养，才能保证鸡群的均匀整齐。在育成阶段一般都是采用限制饲喂的方法，这就要求有足够的采食位置（每只土鸡占 8～10 厘米的槽位），而且投料时速度要快。这样才能使全群同时吃到饲料，平养时更应如此。

（3）减少应激　应激影响机体的发育、抵抗力和均匀度。保证环境安静和工作程序稳定，防止断料断水，以及避免疾病发生等，减少应激因素，避免应激发生。

（4）搞好分群管理　一要注意公母分群。公鸡和母鸡的生长发育规律不同，采食量不同，生命力也不同。如果将公鸡和母鸡混养，影响母鸡的生长发育，不利于均匀度的控制。公母分群应尽早进行，一般在育雏结束时结合转群分饲于不同栏舍。如果在出壳时经翻肛鉴别，将公雏与母雏在育雏期就分开饲养，效果更好。二要注意大小、强弱分群。根据大小、强弱等差异，将大群鸡分成相同类型的小群，在饲喂中采取不同的方法，以使全部土鸡都能均匀生长。分群要结合称重定期进行，一般是将个体较大的强壮个体从群中挑选出来，置于另外的饲养环境，然后限制其采食，使体重恢复正常。对于体型较小的弱鸡，要养于环境较好的地方，加强营养，达到正常体重。

94 如何选择与淘汰育成鸡?

种用土鸡的选种与淘汰是一项非常重要的工作，只有进行合理的选择与淘汰，才能提高整个种鸡群的种用价值，提高合格种蛋的数量，提高商品土鸡的质量和档次，降低饲料成本，从而提高饲养效益。

在整个育成期各个阶段，结合日常饲养管理，把畸形、发育不

良的个体从鸡群中调出淘汰；同时还要定期选择。第1次在6～7周龄由雏鸡转到育成年鸡时进行，重点是对畸形［包括喙部交叉、单眼、跛脚、体型不正、发育不良（羽毛生长不良，眼、冠、皮肤苍白，特别消瘦等）］和病鸡进行淘汰。第2次选择在12～13周龄时进行，主要是对公鸡进行淘汰。由于公鸡留种数量小，要加大选择度，选择发育良好、冠大鲜红、体重大的个体。这时的公鸡体重与商品土鸡体重关系较大，体重是选择重点。第3次选择在18周龄转入产蛋舍前进行，主要是对母鸡的选择，观察母鸡的全身发育状况，要逐只进行，淘汰发育不良的个体。

95 种用土鸡产蛋有何规律？

种用土鸡开产后产蛋率和蛋重的变化具有一定的规律性，饲养管理中应注意观察这一规律，采取相应措施，提高合格种蛋的数量。

（1）始产期 在农村少量散养时，由于营养水平偏低，土鸡的开产日龄较晚，而且各群差别明显。在规模饲养下，配合饲料和人工光照的应用，土鸡一般在20～21周龄即可达到5%的产蛋率，26周龄时的产蛋率可达到50%。把20～26周龄，产蛋率为5%～50%的这一时期称为始产期。始产期内产蛋规律性不强，各种畸形蛋比例较大，蛋重较小，受精率和孵化率偏低，一般不适合进行孵化。

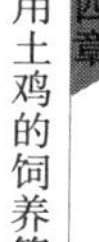

（2）主产期 从26周龄开始，产蛋率稳步上升，在31～32周龄时可达到最高产蛋率85%左右，维持80%以上产蛋率2～3个月后，产蛋率缓慢下降，在55周龄时下降到60%左右。把26～55周龄这一阶段称为主产期。主产期内种蛋大小适中，受精率和孵化率较高，雏鸡容易成活。

（3）终产期 55周龄以后，随着产蛋率的下降，蛋重逐渐增大，到68周龄时，产蛋率下降到45%～50%，一个产蛋年结束。这时种鸡可以淘汰或再利用1年。一般土鸡第2个产蛋年的产蛋率为第1年的80%左右。

96 产蛋期土鸡的饲养方式有哪些？

（1）地面平养 地面平养的饲养方式采用开放式鸡舍结构，分

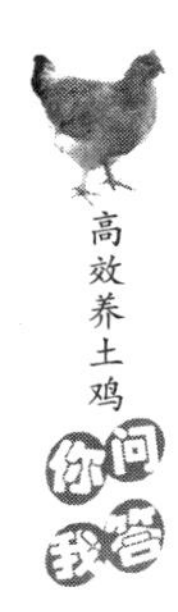

舍内垫料地面和舍外运动场2部分。其中，运动场的面积是舍内地面的1~1.5倍。公母混群饲养，自然交配，公母配比为1∶15~1∶10，舍内饲养密度为5只/米^2。运动场设沙浴池，放置食槽、饮水器，四周设围网。舍内四周按每5只鸡设一产蛋箱，还要设置栖架，夜间供土鸡休息，避免在地面上过夜而受到老鼠的侵袭。另外，舍内也设置食槽（料桶）和饮水器。地面平养适合土鸡的生活习性，可适当补充青绿饲料，种蛋受精率可达90%以上，省去人工授精的麻烦。农村小规模饲养可采用这种方法。

（2）立体笼养 立体笼养是将公鸡和母鸡均置于笼中饲养，采用人工授精方法进行繁殖。立体笼养的笼具采用蛋鸡笼即可。母鸡采用三层阶梯式鸡笼，公鸡采用两层笼。立体笼养的优点是饲养密度大，便于观察鸡群的健康状况和产蛋情况，能及时淘汰病鸡和低产鸡，适合大规模鸡场和养殖户采用。另外，立体笼养时，种蛋收集方便，不易破损和受到粪便、垫料污染。立体笼养要注意饲料的全价性，特别是维生素和矿物质的供给。

97 如何科学饲养好种公鸡？

种公鸡饲养得好坏，将直接关系到种蛋的受精率。种蛋受精率的高低又与种鸡的经济效益紧密相连。因此，种鸡养殖场对种公鸡的饲养管理都给予极大重视。

（1）种公鸡的选择 种公鸡的体质是否健壮，决定着其配种能力和受精率。因此，要对种公鸡进行精心饲养和严格选择。第1次选择一般安排在育雏期结束时的8~9周龄。选取健康无病，活力充沛，腿、脚、趾挺直，背宽、胸阔，并且符合品种体征要求的公鸡留作种用，余下的则淘汰。第2次选择常与转群同时进行，选择标准同第1次，但应注意淘汰鉴别错误的鸡只和外貌体征不符合品种要求的公鸡。

采用自然交配的鸡群，应对育雏期断喙不够精确的种公鸡进行修嘴，以保证其配种时啄鸡的能力。混群时应将公鸡提前几天放入产蛋舍，使种公鸡适应，并占有环境优势，有利于以后的配种。

（2）公鸡与母鸡的比例 适宜的公鸡与母鸡的比例是保证种蛋

高受精率的基础，并且因饲养方式的不同而不同。平养自然交配的鸡群，公鸡与母鸡的比例在育雏阶段以1:6，在育成阶段以1:8为宜，这样可为以后的选择和淘汰提供充分的余地。实践证明，混群时采用1:10的比例，不但可减少公鸡间的争斗，也可满足配种需要。采用笼养方式，实行人工授精的鸡群，育雏、育成阶段以1:20为宜，上笼时则以1:50~1:30的比例为宜。这样不但可以节约大量的饲料，同时也可满足采取精液的需要。

（3）种公鸡的饲养管理 种公鸡于育雏、育成阶段与母鸡分栏饲养，喂同样的育雏、育成饲料。转群后，采取平面饲养方式的鸡群可采用同栏饲养，分槽饲喂；笼养鸡群则采用单笼饲养、单独饲喂。但不管何种饲养方式，均应该饲喂公鸡专用料。为了保证鸡群中公鸡与母鸡的比例适宜，若有公鸡淘汰，则应随时补入新的公鸡。补入公鸡时，宜在天黑前1小时放入。

【提示】 控制种公鸡体重是提高种用价值的保证。公鸡体重过大，脚趾容易变形或发生脚趾瘤而影响配种。公鸡体重过小，则不能适时达到性成熟，性成熟后所产生的精液不但数量少，而且质量差，种用价值不高。因此，应严格控制公鸡的体重。种公鸡在育雏、育成阶段应采取与母鸡相同的饲养管理方法，并坚持抽样称重，以保证其具有较高的均匀度。产蛋期对公鸡，除严格按照日喂料量饲喂外，平养鸡群尚应注意防止公鸡偷吃母鸡饲料造成过肥，失去种用价值。为有效控制公鸡的体重，产蛋期应每4周抽样称重1次，并根据体重情况适时调整种公鸡的日喂料量，使实际体重一直保持在标准体重的水平上。如果，每次抽样称重的结果都是公鸡的体重比母鸡大30%左右，也能表明公鸡的体重没有过大、过肥，而属于正常状态。

98 如何科学饲养产蛋土鸡?

（1）及时更换饲料 不同阶段饲喂不同的饲料，既能满足营养需要，又可降低饲料成本。饲料更换要有5天的过渡期。

1）开产前换料。转入产蛋舍后，当产蛋率达到5%时，要及时

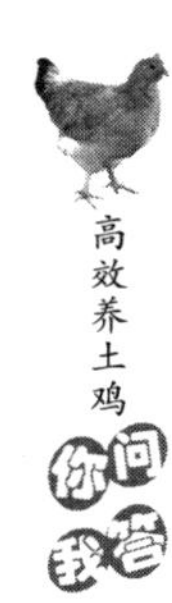

更换产蛋初期饲料，增加饲料的营养（粗蛋白质的含量要求为16.5%），将饲料中钙含量提高到3.0%~3.5%。这样既可以满足产蛋的需求，同时又满足体重增加的营养需要。种公鸡采食专用的饲料，应与母鸡分饲。平养时，将公鸡的料桶吊起，不能让母鸡采食到；母鸡的料盘加防公鸡采食的栅条。

2）高峰期换料。当产蛋率上升到50%以后，要更换产蛋高峰期饲料，粗蛋白质的含量应达到18.5%。为了提高种蛋的受精率和孵化率，选择优质的饲料原料，如鱼粉、豆粕，减少菜籽粕、棉籽粕等杂粕的用量，增加多种维生素的添加量。

3）产蛋后期换料。随着土鸡日龄的增加，鸡群中换羽停产的鸡逐渐增多，产蛋率出现明显的下降。一般到55周龄时土鸡的产蛋率下降到60%，进入产蛋后期。这时摄入的营养一部分会转变为体脂，为了避免饲料浪费，要更换产蛋后期的饲料。粗蛋白质的含量下降到16.5%，钙的含量升高到3.7%，这样有利于维持蛋壳品质。

（2）合理饲喂 种用土鸡可饲喂粉状料，每天2~4次，饲槽数量充足，添加饲料要均匀，每天要净槽，笼养鸡在喂料1~2小时后还要匀料，保证鸡吃饱而不浪费饲料。后期注意限制饲养以避免鸡体肥胖，可以采用探索性减料技术（即在产蛋后期每只鸡每天减少2~3克饲料，观察1周产蛋情况，如果产蛋正常，下周再减，否则，恢复到产蛋量下降前的喂料量）。饲喂程序要稳定。

（3）供给充足的饮水 保证充足供水和水的卫生。夏季饮深井水，有条件时可以饮冰水；冬季注意水温，避免水温过低。

99 如何管理好产蛋土鸡？

（1）适时转群 根据青年土鸡的体重发育情况，在19~21周龄，由育成舍转入种鸡舍。转群前，要对种鸡舍进行彻底的清扫消毒，准备好饲养、产蛋设备。地面平养种鸡，舍内铺好垫料，准备好产蛋箱，运动场设置沙浴池、料槽和水槽；笼养种鸡，母鸡采用三层阶梯式，公鸡采用两层阶梯式，公鸡笼安放在母鸡舍的一头。结合转群进行开产前最后一次疫苗接种，鸡新城疫Ⅰ系疫苗2倍量肌内注射，同时肌内注射新城疫、传染性支气管炎、产蛋下降综合征（又称减蛋综合征）三联油苗。

（2）光照控制 种用土鸡一般从19周龄开始增加光照刺激，通过增加人工光照时间的方法来刺激鸡群迅速开产，而且开产比较整齐一致，产蛋率上升较快。在19周龄体重达到标准时，每周增加光照时间30分钟，一直增加到每天光照16小时恒定。转群时如果鸡群的体重偏轻、发育较差，要推迟增加光照刺激的时间，加强饲喂，让鸡自由采食。体重达到标准后，再增加光照刺激。产蛋后期，可以将光照增加到16.5小时，最大限度地刺激产蛋。

（3）监测体重 种鸡开产后体重的变化要符合要求，否则全期的产蛋会受到影响。在产蛋率达到5%以后，至少每2周称重1次，体重过重或过轻都要设法弥补。产蛋后期应注意防止鸡体过肥。

（4）保持适宜环境 种鸡最适宜的产蛋温度为13～18.3℃，低于9℃或高于29℃会引起产蛋率的明显下降，而且种公鸡的精液品质也会受到影响，致使受精率和孵化率下降。种鸡舍的相对湿度控制在65%左右，主要是防止舍内潮湿。产蛋期要维持16小时的恒定光照，不能随意增减光照时间，尤其是减少光照时间，每天要定时开灯、关灯，保证电力供应。种鸡饲养密度不能过大，要低于商品蛋鸡的饲养密度，单笼饲养2～3只。种公鸡每笼饲养1只，有一定的活动空间。注意适量通风，经常清理粪便和污物，保持空气新鲜，防止有害气体超标。

（5）减少应激 进入产蛋高峰期的土鸡，一旦受到外界的不良刺激（如异常的响动、饲养人员的更换、饲料的突然改变、断水断料、停电、疫苗接种），就会出现惊群，发生应激反应。后果是采食量下降，产蛋率、受精率、孵化率同时下降。在日常管理中，工作程序要固定，各种操作动作要轻，产蛋高峰期要尽量减少进出种鸡舍的次数。开产前要做好疫苗接种和驱虫工作，高峰期不能进行这些工作。

（6）适当淘汰 为了提高饲养土鸡的效益，进入产蛋期以后，根据生产情况适当淘汰低产鸡是一项很有意义的工作。产蛋率达50%时，进行第1次淘汰；进入高峰期后1个月进行第2次淘汰；产蛋后期每周淘汰1次。淘汰柴鸡的方法主要是根据外貌特征，鉴别

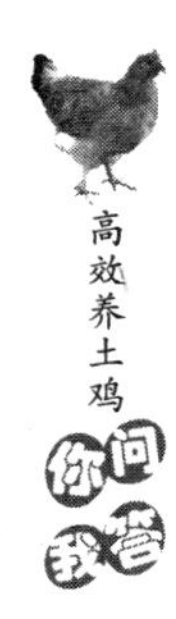

高产鸡与低产鸡。采用笼养时，淘汰后剩余的鸡不要并笼饲养，以免发生啄斗。

高产鸡的表现：反应灵敏，两眼有神，鸡冠红润；羽毛丰满、紧凑，换羽晚；腹部柔软、有弹性、容积大；肛门松弛、湿润、易翻开；耻骨间距3指以上，胸骨末端与耻骨间距4指以上。低产鸡的表现：反应迟钝，两眼无神，鸡冠萎缩、苍白；羽毛松弛，换羽早；腹部弹性小、容积小；肛门紧缩、干燥、不易翻开；耻骨间距3指以下，胸骨末端与耻骨间距3指以下。另外，对于有病的个体也要及时挑出。

（7）加强观察 经常观察鸡群，掌握鸡群的健康及产蛋情况，发现问题，及时采取措施。

1）观察精神状态。在清晨种鸡舍开灯后，观察鸡的精神状态，若发现精神不振、闭目困倦、两翅下垂、羽毛蓬乱、行为怪异、冠色苍白的鸡，多为病鸡，应及时挑出严格隔离，若有死鸡，应送给有关技术人员剖检，以及时发现和控制病情。

2）观察鸡群采食和粪便。鸡体健康且产蛋正常的成年鸡群，每天的采食量和粪便颜色比较恒定，如果发现剩料过多、鸡群采食量不够、粪便异常等情况，应及时报告技术人员，查出问题发生的原因，并采取相应措施解决。

3）观察呼吸道状态。夜间熄灯后，要细听鸡群的呼吸，观察有无异常。如果有打呼噜、咳嗽、打喷嚏及尖叫声，多为呼吸道疾病或其他传染病，应及时挑出隔离观察，防止扩大传染范围。

4）观察舍温的变化。在早春及晚秋季节，气温变化较快，变化幅度大，昼夜温差大，对鸡群的产蛋影响也较大，因而应经常收听天气预报，并观察舍温变化，防止鸡群受到低温寒流或高温热浪的侵袭。

5）观察有无啄癖鸡。产蛋鸡啄癖比较多且常见，主要有啄肛、啄羽、啄蛋、啄趾等，要经常观察鸡群，发现啄癖鸡，尤其啄肛鸡，应及时挑出，分析发生原因，及时采取措施。

6）观察鸡的产蛋情况。加强对鸡群的产蛋数量、蛋壳质量、蛋的形状及内部质量等方面的观察，由此可以掌握鸡群的健康状态和生产情况。例如，营养和饮水供给不足、环境条件骤然变化、发生疾病等都能引起产蛋量下降和蛋的质量降低。

（8）加强卫生管理 做好隔离、卫生和消毒工作，减少疾病的发生。

（9）做好记录工作 要管理好鸡群，就必须做好鸡群的生产记录，因为生产记录反映了鸡群的实际生产动态和日常活动的各种情况，通过查看记录，可及时了解生产，正确地指导生产。为了便于记录和总结，可以使用周报表形式将生产情况直接填入表内，见表4-7。

表4-7 土鸡群生产情况周报表

鸡种_____ 入舍数_____ 舍号_____ 周龄_____ 饲养员_____

日期	日龄	存栏数/只	死淘数/只	产蛋数/个	合格种蛋数/个	产蛋率（%）	耗料/克	其他
	本周产蛋总数_______ 入舍产蛋率_______ 饲养日产蛋率_______ 本周总蛋重_______ 平均蛋重_______ 只鸡产蛋重_______ 本周总耗料_______ 只鸡耗料_______ 料蛋比_______							

100 如何采集种蛋？

（1）种蛋的采集时间 一般当产蛋率达到50%时（或在26周龄时），种蛋就可进行孵化利用。地面平养时，刚开产的母鸡要训练其在产蛋箱产蛋，每4～5只母鸡要配备1个产蛋箱，减少窝外蛋的比例。产蛋箱中要定期添加柔软的垫料，减少种蛋的破损。每天下午最后一次收集完种蛋，要关闭产蛋箱，防止母鸡在产蛋箱中过夜。

母鸡在产蛋箱中过夜，一方面会造成垫料的污染（排便），另一方面，长久下去会引发母鸡就巢。笼养时，要提前训练公鸡，做好人工授精的准备工作，在25周开始人工授精，人工授精2次后可收集种蛋进行孵化。

（2）种蛋的采集次数 每天要拣蛋3～4次，收集的种蛋及时消毒（可在种鸡舍内设置一个消毒柜，每次收集后将种蛋放在消毒柜内，每立方米用15毫升福尔马林，7.5克高锰酸钾，密闭熏蒸15分钟）。

101 如何做好种用土鸡的四季管理？

（1）春季 随着气温的升高，光照的逐渐延长，外界食物来源的增加，土鸡的新陈代谢旺盛。春季是土鸡产蛋的旺季，是理想的繁殖季节。在繁殖前，做好疫苗接种和驱虫工作，保证优质饲料的供应，满足青绿饲料的需求，提高合格种蛋的数量。淘汰就巢性强的种鸡，一般要采取一些简单的醒抱措施，如把鸡置于笼中或增加光照和营养。做好种蛋的收集和记录工作。

（2）夏季 夏季气候炎热，土鸡的食欲下降。夏季的工作重点是防暑降温，维持土鸡的食欲和产蛋量。在运动场设置凉棚，土鸡舍四周植树，喷水降温。增加精饲料的喂量，满足产蛋需求，利用早晚气温较低的时段，增加饲喂量。每天早上天一亮就放鸡，傍晚延长采食时间，保证清洁的饮水和优质的青绿饲料的供应。消灭蚊虫、苍蝇，减少传染病的发生。

（3）秋季 秋季是老鸡停产换羽、新鸡开产的季节，管理的好坏对以后的产蛋性能影响较大。对于老鸡来说，要使其快速度过换羽期，早日进入下一个产蛋期，应该迅速缩短光照时间和减少营养，进行强制换羽，然后再逐渐延长光照时间，增加营养，促使产蛋。对于当年新母鸡，秋季开始产蛋，根据外貌和生产性能进行选留。秋季气候多变，一些地区多雨、潮湿、寒冷，鸡群易发生传染病，要注意舍内垫料的卫生和干燥。

（4）冬季 冬季气候寒冷，青绿饲料短缺，日照时间较短，散养土鸡的产蛋量会降低。因此，冬季饲养土鸡的重点是防寒保暖、保证光照和营养，尽量提高产蛋率。进入冬季后要封闭迎风面的窗户，在背风面设置门、窗。晚上土鸡入舍后关闭门、窗，加上棉窗帘和门帘。气候寒冷的东北、西北和华北北部地区，舍内要有加温设施，一般用火墙、火道。炉灶应设在舍外，可有效防止一氧化碳中毒。早上打开土鸡舍时，要先开窗户后开门，让鸡有一个适应寒冷的过程，然后在运动场喂食。冬季青绿饲料缺乏，可以储存胡萝卜、大白菜等来满足土鸡的需求。冬季喂热食和饮温水有利于提高土鸡的产蛋率。

102 如何选择种蛋?

（1）种蛋的来源 种蛋必须来源于饲养环境良好、饲养管理严格、有种蛋种禽经营许可证的种鸡场；种鸡日粮的营养物质全面、鸡群生产性能优良、健康无病。

（2）种蛋的选择 种蛋的选择要点如下：

1）种蛋的大小和形状要符合不同品种各自的要求，蛋重一般在平均数 ±15% 范围内，蛋形以椭圆形为宜。过大或过小、过长或过圆的蛋，应予以剔除。

2）壳质致密均匀，厚薄适当，表面平整，没有一丝裂纹，敲击响声正常。有的蛋壳特别细密厚实，敲击时发出似金属的响声，俗称“钢皮蛋”，必须剔除，因为这种蛋孵化时受热缓慢，气体不易交换，水分蒸发也慢，雏鸡啄壳困难，孵化率极低；“沙壳蛋”的蛋壳表面钙沉积不均匀，壳薄而粗糙，水分蒸发快，容易破碎，这种蛋不可作为种蛋。

3）蛋壳清洁无污染。不清洁的蛋，壳面常被粪便污染，妨碍气体交换，微生物极易侵入蛋内，引起种蛋腐败变质，污染孵化器，使死胎增加，孵化率降低。已经污染的种蛋，必须经过清洗和消毒才能入孵。

4）不同品种的种蛋都有固定的色泽，挑选时要符合该品种的标准要求。

5）使用照蛋器或验蛋台，通过光线观察蛋壳、气室、蛋黄等情况，看有无散黄、血丝、裂纹、霉点及气室不正、气室过大等，若

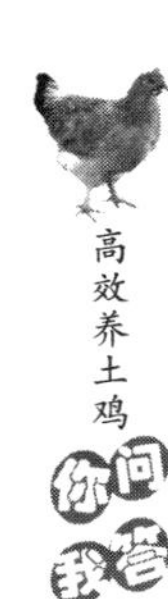

有则应予以剔除。

103 如何运输种蛋?

运输前，必须将种蛋包装妥当，盛器要坚实，能承受较大的压力而不变形，并且还要有通气孔，一般都用纸箱或塑料制的蛋箱盛放。装蛋时，每枚蛋四周都要隔开，不留空隙，以免松动时碰破。通常用纸屑或木屑、谷壳填充空隙。装蛋时，蛋要竖放，钝端在上，每箱（筐）都要装满。然后整齐地排放在车（船）上，盖好防雨设备，冬季还要防风保湿，运输时不可剧烈颠簸，以免引起蛋壳或蛋黄膜破裂，损坏种蛋。经过长途运输的种蛋，到达目的地后，要及时开箱，取出种蛋。剔除破蛋。尽快消毒装盘入孵，千万不可储放。

104 如何保存种蛋?

（1）保存条件 保存种蛋最适宜的温度为 10～15℃。如果保存时间短（5 天左右），可选用 15℃；如果保存时间长（超过 5 天），温度可略降低些，以 10～11℃为宜。保存种蛋的相对湿度以 70%～75%为好，这种湿度与鸡蛋的含水率比较接近，蛋内水分不会大量蒸发。为防止胚盘与蛋壳粘连，影响孵化率，保存期间注意翻蛋。若保存时间在 1 周内，可以不翻蛋；若超过 1 周，应每天翻蛋 1 次。

（2）保存时间 种蛋保存期越长，孵化率越低。春季保存时间不超过 7 天，夏季不超过 5 天，冬季不超过 10 天。如果有特殊需要必须较长期保存时，可采用充氮法保存。将种蛋置于塑料袋或其他容器中，填充氮气，然后密封，使种蛋处于与外界隔绝的环境里，减少蛋内的水分蒸发，抑制细菌繁殖，保存期可以适当延长。

105 如何为种蛋消毒?

种蛋收集后和孵化前要进行彻底的消毒，消毒方法如下：

（1）熏蒸法 熏蒸法内容如下：

1）福尔马林（40%甲醛溶液）熏蒸法。将蛋置于可以密封的容器内，按每立方米用福尔马林 30 毫升、高锰酸钾 15 克的药量进行消毒。消毒时在蛋架的下放置一瓷碗，先放入高锰酸钾，再倒入福尔马林，迅速封闭容器，熏蒸20～30分钟，然后取出种蛋送储蛋室储存。熏蒸时，室温最好控制在24～27℃，相对湿度为75%～80%，消毒效果更理想。蛋的表面沾有粪便或泥土时，必须先清洗。

2）过氧乙酸熏蒸。过氧乙酸是一种高效、快速的广谱消毒剂。将蛋置于可以密封的容器内，按每立方米用含16%的过氧乙酸溶液40～60毫升，再加高锰酸钾4～6克熏蒸15分钟。使用时应注意过氧乙酸遇热不稳定，如40%以上的过氧乙酸溶液加热至50℃易引起爆炸，应在低温下保存。过氧乙酸无色透明，腐蚀性强，不能接触皮肤和衣服，消毒时应使用陶瓷或瓦制的容器，现用现配。

> ⚠【注意】 种蛋储存前最好在种鸡舍设置消毒柜，每次拣蛋后立即进行熏蒸消毒。熏蒸消毒时，温度应控制在25～27℃（对于过氧乙酸，应控制在18℃左右），相对湿度为75%～80%。

（2）溶液法 溶液法内容如下：

1）新洁尔灭浸泡消毒。消毒时将种蛋放入0.1%新洁尔灭水溶液中，浸泡3分钟，捞出后沥干，即可装盘入孵。

2）聚维酮碘浸泡消毒。配制5%聚维酮碘水溶液（含有效碘0.5%）适量，将种蛋快速轻放入聚维酮碘水溶液，浸泡3分钟，捞出后晾干，即可装盘入孵。

3）高锰酸钾浸泡消毒。消毒时将种蛋放入0.1%高锰酸钾水溶液中，浸泡3分钟，捞出后沥干，即可装盘入孵。

> ⚠【注意】 浸泡消毒只能用于入孵前，种蛋储存前不能使用。因为浸泡能够破坏蛋壳外膜，不利于种蛋的储存，对胚胎产生不良影响。

106 鸡蛋孵化需要什么条件？

（1）温度 温度是鸡蛋孵化的首要条件。在胚胎发育的整个过程中，各种物质代谢都是在一定的温度条件下进行的。适宜的温度是孵化成败的关键，孵化温度过高或过低都会影响胚胎的发育。

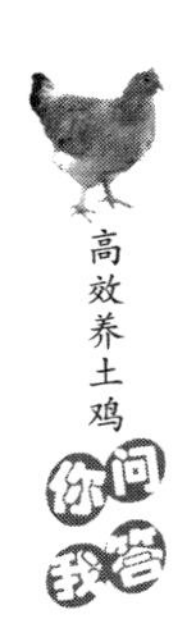

机器孵化的温度要求见表4-8。

表4-8　机器孵化的温度要求

胚　　龄	孵化室内温度（室温）/℃	孵化器内温度（孵化温度）/℃
1～18天	23.9～29.4	37.8
18天以后	>29.4	37～37.5

（2）湿度　湿度与蛋内水分蒸发和胚胎物质代谢有密切关系，对胚胎的发育有较大影响。湿度偏高，蛋内水分不易蒸发，影响胚胎发育；湿度偏低，蛋内水分蒸发快，容易造成绒毛与蛋壳膜粘连现象。孵化前期，胚胎要形成大量羊水和尿囊液，孵化器内温度又较高，所以湿度需要大一些。一般前7天的相对湿度控制在65%～70%。中间7天，为了排出羊水和尿囊液，相对湿度可降至55%～60%。孵至后7天，为了防止绒毛粘连，要将相对湿度提高到70%～75%。湿度与鸡胚破壳有直接关系，在湿度与空气中的二氧化碳的共同作用下，能使蛋壳变脆，便于雏鸡啄壳。

（3）空气（通风换气）　鸡胚胎在发育的过程中，不断吸入氧气，排出二氧化碳，进行气体交换。胚胎发育需要的空气环境应是：氧气含量不能低于20%；二氧化碳的含量为0.3%～0.5%，最高允许量为1.5%，如果孵化器内二氧化碳含量超过1.5%，胚胎发育迟缓，死亡率增高，出现胎位不正和畸形等现象，降低孵化率和雏鸡质量。

孵化初期，胚胎的物质代谢能力较低，需要氧气较少，随胚龄增大，尿囊发育，呼吸量逐渐增加，孵至最后2天，胚胎开始用肺呼吸，吸入的氧气和呼出的二氧化碳比孵化初期增加100多倍。为保护胚胎的正常发育，孵化器必须有良好的通风条件，保证提供足够的新鲜空气。特别是孵化后期，通风量逐渐增大，尤其是出雏期间。如果通风换气不足，导致出雏前死胚增多。现在设计的孵化器都十分注意通风装置，开设了进气孔和出气孔。

（4）翻蛋　翻蛋的作用是使胚胎各部受热均匀，避免与蛋壳粘连，使蛋的不同部位受热相似，并促进气体代谢，有利于营养吸收，提高孵化率。机器孵化有自动或半自动翻蛋系统，可根据需要定时翻蛋。一般每昼夜可翻蛋 4 ~ 12 次。在整个孵化期中，前期和后期的翻蛋次数不同，前期翻蛋次数要多些，第 1 周特别重要，应适当增加翻蛋次数，而孵至最后 3 ~ 4 天，可停止翻蛋。翻蛋的角度以 90° ~ 100°效果最好。

（5）凉蛋 凉蛋目的是帮助胚胎散发热量，促进气体代谢，改善血液循环，增强胚胎调节体温的能力，从而提高孵化率和雏鸡的品质。凉蛋就是在短时间内使蛋温降低。自然孵化时，母鸡每天离巢饮水、采食、排粪，这就是凉蛋活动；机器孵化时，照蛋、喷水也属于凉蛋工作，但经常性的凉蛋要每天进行。孵化前期，凉蛋的时间短一些，孵至第 15 天后，要逐渐增加凉蛋的时间，每天打开孵化器门 2 次，关闭热源，只开动风扇，并把蛋盘从蛋盘架上抽出 1/3，再将温水喷洒在蛋上，随着胚龄增加，延长凉蛋时间，每天可凉蛋喷水 2 ~ 3 次，每天凉蛋的程度以眼皮接触蛋壳感觉比较温和即可。凉蛋结束，将蛋盘推回孵化器内，关闭孵化器门，接通热源。凉蛋的时间因季节、室温、胚龄而异，通常为 20 ~ 30 分钟。摊床孵化时，凉蛋与翻蛋结合进行。

另外，孵化室较理想条件是：室温为 21 ~ 24℃，相对湿度为 50% ~ 60%，室内空气新鲜，要避免阳光直射或冷风直吹孵化器，墙壁、地面和用具要清洁卫生，用具应摆放整齐，并定期进行消毒。

（6）孵化卫生 注意孵化场的场址选择和工艺流程；孵化场工作人员进场前，必须经过淋浴换衣，并定期消毒；在每批孵化结束之后，立刻对设备、用具和房间进行冲洗消毒；注意消毒不能代替冲洗，只有彻底冲洗后，消毒才有效。用高压水冲刷孵化室地面，用抹布擦抹孵化器的内壁，然后用熏蒸法消毒；孵化场的绒毛、蛋壳、死雏、雏鸡粪便等废弃物装入塑料袋内封闭，送到远离孵化场的地方进行处理；污水经消毒处理符合排放要求后排放。

107 孵化前做好哪些准备工作？

（1）孵化室及孵化用具的检修和清洁消毒 孵化前要检查和维

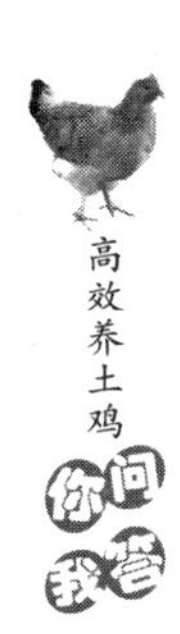

修孵化室和孵化用具，保证能够正常运行。对孵化室和孵化用具进行彻底的清洁消毒，其步骤是：清扫—清洗—喷洒消毒药—密封熏蒸。

(2) 制订孵化计划 根据销售合同或本场需要雏鸡的数量、时间和种蛋供应情况制订孵化计划，合理安排入孵时间和入孵数量。孵化计划见表4-9。

表4-9 孵化计划

品种	批次	入孵	入孵种蛋数	照蛋	出雏消毒	移盘	出雏	雏鸡鉴别	接种疫苗	接雏

(3) 附属用品的准备 照蛋灯、温度计、湿度计、消毒用品、防疫注射器、电动机传动带、记录表格及一些低值易耗品等附属用品要在孵化前1周准备好。

(4) 验表试机 在开机入孵前全面检查孵化器的电力供温、仪表测温、自动控温、翻蛋与通风等系统能否正常使用，测定孵化器内的温度是否均匀，熟悉和掌握孵化器的性能和状态。试运转1~2天正常后再开始入蛋孵化。为了防止临时停电事故的发生，应有专用的发电设备或备用电源，电压不稳定的地方应安装稳压器。

(5) 孵化器消毒 当孵化器内的温度升高到27℃、湿度达到65%时，进行入孵消毒。方法为甲醛熏蒸法，即孵化器每立方米空间用福尔马林30毫升、高锰酸钾15克，熏蒸时间20分钟。然后打开排风扇，排出甲醛气体。

108 机器孵化如何操作?

(1) 码盘 入孵前先码盘，即把鸡蛋大头（钝端）朝上码在孵化盘上。码盘后放入蛋架车的层架上，推进熏蒸间进行消毒或暂时存放。

(2) 入孵方式 鸡蛋有分批入孵和整批入孵2种方式。分批入孵一般每隔3天、5天或7天入孵一批种蛋，出一批雏鸡。整批入孵是一次把孵化器装满，大型孵化厂多采用整批入孵。机器孵化多为7天入孵一批，孵化器内的温度应保持恒温37.8℃（室温为29～29.4℃），排气孔和进气孔全部打开。每2～4小时转蛋1次。值得一提的是，冬季或早春时节，入孵前应将种蛋在孵化室停放数小时进行种蛋预温，使蛋逐渐达到室温后再入孵，这样可防止因种蛋从储蛋室（15℃左右）直接进入孵化器中（37.8℃左右）而造成结露现象，影响孵化效果。另外，分批入孵时，各批次的蛋盘应交错放置，这样有利于各批蛋受热均匀。入孵的时间以16：00以后为好，这样可使大批出雏的时间集中在白天，有利于工作的进行。

（3）温度、湿度的调节 入孵前要根据不同的季节、前几次的孵化经验设定合理的孵化温度、湿度，设定好以后，旋钮不能随意扭动。刚入孵时，开门上蛋会引起热量散失，同时种蛋和孵化盘也要吸收热量，这样会造成孵化器温度暂时降低，经3～6小时即可恢复正常。孵化开始后，要对机显温度和湿度、门表温度和湿度进行观察并记录。要求每隔半小时观察1次，每隔2小时记录1次，以便及时发现问题，尽快处理。有经验的孵化人员，经常用手触摸胚蛋或放在眼皮上测温，实行“看胚施温”。正常温度情况下，眼皮感温要求微温，温而不凉。

（4）通风换气 在不影响温度、湿度的情况下，通风换气越畅通越好。在恒温孵化时，孵化机的通气孔要打开一半以上，落盘后全部打开。变温孵化时，随胚胎日龄增加，需要氧气量逐渐增多，要逐渐开大排气孔，尤其是孵化第14天以后，更要注意换气、散热。

（5）转蛋 每1～2小时转蛋1次，手动转蛋要稳、轻、慢。自动转蛋应先按转动开关的按钮，待转到一侧45°自动停止后，再将转动开关板至“自动”位置，以后每小时自动转蛋1次。遇到断电时，要重复上述操作，自动转蛋方能起作用。

（6）照蛋 在孵化过程中应对入孵种蛋进行3次照检，入孵后的5天进行第1次照检（头照），剔出无精蛋和死胚蛋，若发现种蛋受精率低，应及时调整公鸡和改善种鸡的饲养管理。入孵后第10天进行第2次照检（二照），将死胚蛋和漏检的无精蛋剔出，如

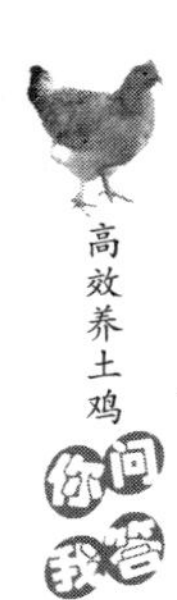

果此时尿囊膜已在蛋的小头“合拢”，则表明胚胎发育是正常的，孵化条件的控制也合适。第3次照检（三照）可结合落盘时进行。规模化孵化一般在孵化10天进行1次照蛋。正常蛋和异常蛋的区别见表4-10。

表4-10　正常蛋和异常蛋的区别

分类	头　照	二　照	三　照
正常蛋	可见明显的血管网，气室界限明显，胚胎活动，蛋转动胚胎也随着转动，可见到黑色的眼点（剖检时可见到胚胎黑色的眼睛）	种蛋的正面小头有血管网分布，活胚呈黑红色，可见到粗大的血管及胚胎活动	气室的边缘呈弯曲倾斜状，气室中有黑影闪动
异常蛋	颜色发浅，只能看见卵黄的影子，其余部分透明，旋转种蛋时，可见扁形的蛋黄悠荡飘转，转速快是无精蛋；不规则的血环或几条血管贴在蛋壳上，形成血圈、血弧、血点或断裂的血管残痕，无放射形血管的是死胚蛋	入孵后第10～11天照蛋时，气室界限模糊，胚胎呈黑团状，有时可见气室和蛋身下部发亮，无血管，或有残余的血丝或死亡的胚胎阴影的是死胚蛋	小头透亮，则为死胚蛋；胚蛋气室边缘整齐，血管发红，气室小的多是发育慢的胚蛋

（7）移盘　孵化到第18～19天，把发育正常的蛋转入出雏器继续孵化，称之“移盘”。移盘时，如果胚胎发育延缓，应推迟落盘时间。落盘后注意提高出雏器内的湿度和增大通风量。

（8）拣雏和人工助产　孵化到第20.5天时开始出雏。这时要保持出雏器内温度、湿度的相对稳定，并要及时拣雏。有30%～40%的雏鸡出壳后可进行第1次拣雏；60%～70%的雏鸡出壳后进行第2次拣雏，剩余的在最后一次拣雏。每次拣雏一定将蛋壳拣出，第2次拣雏后将剩余的胚蛋集中放在温度稍高的地方，出雏期间保持出雏箱内黑暗。第2次和第3次拣雏时要注意帮助那些自行出壳困难的胚蛋（人工助产）。注意观察，若胚蛋已经啄破，壳下膜变成橘黄色时，说明尿囊膜血管已萎缩，出壳困难，可以人工助产；若壳下膜仍为白色，则尿囊膜血管未萎缩，这时人工破壳会造成出血死亡。人工破壳是从啄壳孔处剥离蛋壳1厘米左右，把雏鸡的头颈拉出并放回出雏箱中继续孵化至出雏。

（9）清扫与消毒 为保持孵化器的清洁卫生，必须在每次出雏结束后，对孵化器进行彻底清扫和消毒。在消毒前，先将孵化用具用水浸润，用刷子除掉脏物，再用消毒液消毒，最后用清水洗干净，沥干后备用。孵化器的消毒，可用3%来苏儿喷洒或用福尔马林熏蒸法（同种蛋）消毒。

109 孵化期间停电应采取哪些应急措施？

1）断电源，提高室温27～30℃。

2）若有10天内的种蛋，应关闭进气孔和出气孔，以利保温。

3）对于孵化后期的胚蛋，停电后每隔15～20分钟应翻蛋1次，每隔1小时打开半扇门并开排风扇2～3分钟，排出机内积热。

4）若有17天的胚蛋，应提前落盘。

5）密切观察胚蛋的温度变化情况。

110 孵化时要填好哪些记录表格？

（1）孵化室日程表 填写孵化室日程表（表4-11）的目的是合理安排孵化室的工作日程。各批次之间，尽量把入孵、照蛋、移盘、出雏工作错开，一般每周入孵2批，工作效率较高。

表4-11 孵化室日程表

项目 批次	孵化器号	入孵		头照		二照		移盘		出雏	
		月	日	月	日	月	日	月	日	月	日

（2）孵化条件记录表 在孵化的过程中，值班人员每1小时到孵化器观察窗观察温度、湿度1次；每2小时记录1次；对孵化室的温度、湿度也要做记录。孵化条件记录表见表4-12。

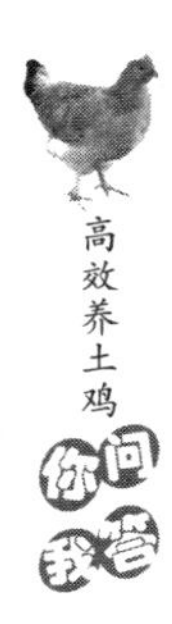

表 4-12　孵化条件记录表

项目 时间/小时	孵化室		孵化器				值班人员	备注
	温度	湿度	温度	湿度	翻蛋	凉蛋		
0								
2								
4								
6								
8								
10								
12								
14								
16								
18								
20								
22								

（3）孵化成绩统计表　每批孵化结束后，要对本批孵化情况进行统计和分析。孵化成绩统计表见表 4-13。

表 4-13　孵化成绩统计表

批次	品种	种蛋来源	入孵日期	入孵蛋数	照蛋			出雏情况				受精蛋数	受精率	受精蛋孵化率	入孵蛋孵化率	健雏率	备注
					无精蛋	死精蛋	破蛋	移盘数	健雏数	弱雏数	死胚蛋						

111 雏鸡如何进行公母鉴别?

雏鸡的公母鉴别有利于合理安排生产计划、提高群体均匀程度和提高资源利用效率。土鸡多是传统的品种，不具备自别公母的基因条件，多采用翻肛鉴别法。

将刚出壳的雏鸡握在左手中，排除肛内粪便，翻开肛门观察生

殖突起的发育情况和状态。看生殖突起的有无和充实程度。公雏的生殖突起（阴茎）位于泄殖腔下端八字皱襞的中央，呈小点状，直径为0.3～1.0毫米，一般为0.5毫米，充实而有光泽，轮廓清晰。母雏的生殖突起退化，无突起点或有少许残余。少数母雏可有不规则的小突起，但不充实。

这种方法适用于出壳12～24小时雏鸡的公母鉴别，因为此时公雏与母雏的生殖突起差别最明显，以后随着时间的推移，生殖突起就会逐渐陷入泄殖腔的深处而不易观察。

112 雏鸡如何进行分级?

每次孵化，总有一些弱雏和畸形雏，孵化成绩越差，弱雏和畸形雏的数量就越多。雏鸡进行公母鉴别时，应同时将头部、颈部、爪部弯曲，以及关节肿大、瞎眼、大肚、残肢、残翅的雏鸡挑出淘汰。公母鉴别后，应将雏鸡按体质强、弱进行分级，分别进行饲养，这样可以使雏鸡发育均匀，减少疾病感染机会，提高雏鸡的成活率。健雏与弱雏的挑选标准见表4-14。

表4-14　健雏与弱雏的挑选标准

项目	健　雏	弱　雏
绒毛	绒毛整洁，长短适中，色泽光亮	污秽蓬乱，缺乏光泽，有时绒毛短缺
体重	大小均匀，体态匀称	大小不一，过重或过轻
脐部	愈合良好，干燥，覆盖有绒毛	愈合不良，有黏液或卵黄囊外露，触摸有硬块
腹部	大小适中，柔软	特别大
精神	活泼好动，反应灵敏	站立不稳，闭目，反应迟钝
叫声	响亮而清脆	嘶哑或鸣叫不休

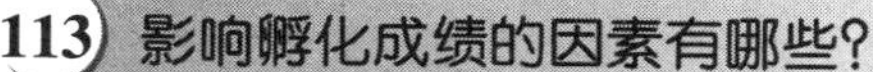

113 影响孵化成绩的因素有哪些?

（1）种鸡因素　对于纯品系或近交系的鸡，由于致死隐性基因

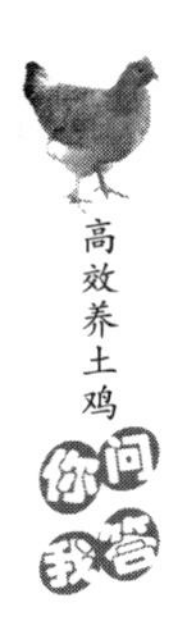

的遗传影响，胚胎生命力弱，死胎蛋多。不同年龄种鸡的孵化率不同。例如，1 岁龄母鸡种蛋孵化率高于老年母鸡，而当年母鸡种蛋又以 28 ~ 50 周龄产的孵化率高。1 岁龄母鸡所产种蛋的孵化率比 3 岁龄高 16% 左右，大龄母鸡所产种蛋孵化时表现为胚胎早期死亡率高。种鸡营养不良，使种蛋内养分偏低或不足，鸡胚胎在孵化期间营养供给不足引起死亡。种鸡发生疾病，特别是一些传染病，也可引起胚胎死亡。

（2）种蛋因素 良种鸡种蛋大于 65 克或低于 48 克，蛋壳厚度低于 0.22 毫米和高于 0.34 毫米都会影响孵化率；种蛋储存不当，如储存温度超过 15℃ 或低于 5℃，存放时间超过 2 周，以及湿度、通风、光照、异味等不符合储存种蛋要求等都会降低种蛋的孵化率；种蛋受到病原体污染，如传染性支气管炎、鸡白痢、鸡新城疫、马立克氏病、白血病等以内源性途径潜入蛋内，有些病原则以蛋壳外源性的途径侵入蛋内，如葡萄球、大肠杆菌、绿脓杆菌、副伤寒杆菌和曲霉菌等都可降低种蛋的孵化率（原因是这些致病菌很快降低非全价蛋的蛋白质溶菌酶指标，使鸡胚容易受感染而亡）。

（3）孵化因素 孵化条件不良，如孵化时的温度、湿度不适宜，以及通风不良都能影响孵化效果。短期内的急剧升温，孵化器的温度超过 42℃ 以上会造成胚胎血管破裂，导致胚胎被烧死，肝脏、脑出现点状出血。而持续长时间的温度偏离，会促使胚胎发育加快，代谢过旺，提早啄壳，弱雏率增加。通风不好，会引起二氧化碳过高和缺氧，导致胚胎窒息死亡。孵化场的卫生不好，污染严重，也可影响孵化成绩。

114 如何提高孵化场的孵化成绩?

（1）加强种鸡管理 加强种鸡管理的措施如下：

1）提高种鸡群的质量，防止近亲繁殖。

2）饲喂种鸡优质全价日粮。种鸡日粮中的蛋白质和亚油酸含量一定要满足需要，氨基酸保持平衡，微量元素和维生素充足。如果饲料中缺乏维生素 A、维生素 E、维生素 K 及生物素和硒，以及饲料中的脂肪酸败，饲料霉变，会使胚胎发育中止，降低雏鸡的质量。

配合种鸡日粮选用优质的玉米和大豆粕，避免使用鱼粉、肉骨粉、骨粉等含有动物肌体成分的动物性饲料，减少细菌污染

3）做好种鸡群的净化工作。

4）种鸡舍环境条件适宜。保持适宜的饲养密度，防止鸡群拥挤；保持适宜的光照强度（15～20 勒克斯/米^2）和稳定的光照时数（16～17 小时/天）；做好夏季防暑降温和冬季防寒保暖工作，保持舍内适宜温度和湿度；舍内通风换气良好，防止有害气体超标。

5）保持种鸡群健康。种鸡场的隔离、卫生、消毒更加重要，要落到实处。根据抗体水平，定期做好免疫，制定符合当地实际情况的免疫程序，使种鸡避免感染传染病等。

6）注意种蛋的采集。种鸡群在 25～26 周龄就可以开始收集种蛋，每天至少收集 4 次。收集后认真剔除破蛋、脏蛋、畸形蛋及过大或过小的蛋，立即放入消毒柜内用福尔马林熏蒸消毒。

（2）加强种蛋管理 加强种蛋管理的措施如下：

1）按鸡龄确定种蛋的储存条件。26～35 周龄鸡产的种蛋在温度为 18.3～20℃，相对湿度为 50%～60% 的条件下，储存 7～14 天，孵化率最高；36～55 周龄鸡产的种蛋在温度为 17～18℃，相对湿度为 75% 的条件下，储存 4～5 天，孵化率最高；56～66 周龄鸡产的种蛋在温度为 18℃，相对湿度为 75% 的条件下，储存不宜超过 3 天，孵化率最高。如果不同种蛋采取相应的储存时间和条件，就会使孵化率降低，弱雏率增加。

2）蛋库要清洁卫生，种蛋要消毒。蛋库要每天清洁，定期进行消毒；种蛋在入库前和孵化前都要进行消毒（每立方米空间用 15 毫升福尔马林，7 克高锰酸钾熏蒸 15～30 分钟）。

（3）加强孵化管理 加强孵化管理的措施如下：

1）孵化场卫生。孵化场要相对独立，与其他场保持一定距离，规划、布局科学，隔离条件要好。孵化车间内时刻保持正确的气流分布，净、脏区域分开。种蛋储存库、孵化间、雏鸡储存室应保持正压；出雏间、洗涤室等应保持负压，特别是出雏室内吸毛管道一定要密封，全部吸入绒毛箱内，出雏完毕及时冲刷。搞好孵化场的消毒工作，制定消毒程序和消毒制度，定期进行微生物检查，了解

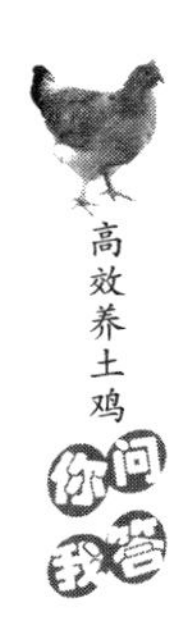

和掌握消毒效果。特别要加强对进入的用具、物品、人员和种蛋的消毒，加强孵化过程各环节的清洁消毒，减少病原微生物的侵入，控制病原微生物繁殖和传播。孵化室内应每周用消毒药喷雾2～3次，每周大扫除1次，每次出雏后都用高压水枪彻底冲洗消毒。出雏盘、蛋车、蛋盘都逐一经消毒液消毒后使用。屋顶通风设备每周清扫1次，进车间人员必须更衣。

2）提供适宜的孵化条件。孵化条件直接影响孵化率和雏鸡的质量。温度是孵化的首要条件。温度高易引起心血管系统、神经系统、肾脏和胚胎膜畸形，以及粘壳、羽毛异常、脐部愈合不良、体弱等；温度低可引起心血管系统紊乱、胎膜生长减缓、营养吸收不良、肝脏功能障碍、出雏推迟、雏鸡绒毛暗淡等情况。孵化温度的高低受到孵化季节、孵化器类型、品种、鸡的周龄、孵化室温度等因素的影响，要掌握"看胚施温"技术，根据胚胎发育情况适当调整孵化温度，提供胚胎发育的最适温度。换气能使孵化室和孵化器内空气新鲜，减少二氧化碳含量，补充氧气，调节温湿度，有利于胚胎的正常发育。换气的方法是：1～2天关闭风门，3～12天开1/3风门，13～17天开2/3风门，18天以后开至最大，孵化后期胚蛋的换气等更为重要。胚蛋易受到病菌污染，严重影响雏鸡出壳和雏鸡的质量，所以要做好孵化前、孵化中和出壳期间的种蛋消毒工作，减少胚蛋污染。

3）雏鸡出壳后的管理。适时检雏。可在30%～40%胚蛋出雏后进行第1次拣雏；60%～70%胚蛋出雏后进行第2次拣雏，第2次拣雏后将啄壳的胚蛋并盘集中放在出雏器的上层以促进胚胎发育。拣雏时动作要轻、快，检出的雏鸡放入雏鸡存放盘内，并尽快移入雏鸡处理室。雏鸡出壳后要经过分级、鉴别、免疫接种、装箱等一系列操作程序，若处理不当则会严重影响雏鸡的质量。雏鸡处理要选择有经验的或经过专门培训的人员，处理人员要保持清洁卫生；处理时动作要轻，轻拿轻放，避免损伤，并且动作要快，缩短处理时间；免疫接种要确切，防止漏防、剂量不足或疫苗失效，影响免疫效果；雏鸡处理室的温度和湿度应适宜，存放间温度为24～26℃，相对湿度为70%～75%；雏鸡要及时进入育雏舍，时间不长于48小时。雏鸡长途运输最好用空调车，保证适宜的温湿度，在最短的时间内运至育雏舍。

（4）其他措施 用浓度3%的复合维生素B浸泡孵化第6天的种蛋1~2分钟可以减少弱雏，提高健雏率；当有1/3胚蛋啄壳时再落盘能提高孵化成绩；激光垂直照射种蛋20分钟，胚蛋发育良好，孵化率高；对孵化18~24小时的胚蛋，用30瓦的紫外线灯照射10~20分钟，可提高孵化率6%~10%，雏鸡体质健壮；雏鸡处理后不用福尔马林熏蒸，否则易引起雏鸡黏膜损伤，雏鸡质量下降。

第五章 商品土鸡的饲养管理

115 商品土鸡的生长发育有何规律?

土鸡的生长速度慢，通常 1 月龄以内的雏土鸡增重速度较慢，2～3 月龄的生长速度相对较快，4 月龄以后生长速度变慢，5 月龄后则明显下降。在正常的饲养管理条件下，30 日龄时土鸡的体重为 0.19～0.28 千克，60 日龄的体重为 0.4～0.55 千克，90 日龄的体重为 0.8～1.05 千克，120 日龄的体重为 1.0～1.35 千克，150 日龄的体重为 1.2～1.55 千克。

商品土鸡的上市日龄取决于土鸡的生长发育规律和市场土鸡的价格 2 个因素。通常 3 月龄以前的土鸡体重比较小，可食用的部分很少，而且鸡肉特有香味也不明显，因此不适宜销售。3 月龄以后的土鸡体重达到 0.8 千克以上，体内积累了一定量的营养物质，可食用部分增多，而且香味比较浓，羽毛丰满，在市场销售价格合适的时候就可以出售。当土鸡生长到 135 日龄以后，其生长速度明显降低，单位体重的生产成本增加，而且肉变得粗硬，食用品质下降。因此，在 90～135 日龄选择市场价格高的时期进行销售是比较合理的。

116 商品土鸡为何要公鸡、母鸡分群饲养?

公鸡、母鸡分群饲养是指土鸡生产全过程中，公鸡、母鸡分栏或分舍进行饲养，饲喂不同的雏鸡饲料和育肥鸡饲料直至上市。

众所周知，公鸡的食量大、生长速度快，母鸡的食量小、生长速度慢，无论是各周龄的体重标准和饲料消耗量，还是生长发育速度，都不相同，到6周龄时，公鸡的体重约大于母鸡体重的20%。公鸡一般90日龄即可达到上市体重，母鸡则需要养至120日龄才能达到上市体重。因此，分群饲养有利于充分发挥公鸡、母鸡的生产性能，降低饲料消耗，有效保证鸡群的均匀度。但目前，我国许多土鸡养殖场没有实行公鸡、母鸡分群饲养，一是因为公鸡、母鸡的鉴别较为困难，二是因为市场没有特殊要求。

117 商品土鸡为何要自由采食?

在种鸡的饲养过程中，为了有效地控制鸡的生长速度，使鸡的体重符合标准要求，适时达到性成熟，整齐开产，常采用限饲技术。饲养商品土鸡则是为了充分发挥其生长潜能，缩短饲养周期，按时达到上市体重，因此雏鸡全程采取自由采食。雏鸡一开始就采用全价粉碎料，不限量，自由采食的饲喂方式。0~2周龄每天喂6次，其中5：00和22：00必须各喂1次，3~4周龄每天喂4次，5周龄以后每天喂3次。同时应注意每天的喂料量，以当天能基本吃完，不存底为宜。

118 商品土鸡为何采用“全进全出”的饲养制度?

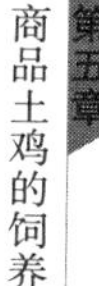

全进全出是指同一栋土鸡舍内，在同一时间内只饲养同一日龄的鸡，并且又在同一天出场的饲养制度。这一饲养制度的优点很多，在饲养期内管理方便，容易调控舍内温度、湿度和光照，便于机械化作业。出场后便于彻底打扫、清洗、消毒，切断病原体的循环感染。熏蒸消毒后空置1~2周，然后开始下一批鸡的饲养。这样可保持土鸡舍的卫生与鸡群的健康。

全进全出饲养制度比在同一土鸡舍里饲养不同日龄批次鸡的连续饲养制度，增重快、耗料少，发病少，死淘率低。肉仔鸡生产者可根据土鸡舍、设备、雏鸡来源和市场情况来制订全年养鸡生产计划，确定饲养规模、休整时间和消毒日程等。

119 商品土鸡的饲养方式有哪几种?

饲养方式对鸡肉的品质有比较大的影响，作为生产优质禽肉的

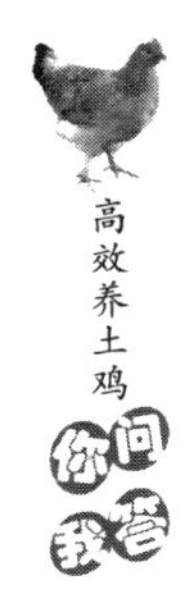

土鸡，应该考虑采用合适的饲养方式，以获得良好的鸡肉品质。

(1) 放养 将土鸡放养在果园、林地、冬闲地、滩涂等地方。一般在果园、林地等旁边搭建若干个棚舍供鸡群在夜间和雨天休息。白天鸡群在果园或林地中自由采食青草、昆虫、草籽等野生饲料，傍晚适当补饲精饲料。或者每年4~6月气温比较高、降雨量比较少的季节，在河滩的荒地用塑料编织布搭建一个简陋的棚子，在周围用尼龙网围一片荒草地，把3~4周龄的土鸡放养在其中，让其自由采食青草、昆虫、杂草种子等野生饲料。这种饲养方式不仅可以节约饲养成本，还能够保证良好的鸡肉品质。另外，鸡粪还可以增加果园土壤肥力，土鸡还可以消灭果园害虫。

(2) 圈养 圈养分为庭院圈养、集中圈养和发酵床圈养。

1）庭院圈养。在农户的庭院内用尼龙网围一片空地，将土鸡养在其中。饲料以配合饲料为主，补饲青绿饲料。这种形式的规模小(通常为200~500只)，但是管理方便，土鸡生长速度较快。

2）集中圈养。集中圈养是指使用专门的土鸡舍，在土鸡舍的一侧墙外围起一个运动场的方式。晚上和风雨天气，鸡群在土鸡舍内生活，天气良好的白天，鸡群可以自由选择在土鸡舍和运动场中活动、采食。这种饲养方式的饲养量比较大，通常为500~2000只，适合专业养殖户进行专业生产，效益可观。

3）发酵床圈养。发酵床圈养就是用锯末、秸秆、稻壳、米糠、树叶等农林业生产下脚料配以专门的微生态制剂来垫圈养鸡，鸡在垫料上生活，垫料里的特殊有益微生物能够迅速降解鸡的排泄物。不需要清理土鸡舍，无任何废弃物排放，垫料清出圈舍后可作为优质的有机肥。

(3) 舍内笼养 舍内笼养是指使用育雏、育成年鸡笼，把土鸡饲养在笼内，主要喂饲配合饲料的方式。采用这种饲养方式，土鸡生长得比较快，但是饲料成本比较高，鸡肉的品质也没有放养好。蛋鸡场可利用空闲的育雏、育成舍饲养商品土鸡，以增加效益，但要注意做好房舍的消毒。

120 圈养土鸡如何饲养？

(1) 饲料 饲料是影响土鸡生长速度和肉质的主要因素。在20

日龄以前以配合饲料为主，以后逐渐增加青绿饲料的用量，60 日龄以后可以以青绿饲料为主，配合饲料作为补饲使用。配合饲料可以使用蛋雏鸡料，其营养水平比较适宜，30 日龄后可以适当加大玉米的添加量以提高能量水平。以普通的浓缩饲料为例，第 1 个月的配合饲料用 40% 浓缩饲料加 60% 玉米；第 2 个月浓缩饲料的用量为 35%，玉米为 65%；第 3 个月浓缩饲料的用量为 30%，玉米为 70%；第 4 个月及以后浓缩饲料的用量为 25%，玉米为 75%。青绿饲料应该使用鲜嫩的杂草、牧草、树叶、蔬菜等，腐烂变质的绝对不能使用，还需要注意是否受到农药污染，以保证鸡群的安全。

圈养土鸡还可以通过人工育虫为鸡群提供动物性饲料，如把麦秸或其他草秸放在一个池子中经过一段时间即可孵育出虫子，也可以饲养蚯蚓喂鸡。

（2）喂饲方法 雏鸡阶段使用料桶或小料槽，以后可以使用较大料槽或料盆，容器内的饲料添加量不宜超过其深度的一半，以减少饲料的浪费。

（3）喂饲次数 生产中，青绿饲料是全天供应，当鸡群把草、采的茎叶基本吃完后，可以将剩余的残渣清理后再添加新的青绿饲料。配合饲料可以在 10：00、15：00、18：00 和半夜各喂饲 1 次。1 天内每只鸡喂饲的配合饲料量占其体重的 6%～10%，小的时候比例大一些，随着体重的增加，喂料量占体重的比例要逐渐减少。动物性饲料，尤其是鲜活的昆虫、蚯蚓等，每天的饲喂量不能太大。

青绿饲料要多样搭配，各种青绿饲料中的营养成分能够互补，长时间喂饲单一的某种青绿饲料对鸡的生长发育和健康会有不良影响。有的青绿饲料中含有某些抗营养因素或有毒有害物质（尽管含量很低），长期使用会影响其他营养成分的吸收或出现慢性中毒。

（4）饮水 饮水应遵循充足、清洁的原则。充足是指在有光照的时间内要保证饮水器内有一定量的水。断水时间不宜超过 2 小时，断水时间长则影响鸡的采食，进而影响其生长发育和健康；夏季更不能断水。清洁是指保证饮水的卫生，不让鸡群饮用脏水。

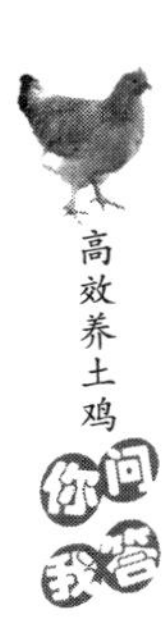

121 圈养土鸡如何管理?

圈养土鸡在管理上基本同其他鸡相似，但也有特殊的地方，在管理方面注意如下方面：

(1) 保持合适的温度 在雏鸡阶段要按照温度要求提供合适的温度，在育肥期间尽量使温度保持在15～28℃，而且要防止温度出现剧烈的波动，因为温度骤变对鸡的不良影响大于持续的温度偏高或偏低。注意当地天气预报，如果未来天气将出现大的变化，就需要及早地采取有效措施，尽可能缓解温度骤变对鸡群的不良影响。

(2) 保持土鸡舍内的干燥 圈养土鸡一般都是在土鸡舍内铺设垫料（如干净、干燥、无霉变的刨花、锯末、花生壳、树叶、麦秸等），让鸡群在垫料上生活。但是，在鸡群生活过程中由于饮水、排粪等原因会造成垫料潮湿。垫料潮湿会使微生物和寄生虫在其中大量繁殖，感染鸡群，而且微生物的活动还会分解垫料中的有机物而产生大量的氨气和硫化氢气体，这些都不利于鸡的健康。

防止垫料潮湿，一是在更换饮水、挪动饮水器的时候，尽量避免饮水器中的水洒到垫料上；二是及时更换饮水器周围的湿垫料；三是在白天鸡群到舍外运动场活动的时候，打开门窗或风扇进行通风；四是保证土鸡舍内地面比土鸡舍外高出20厘米以上，并尽量防止雨后土鸡舍周围积水；五是防止屋顶漏雨。

(3) 保持合适的饲养密度 饲养密度过大会影响鸡群的生长发育和健康，生长的均匀度差。一般要求的饲养密度：1～2周龄时为35～45只/米^2，3周龄时为30～40只/米^2，4周龄时为25～35只/米^2，5周龄时为20～30只/米^2，6～7周龄时为15～20只/米^2，8周龄以后为10～15只/米^2。

(4) 光照管理 白天采用自然光照，22：00—24：00用灯泡照明2小时，并喂料和饮水。

(5) 增强运动 土鸡肉风味的好坏与其饲养过程中的运动量大小有密切关系。增加运动量不仅可以提高肉的风味，还有助于提高鸡群的体质。要求15日龄以后在无风雨的天气让鸡群到运动场上去采食、饮水和活动。

（6）保持鸡群生活环境的卫生 土鸡舍要定期清理，将脏污的垫料清理出来后，在离土鸡舍较远的地方堆积进行发酵处理。运动场要经常清扫，含有鸡粪、草茎、饲料的垃圾要堆放在固定的地方。土鸡舍内外要定期进行消毒处理，把环境中的微生物数量控制在最低水平，以保证鸡群的安全。料槽和水盆每天清洗 1 次，每 2 天用消毒药水消毒 1 次。

（7）设置栖架 土鸡在夜间休息的时候喜欢卧在树枝、木棍上，在土鸡舍内放置栖架可以让土鸡在夜间栖息在其上面。其优点是可以减少相对饲养密度，减少土鸡与粪便的直接接触，避免老鼠在夜间侵袭。栖架用几根木棍钉成长方形的木框，中间再钉几根横撑，放置的时候将栖架斜靠在墙壁上，横撑与地面平行。

122 果园养土鸡的饲养管理要点有哪些?

（1）优点 采取果园放养土鸡方式，土鸡可以除草、灭虫，提高土壤肥效，增加水果品质，降低生产成本，而且还可以生产肉质好、味道鲜美的绿色鸡肉。

（2）设施准备 设施准备如下：

1）搭建房舍。房舍可以和看园人的住室相邻搭设，其作用是在雏鸡阶段可以让雏鸡在室内合适的环境中生活，在晚上和风雨天气让雏鸡在舍内活动和采食饮水。可以使用竹木框架、油毡、石棉瓦或塑料布做顶棚，棚高 2.5 米左右，用尼龙网圈围，冬天改用塑料薄膜或彩条布保暖。每平方米饲养 20～25 只鸡。

2）果园周围要有隔离设施。可以建造围墙或设置篱笆，其目的是防止土鸡到果园以外活动而丢失，同时也可以避免有人进入园内偷鸡。

3）要有喂料和供水设备。例如，料桶、料槽、饮水器、水盆等。喂料用具主要放置在土鸡舍内及附近。饮水用具不仅要放在土鸡舍内及附近，在果园内也要分散放置几个，以便于鸡只随时饮用。

（3）科学饲养 科学饲养如下：

1）饲喂。10 日龄前需要使用全价配合饲料，按照一般雏鸡的

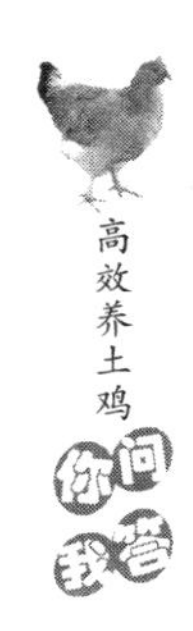

饲养方法进行。此后可在饲料中掺入一些鲜嫩切碎的青绿饲料。15 日龄后可以逐步采用每天在土鸡舍附近的地面上撒一些配合饲料和青绿饲料，诱导雏鸡在地面觅食，以适应以后在果园内采食野生饲料。

2）合理补饲。放养时，要根据野生饲料资源情况，决定补饲量的多少。如果园内杂草、昆虫比较多，鸡觅食可以吃饱，傍晚在鸡舍的料槽内放置少量的配合饲料即可；如果白天吃不饱，中午和傍晚需要在料槽内添加饲料，夜间另需补饲 1 次。遇到大风或下雨的天气，鸡群不能到土鸡舍外活动、采食，喂饲需要在土鸡舍内进行。不仅要注意喂饲全价配合饲料，还要注意喂饲足够的青绿饲料。

3）饮水。使用饮水器，15 日龄前饮水器都放置在土鸡舍内，之后在土鸡舍内外都放置一些。保持饮水器内经常有清洁的饮水。

（4）加强管理 加强管理的措施如下：

1）保持适宜的温度。雏鸡 15 日龄以前需要较高温度，一般在舍内饲养。要注意雏鸡舍的保温，尤其是在晚上和风雨天气，外界温度较低，更要注意舍内温度的变化，为雏鸡提供最适宜的温度。春末夏初季节，可以考虑在 15 日龄以后，无风的晴天中午前后让土鸡到土鸡舍附近活动，以适应外界环境。一般夏季 30 日龄，春季 45 日龄，寒冬 50～60 日龄开始放养。

2）光照管理。土鸡舍外面需要悬挂若干个带罩的灯泡，夜间补充光照，不但可以减少野生动物接近土鸡舍，保证鸡群安全，还可以引诱昆虫让土鸡采食。

3）观察鸡群表现。每天早晨把土鸡放出土鸡舍的时候，看鸡是否争先恐后地向土鸡舍外跑，如果有个别的土鸡行动迟缓或待在土鸡舍不愿出去，说明这些土鸡的健康状况出现了问题，需要及时进行诊断和治疗。每天傍晚，当鸡群回到土鸡舍的时候观察鸡群，一方面看鸡只数量有无明显减少以决定是否到果园内寻找，另一方面看土鸡的嗉囊是否充满食物以决定补饲量的多少。

4）加强隔离卫生，避免不同日龄的鸡群混养。一个果园内在一个时期最好只养一批土鸡，相同日龄的土鸡在饲养管理和卫生防疫方面的要求一样，管理方便。如果不同日龄的鸡群混养，则相互之间因为争斗、疾病传播、生产措施不便于实施等原因，会影响到生产。如果想养两批土鸡，最好用尼龙网或篱笆把果园分隔成两部分，并有一定距离隔离，减少相互之间的影响，并且及时清理粪便，定期进行消毒，按时接种疫苗，适时喂饲抗菌药物和抗寄生虫药物，病鸡及时检查和处理。

123 如何提高果园放养土鸡的成活率？

（1）严防兽害 果园一般都在野外，可能进入果园内的野生动物很多，如黄鼠狼、老鼠、蛇、鹰、野狗等，这些野生动物对不同日龄的土鸡都有可能造成伤害。因此，果园放养土鸡必须防止这些野生动物的危害，否则会造成很大损失。防止野生动物为害，可以在土鸡舍外面悬挂几个灯泡，夜晚使土鸡舍外面比较明亮；在土鸡舍外面搭个小棚，养几只鹅，当有动静的时候，鹅会鸣叫，管理人员可以及时起来查看；管理人员住在土鸡舍旁边也有助于防止野生动物靠近。

（2）避免应激 无论白天或夜间，都应该尽可能防止鸡群受惊，一旦惊群，鸡只可能四处逃散，有的鸡会飞蹿到果园外面，或者晚上不愿回土鸡舍而在园内栖息。

（3）防止中毒 果园喷过杀虫药或施用过化肥后间隔 7 天以上才能放养土鸡，雨天可停 5 天左右。果园附近不要有农药污染的水源，以防中毒。果园养鸡应常备解磷定、阿托品等解毒药物，以防万一。

（4）加强管理 放养前要严格淘汰劣次雏鸡，减少死亡。每天放养时间不能过早，过早天气寒冷，鸡的抵抗力差，容易死亡。密切注意天气情况，遇有天气突变，在下雪、下雨或起风前及时将鸡赶到树荫下或赶回土鸡舍，不可在太阳下暴晒太久，防止中暑。每天太阳落山前应将鸡圈回土鸡舍。放养过程中进行放养训导，以建立鸡的补食、回舍等条件反射。

（5）重视防病 做好免疫接种工作和土鸡舍的清洁卫生工作；定期消毒，每周对土鸡舍和周边环境及饲喂饮水用具消毒 1 次。每

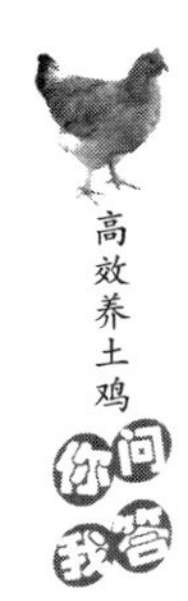

批鸡出栏后彻底清除土鸡舍内的鸡粪，地面经清洗后用2%~3%氢氧化钠溶液泼洒消毒，然后以每平方米28毫升福尔马林和14克高锰酸钾进行熏蒸消毒。对于果园场地的鸡粪，翻土20厘米以上，然后地面上用生石灰或石灰乳泼洒消毒，以备下批饲养。果园养鸡2年应更换场地，以便给果园场地一个自然净化的时间。

124 林地养土鸡的技术要点有哪些?

成片的森林和树林中杂草、昆虫等野生饲料资源丰富，是放养土鸡的理想场所。与果园不同的是，林地一般很少喷洒药物，可以防止农药中毒。

(1) 放牧林地的选择 牧场应以乔木林地（俗称亮脚林）为好，因灌木林不便于鸡活动和管理人员的巡视，同时应选择没有兽害的地方，放养密度以每亩（1亩≈666.7米^2）300~500只为宜。

(2) 修建棚舍 应选择背风、向阳、高燥、平坦的地方建棚，就地取材，搭建简易棚舍，只要白天能避雨遮阴，晚上能适当保温就行。

(3) 设置围网 放牧林地应根据管理人员的收牧水平决定是否围网。围网可采用网眼为2厘米×2厘米的渔网即可，网高1.5~2米。在放牧期间应时常巡视，发现网破了应即时修补，预防鸡走失。

(4) 放牧与收牧 雏鸡一般在室内饲养1个月后，选择晴天在小范围内进行试牧，再逐步扩大放牧范围和延长放牧时间。鸡只放牧期间每天傍晚必须进行收牧，并清点鸡数，观察健康状况，总结每天放牧情况。

(5) 补饲 林地放牧时饲料资源不能完全满足土鸡的生长需要，特别是在牧草等天然食物不足的时候，所以必须进行补饲，以提高鸡只的生长速度和均匀度。此外，林地中应多处放置清洁饮水供白天饮用。补饲一般在傍晚收牧后进行，但在出售前1~2周，应增加补饲，限制放牧，有利于育肥增重。补饲饲料，特别是中后期的配合饲料中不能加蚕蛹、鱼粉、肉粉等动物性饲料，以免影响肉的风味。要限量使用菜籽粕、棉籽粕，不要添加人工合成色素、化学合成的非营养性添加剂及药物等，以免影响到肉的品质。可加入适量的橘皮粉、松针粉、大蒜、生姜、茴香、桂皮、茶末等以改善肉色、肉质和增加鲜味。

(6) 树苗保护 有的地方在苗圃中放养土鸡，需要注意的是春天树苗刚刚萌发的阶段不能让鸡群到苗圃地中活动，以免损坏幼苗。当树苗生长的高度达到1米左右的时候，才能考虑放养鸡。

(7) 防止兽害 大片林地中野生动物多，可能会危及鸡的安全，需要给予更多的关注。

125 如何利用滩区放养土鸡?

在降水量比较少的季节，一些河流的两岸会出现大面积的河滩，尤其是以黄河的河滩地面积最大。一些没有种植农作物的地方杂草丛生，昆虫很多，特别是在比较干旱的季节滋生大量的蝗虫，对附近的农作物也造成严重的危害。河南省黄河流域每年3~6月降水较少，每年在黄河滩区及其两岸需要喷洒大量的农药用于控制蝗虫灾害，不仅花费大量的人力和财力，还对该地区的生态环境造成不良影响。利用滩区自然饲料资源养鸡不仅可以生产大量优质的鸡肉，还可以有效控制蝗虫的发生，节约大量的人力、财力，有效保护生态环境。

(1) 放养时间和密度 中原地区一般应该考虑在进入4月以后放养，在其后的一段时期内滩区内的野生饲料资源丰富，特别是蝗虫逐渐增多，可以为鸡群提供充足的食物。同时，4月以后外界气温比较高，对于30日龄以后的土鸡可以不采取加热措施。用尼龙网围一片滩地，根据滩地内野生饲料的多少每100米^{2}可以饲养土鸡10只左右。要注意滩地的轮换利用。

(2) 基本设施 需要用编织布或帆布搭设一个或若干个帐篷，作为饲养人员和鸡群休息的场所，也是夜间鸡群归拢的地方。在遇到大风或下雨的时候也可以作为鸡群采食、饮水和活动的场所。帐篷搭设要牢固，防止被风吹倒、吹坏；配置一个太阳能蓄电池，晚上照明用；打一口简易井为鸡群提供饮水。

土鸡舍也可采用塑料大棚式，一般宽6米，最高处2.5米，长度依土鸡数量的多少而定。大棚顶内层铺无滴膜，其上铺一层5~10

厘米厚的稻草，形成保温隔热层，在稻草上再用塑料薄膜覆盖，并用尼龙绳系牢固定。塑料大棚纵轴的两侧下沿可卷起或放下，以调节室内温度和换气。棚内地面可垫细沙，使室内干燥，每平方米养鸡 10～15 只。搭建栖架，供夜间休息。

（3）放养驯导与调教 滩区面积较大，为使鸡群按时返回棚舍，避免丢失，鸡群脱温后就开始进行放养驯导与调教。早晨出舍、傍晚放归时，要给鸡群一个信号，如敲盆、吹哨，时间要固定，最好 2 人配合。一个人在前面吹哨开道并抛撒颗粒饲料，避开浓密草丛，让鸡群跟随哄抢；另一个人在后面用竹竿驱赶，直到全部进入饲喂场地。为强化效果，开始的几天，每天中午在放养区内设置补料桶和水盆，加入少量的全价饲料和干净清洁的水，吹哨并引食。下午，饲养员应等候在棚舍里，及时赶走提前归舍的鸡，并控制鸡群的活动范围，直到傍晚再用同样的方法进行归舍驯导。如此反复训练几天，鸡群就能建立吹哨—采食的条件反射，无论是傍晚还是天气不好时，只要给信号，鸡群都能及时召回。

（4）做好补饲与饮水 补饲要定时定量，时间要固定，不可随意改动，这样可增强鸡的条件反射。夏秋两季可以少补，春冬两季可多补一些；30～60 日龄日补精饲料 25 克左右，每日 1～2 次。60 日龄后，鸡生长发育迅速，饲料要有所调整，提高能量的摄入，喂量逐步增加，日补精饲料 30～35 克，还需要增加油脂，但不可加牛油、羊油及鱼油等有异味的脂肪。脂肪的添加量为饲料总量的 3%。5～6 月龄产蛋鸡补 40～45 克，7～8 月龄补 50～55 克，日补 2 次（早晨、傍晚各 1 次）。

供给充足的饮水，野外放养鸡的活动空间大，一般不存在争抢食物的问题。但由于野外自然水源很少，必须在鸡活动的范围内放置一些饮水器具，如每 50 只放 1 个水盆，尤其是夏季更应如此，否则，就会影响鸡的生长发育甚至造成疾病发生。

（5）夏季防暑 滩区一般缺少高大的树木，鸡群长时间处在日光直射下会发生中暑死亡。中午前后要注意选择能够遮阴的地方休息，并供给充足的饮水。没有树木的地方要考虑搭建遮阴棚、遮阴网供鸡群中午休息。

（6）夜间照明 光照可以促进鸡体新陈代谢、增进食欲，特别是冬春两季，自然光照短，必须实行人工补光。22：00关灯，关灯后，还应有部分光线不强的灯通宵照明，使鸡可行走和饮水，以免引起惊群，减少应激，还可以防止野生动物在晚上靠近。在夏季昆虫较多时，夜间开灯可吸引昆虫，供鸡采食。滩区一般缺乏电力供应，可以用太阳能蓄电池照明。

（7）防止意外伤亡和丢失 土鸡舍附近地段要定期下夹子捕杀黄鼠狼，晚上下夹子，次日早晨要及时收回，防止伤着鸡。要及时收听当地的天气预报，暴风雨来临前要做好土鸡舍的防风、防雨、防漏工作，及时寻找因天气突然变化而未归的鸡，以减少损失。雨天让鸡群在室内活动和采食饮水。

126 如何做好夏季商品土鸡的管理？

夏季炎热气候条件下，商品土鸡的采食量将随着温度的上升而下降，生长发育和饲料转化率降低。为保证鸡群的健康和正常的生长发育，在饲养管理方面应采取一些相应的技术措施。

（1）满足蛋白质和氨基酸的需要 由于炎热高温，鸡的采食量下降，鸡只从饲料中获得的蛋白质和氨基酸难以满足生长发育的需要。因此，在高温季节应调整饲料配方，适当提高蛋白质和氨基酸的含量，以满足鸡只生长发育的需要。

（2）降低饲养密度 在舍饲情况下，饲养密度过大，不仅会使采食、饮水不均，还会因散热量大，而使舍温升高。因此，在炎热季节一定要严格控制饲养密度，不得使密度过大。

（3）加强通风降温 通风可降低土鸡舍的温度，增强鸡体散热，同时改善土鸡舍的空气环境。所有土鸡舍，特别是较大的土鸡舍必须安装排气扇。在炎热季节加强通风管理。

（4）添加水溶性维生素 炎热季节鸡的排泄量大幅度增加，使水溶性维生素的消耗加大，很容易引起生长发育迟缓、抗热应激能力降低。因此，在饮水中添加水溶性维生素或在饲料中增水溶性维生素的添加量。

（5）饲料中添加碳酸氢钠 炎热高温季节可使鸡只呼吸加快，

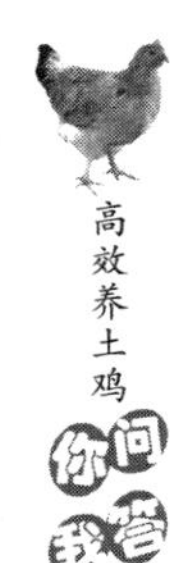

血液中碱储减少，引发酸中毒。在日粮中添加0.1%碳酸氢钠，可有效地提高血液中碱储，减少酸中毒的发生。

127 如何做好梅雨季节商品土鸡的管理?

梅雨季节影响土鸡生长发育的主要因素是高温高湿。土鸡舍内湿度过大，垫料因潮湿而易霉烂发臭，氨气浓度升高，可能会导致球虫病、大肠杆菌病和呼吸道疾病的暴发。因此，应做好以下管理工作：

（1）及时更换垫料 进入梅雨季节后，要增加对垫料的检查次数，发现垫料潮湿发霉现象应及时更换，以降低舍内氨气浓度，恶化球虫卵囊发育的环境。

（2）防止饲料霉变 进入梅雨季节后，为防止饲料受潮霉变，每次购入饲料的数量不得太多，一般以可饲喂3天为宜。土鸡舍内的饲料应放在离开地面的平台上，以防吸潮、结块。

（3）消灭蚊、蝇 蚊、蝇是某些寄生虫、细菌和病毒性疾病的传播媒介。因此，土鸡舍内应定期喷洒药物以杀灭蚊、蝇，但所使用药物应对鸡群无害，不会引起鸡群中毒。

（4）加强土鸡舍通风 加强土鸡舍通风不但可以有效降低土鸡舍的温度，而且可以排出舍内潮气，降低舍内湿度，使鸡群感到舒适。

（5）投喂抗球虫药 高温高湿有利于球虫卵囊的发育，从而导致球虫病的暴发。尤其是地面平养鸡群接触球虫卵囊的机会更多，因此在梅雨季节，饲料中应定期投放抗球虫药物，以防球虫病暴发。

128 如何做好寒冷季节商品土鸡的管理?

寒冷季节鸡群用于维持体温所消耗的能量会大幅度增加，使增重减慢。因此，进入冬季后要切实做好土鸡舍的防寒保暖工作。

（1）修缮门、窗 进入冬季前应全面检查一下土鸡舍的门、窗，发现有漏风的地方应进行修缮，使其密闭无缝，防止漏风。

（2）减少通风 通风可降低土鸡舍的温度，因此进入凉爽季节后要逐渐减少通风次数，以维持土鸡舍的适宜温度。为了保持土鸡舍内的空气环境良好，即使在寒冷季节的中午前后也应对土鸡舍进行定时通风。

(3) 土鸡舍升温 在北方的冬季，空闲土鸡舍的温度往往在0℃以下。育雏结束后，鸡群在转入生长、育肥舍前，一定要进行预先升温，必要时还需连续供温，保证温度在10℃以上，以保障鸡只的正常生长发育，否则将会造成重大经济损失。

129 如何加深土鸡胴体颜色?

土鸡胴体颜色是吸引消费者的一个重要质量指标，我国优质地方品种的胴体颜色较好。加深胴体颜色的措施如下：

(1) 饲料中含有较多着色物质 日粮中添加含丰富的叶黄素、类胡萝卜素等着色物质的原料（如黄玉米、苜蓿等）或添加着色剂，如5%的苜蓿粉、松针粉、刺槐粉，或2%~5%的柿子粉、胡萝卜、柑橘皮粉，或0.3%的红辣椒粉、万寿菊粉，或0.5%~0.7%的金盏花瓣粉及2%~5%的螺旋藻，并注意饲料加工过程中避免温度过高。

(2) 饲料优质且营养平衡 避免饲料霉变，不饲喂发霉变质的饲料；保持饲料中能量、蛋白质和氨基酸的平衡，供给充足的维生素A、维生素E和胆碱。避免盐分、硝酸盐和钙含量过高。

(3) 使用添加剂 在出售前的21天开始在饲料中添加3毫克/千克角黄素（是一种带橙红色的类胡萝卜素色素），可以使土鸡腿、脚的颜色由浅黄色加深到鲜艳的橘色。

130 如何防止土鸡羽毛脱落?

引起土鸡背部羽毛脱落的主要原因有体外寄生虫、环境不适宜和营养缺乏等，防止土鸡羽毛脱落应采取如下措施：

(1) 加强卫生消毒 加强卫生防疫工作，定期消毒，不仅对舍外进行每周1次消毒，而且要坚持每周2次的带鸡消毒。

(2) 科学管理 保证充足的饮水，保持适宜的环境条件，减少应激发生，避免过度拥挤。

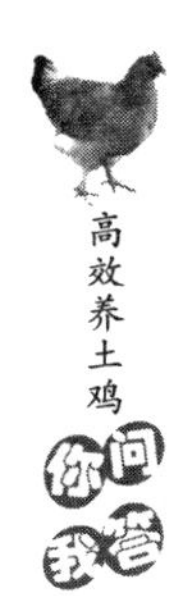

(3) 满足营养需要 特别要满足维生素、矿物质等微量元素的营养需要，确保饲料营养全面平衡。

131 如何改善肉质风味？

土鸡肉质风味较好。要改善肉质风味，可采取如下措施：

(1) 合理饲料组成 适当控制鱼粉的用量，避免使用腐烂变质的鱼粉或鱼油；棉籽饼和菜籽饼必须进行脱毒处理，并控制用量；饲喂牧草、蔬菜和土壤表层腐叶；用全麦和绿色蔬菜喂鸡，其肠道中大肠杆菌和粪肠球菌及其他菌类的菌数较高，得到的鸡肉风味更浓。

(2) 减少应激因素 鸡发生应激时，机体氧化能力增强，引起脂质氧化。饲料中添加维生素 E（100～200 毫克/千克）、矿物质、α-胡萝卜素、3%绿茶粉等能增强机体的抗氧化能力，减少脂质氧化，改善鸡肉风味。

(3) 添加香味物质 饲料中缺乏一些构成鸡肉香味的主要成分或香味物质，影响肉质风味。添加含有香味成分或物质的添加剂。例如，每吨饲料添加 250 克大蒜素、出栏前 4 周在饲料中添加 3%桑叶粉可明显提高肉质和改善肉味。屠宰前 3～4 周，饲料中添加丁香、胡椒、生姜、甜辣椒等调味香料可明显增加肉香。

(4) 禁用抗生素 通过饮水给鸡补充抗生素影响肉鸡的风味。出栏前一段时间避免抗生素饮水。

132 如何避免土鸡体中药物残留？

(1) 科学使用饲料添加剂 严格执行《饲料药物添加剂使用规范》。少用或不用抗生素；使用绿色添加剂来防治疾病。一是使用微生态制剂。微生态制剂能有效补充土鸡肠道内的有益微生物，改善消化道的菌群平衡，迅速提高土鸡的抗病能力、代谢能力和饲料的吸收利用能力，从而达到防病治病、提高饲料利用率，提高动物生产性能的作用，并且具有无毒、无害、无残留、无污染等优点，克服了抗生素所产生的菌群失调、二重感染和耐药性等缺点，是理想的饲料添加剂。微生态制剂用于肉鸡，可提高日增重和饲料转化率，减少疾病，已有很多报道。二是使用中草药添加剂。它是天然药物添加剂，中草药添加剂在配方、炮制和使用时，注重整体观念、阴阳平衡、扶正祛邪等中兽医辩证理论，以求调动动物体内的积极因素，提高免疫力，增强抗病能力，提高生产性能。三是使用海洋活性物质，如使用GD生命素、海生素、N6生命素、海富康等系列产品，可以完全代替抗生素。

（2）合理用药 对于土鸡，饲养前期可用复方敌菌净（DVD + SMD）、复方新诺明（S. M. Z），但后期禁用；宰前7～14天根据病情可继续选用土霉素、强力霉素（盐酸多西环素）、吉他霉素（北里霉素）、红霉素、恩诺沙星（普杀平、百病消）、环丙沙星、氧氟沙星、泰乐菌素、氟呱酸（诺氟沙星），其药量按规定要求使用；送宰前14天禁用青霉素、卡那霉素、氯霉素、链霉素、庆大霉素、新霉素、呋喃唑酮（痢特灵）；送宰前7天停用一切药物，最后一周所用饲料不得含任何药物；预防球虫药可选用二硝甲苯酰胺（球痢灵）、氯苯呱、拉沙里霉素（球安）、马杜拉霉素（加福、球杀死）、甲基三嗪酮（百球清），宰前7天停药。临近出栏时，如果对个别散发病鸡给予药物治疗，会引起药物残留。出售时再混入鸡群中，从而影响全群产品质量。对这样的病鸡要淘汰或病鸡康复后过了休药期（药残安全期）再出售。

（3）避免使用违禁药物 整个饲养期禁用克球粉（氯羟吡啶）、球虫净、灭霍灵（喹乙醇）、氨丙琳、枝原净、螺旋霉素、四环素、磺胺嘧啶、磺胺二甲嘧啶、磺胺二甲氧嘧啶（SDM）、磺胺喹噁啉等药物；禁止使用所有激素类及有激素类作用的药物。

133 如何避免土鸡体中有毒有害物质残留？

（1）严把饲料质量关 严把饲料原料质量，保证原料无污染；对动物性饲料要采用先进的技术进行彻底无菌处理；对有毒的饲料要严格脱毒并控制用量。完善法律法规，规范饲料生产管理，建立完善的饲料质量卫生监测体系，杜绝一切不合格的饲料上市。

（2）科学合理地加工和保存饲料 配合饲料在加工调制与储运过程中，加热、化学处理等不当，导致饲料氧化变质和酸败，特别

是一些含油脂较高的饲料，如玉米、花生饼、肉骨粉等，酸败饲料易产生有毒物质；饲料霉变产生的黄曲霉毒素可以残留在鸡体内等，饲料中添加抗氧化剂和防霉剂防止饲料氧化和霉变（如已证明霉菌毒素次生代谢产物 AFT 的毒性很强，致癌强度是“六六六”的 20000 倍）。

（3）保证饮水质量 饮用水可被有毒有害物质污染，如被重金属或农药污染，要注意水源的选择和保护，保证饮用水符合标准。定期检测水质，避免饮用水受到污染，肉鸡饮用后在体内残留。

（4）出栏前禁用敌百虫、敌敌畏等药物 土鸡出栏前禁用敌百虫、敌敌畏等有机磷类药物灭蝇，避免药物残留。

第六章 蛋肉兼用型土鸡的饲养管理

134 如何选择蛋肉兼用型品种?

(1) 当地的气候条件 我国幅员辽阔，各地气候条件相差很大。在进行品种选择时应考虑拟选品种对当地气候条件的适应性。选择时最好选择那些距当地较近（尤其是产地与当地气候条件差异不大），能适应当地环境、气候的品种。只有这样才能减轻鸡群对环境适应的压力，充分发挥其生产性能，取得较好的养殖效果，获得较高的经济效益。

(2) 当地的消费习惯 不同地区的消费者对鸡蛋的大小、蛋壳及蛋黄的色泽，鸡的羽色、体型、性别的喜好差异很大，在品种选择时要充分考虑。例如，一些地区的消费者喜欢褐色蛋壳的小鸡蛋，一些地区的消费者则喜欢褐色蛋壳的大鸡蛋，特别是习惯淹咸鸡蛋的消费者更是这样。南方各地的消费者喜欢黄羽鸡，而西南各省的消费者则喜欢麻羽鸡。广东、广西等地的消费者喜欢食用母鸡，而四川、辽宁、天津、河南、山东的消费者则喜欢食用公鸡。南方各省的消费者要求鸡的体型紧凑、腿短骨细，而北方各地则要求不十分严格。

(3) 当地的消费水平 一般来讲，广大农村的经济尚不够发达，鸡蛋和肉鸡的消费量较小，并且多喜欢个头较小的鸡蛋和体重较轻的肉鸡。而在城市和近郊经济较发达的地区，不但鸡蛋和肉鸡的消费量较大，并且消费者对鸡蛋的大小和肉鸡的体重也没有明显的特殊要求。

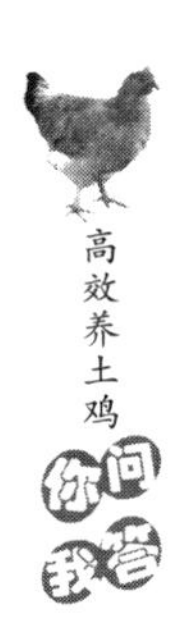

（4）雏鸡供应商 雏鸡供应商应有一定规模，并且信誉度和技术服务要好，能够提供饲料管理技术和科学免疫程序。所购品种应符合本品种特征要求，雏鸡应健康状况良好，无经蛋传染性疾病，如白血病、沙门氏菌病等。

135 蛋肉兼用型土鸡的饲养季节如何选择?

蛋肉兼用型土鸡能否取得较好的经济效益，与育雏季节的选择密切相关。例如，每年2~6月一般是鸡蛋和肉鸡的销售淡季，那么前一年的8月、9月和10月培育的雏鸡的产蛋高峰期刚好落在鸡蛋销售淡季，市场对鸡蛋的需求量较少，销售价格一般较低，并且淘汰鸡的时间又在10~11月，此时肉鸡的销售虽已进入旺季，但距元旦和春节尚有一些时日，销量也不太大。所以，每年的8月、9月和10月不要购进雏鸡，以防产蛋高峰期和淘汰育肥鸡落在销售淡季，造成经济效益不佳。然而，距离鸡蛋和肉鸡加工企业较近的地区，则无须考虑市场需求的淡季、旺季问题。因此，养殖蛋肉兼用型土鸡应根据土鸡舍的条件、每个季节的育雏特点及市场对鸡蛋和肉鸡的供需预测，进行综合考虑。

3~5月孵出的雏鸡，因气温适中、日照渐长、阳光充足，育雏成活率高，雏鸡体质健壮。育成阶段赶上夏秋两季，户外活动时间多，鸡体质强健。当年8~10月开产，产蛋期长、产蛋率高，产蛋高峰期正好在元旦和春节期间，市场对鸡蛋需求旺盛。6~8月正值高温高湿季节，所孵出的雏鸡生长发育缓慢，易发病。秋季育雏是指9~11月孵出雏鸡，此时的气温适宜育雏。但受自然光照影响，雏鸡性成熟早，到成年时土鸡的体重较轻，所产鸡蛋较小，产蛋期持续时间短。冬季育雏，恰遇一年中气温最低时期，需要人工加温时间较长，燃料费用高，消耗的饲料也多，经济上不合算。但冬季加温育雏要比夏季降温育雏容易得多，冬季干燥，疾病少，成活率高。

136 蛋肉兼用型土鸡的饲养阶段如何划分?

蛋肉兼用型土鸡一般分为育雏期、育成期、产蛋期和育肥期4

个阶段，0～7 周龄为育雏期，8～22 周龄为育成期，23～64 周龄为产蛋期，65～70 周龄为育肥期。另外，蛋肉兼用型土鸡饲养全程的划分，还因品种、生长发育规律而不尽相同。

137 蛋肉兼用型土鸡的饲养方式有哪些?

蛋肉兼用型土鸡的饲养方式可以分为舍内饲养和舍外放养，舍内饲养又可以分为地面平养、网上平养和笼内饲养。

138 如何选择蛋肉兼用型土鸡放养期的放养地?

蛋肉兼用型土鸡一般是先在室内育雏，育雏期的饲养管理与种鸡的饲养管理一致。育雏结束后将育成期、产蛋期和育肥期的鸡群放到果树林、小树林、竹林、茶园等进行放养。放养可以使鸡获得充足的阳光，采食到青绿饲料、昆虫、沙砾等。虽然放养会使鸡的运动量增大，能量消耗增加，但可促进鸡的生长发育，增强体质，提高抗病能力和产蛋率。长期放养还可使鸡体更加紧凑、被羽光亮、肌肉结实、减少腹脂，更能适应市场对低脂蛋肉兼用型土鸡的需要，销售价格也会更高一些。

放养场地应选择无污染的山区林地、果园或荒地。放养场地确定后，周围打 2 米高的水泥桩，用耐雨淋、不生锈的尼龙网或塑料网筑起 2 米高的围栏，以防野生肉食动物侵入，并防止鸡只跑失。围栏面积根据饲养量和放养密度而定，一般每只鸡平均占地 10～20 米^2，鸡群不宜过大，一般以每栏放养 300～400 只为宜。

为了节省饲料，降低饲养成本，提高鸡的体质，可在放养场地种植优质牧草，如紫花苜蓿、金花菜（黄花苜蓿）、红三叶和草木樨等豆科牧草。这些豆科牧草的粗蛋白质含量都在 15% 以上，有的则可达藓草重的 26% 以上，完全可以满足蛋肉兼用型土鸡生长发育和产蛋需要。这些豆科牧草大多为多年生草本植物，种植和管理简单，产量高，返青早，再生能力强。尤其是紫花苜蓿，在我国具有悠久的栽培历史，每年在其他牧草还没有返青前，苜蓿已经发出 2～3 片嫩叶，可供蛋肉兼用型土鸡采食。土地宽余地区，可种植苜蓿施行轮换放牧，一块苜蓿地放牧一段时间后，草势变弱，可将

鸡群赶入另一块苜蓿地放牧。给放牧过的苜蓿地进行 1 次浇灌，苜蓿借助鸡粪的肥力，经 15 天左右又可以长到数十厘米高，可供第二次轮牧。

139 蛋肉兼用型土鸡放养期的土鸡舍如何建设?

在围栏内选择高燥、背风向阳、排水良好的地方修建土鸡舍，为鸡群提供避风雨、憩息和过夜的场所。土鸡舍应坐北朝南，建筑结构因地制宜，在南方只要能避雨、遮阳即可；在北方除能避雨、遮阳外，还必须考虑土鸡舍的保暖和防寒问题。土鸡舍应按每平方米 4 ~5 只鸡进行设计和建设。土鸡舍 3/4 左右面积应铺上离地面 40 ~50 厘米高的塑料网或木栅条、竹栅条，其余部分为走道，供饲养管理人员、进出土鸡舍的鸡只行走，在走道的两侧放置食槽与水槽。这种饲养方式不但有利于舍内卫生控制和鸡喜架栖的习惯，而且可适当增大鸡群的饲养密度。

140 蛋肉兼用型土鸡育成期的饲养管理要点有哪些?

蛋肉兼用型土鸡育成期的饲养管理方法与商品土鸡放养期的饲养管理方法相似，但需要注意 2 点：一是在育成期要加强体重管理，根据体重情况增加或减少补料量，使体重符合标准体重要求；二是在育成期要控制光照时数，保证光照时数渐减。

141 蛋肉兼用型土鸡产蛋期放养的饲养管理要点有哪些?

（1）设置产蛋箱 对于采用放养方式的蛋肉兼用型土鸡，在其产蛋前（即 19 ~20 周龄时）应先安装产蛋箱。产蛋箱以木板或塑料板做成，一般长 35 厘米、宽 25 厘米、高 35 厘米，箱内铺上垫草，可供 3 ~4 只母鸡轮换产蛋用。根据鸡只的多少，产蛋箱可安装成单层，也可安装为多层。母鸡喜欢在光线较暗处下蛋，因此产蛋箱应放置于靠墙边光照较弱的地方或大树下。不管产蛋箱放在何处，均应高出地面 50 厘米。母鸡有认巢的习惯，第一个蛋下在什么地方，以后就一直在这个地方下蛋，要人为地去改变它的这种习惯往往不太容易。因此，产蛋箱的设置一定要在开产前完成。

（2）供给充足的饮水 放养鸡群活动空间大，体内水分消耗多，必须在鸡群活动的范围内，平均每50只鸡放置一个饮水器或安装5个饮水乳头。尤其是干热季节和夏季更应如此，否则就会影响鸡的生长发育，甚至造成疫病的发生。

（3）定时定量补饲 放养鸡群仅靠青草和昆虫是吃不饱的，每天必须进行定时定量补饲。补饲一般分早、晚2次进行，早上外出前投给全天日粮的2/5，傍晚回舍后投给全天日粮的3/5。也可以在傍晚土鸡回舍后一次补料。每天必须让鸡吃饱，否则会使鸡只生长发育受阻，鸡群整齐度下降，并且开产推迟，产蛋率迟迟达不到品种标准。补料时应观察整个鸡群的采食情况，防止胆子小的鸡不敢靠近采食。据此，可将部分饲料撒向补料场地的外围，也可以延长补料时间，使每只鸡都能采食足够的饲料，避免影响生产性能。

（4）环境控制 一是温湿度的控制。蛋鸡产蛋需要适宜的温湿度。舍外散养，注意气温低时晚放鸡，早收鸡；气温高时早放鸡，晚收鸡。夏季充分利用树木、植物遮阳，冬季由于外界气温低，可以封闭土鸡舍，在舍内饲养，但要注意土鸡舍通风和卫生。二是光照的控制。光照是影响蛋鸡生产性能的重要因素。蛋鸡每日的光照时数和光照强度对其生产性能有决定性的作用，即对蛋鸡的性成熟、排卵和产蛋等均有影响。产蛋期光照时间保持恒定或渐增，不能缩短。一般产蛋高峰期的光照时间应控制在15～16小时，如果每天的自然光照时间不足，则需要人工光照补足。产蛋期的光照强度要达到10～20勒克斯。

（5）拣蛋 拣蛋次数影响蛋破损率和污染程度，拣蛋次数越多，蛋破损率和污染程度越低。最好是刚产下即拣走，但生产中拣蛋不可能如此频繁，这就要求拣蛋时间、次数要制度化。大多数鸡在上午产蛋，第1次和第2次的拣蛋时间要调节好，尽量减少蛋在窝内的停留时间。一般要求每天拣蛋3～4次，拣蛋前用0.1%新洁尔灭洗手消毒，持经消毒的清洁蛋盘拣蛋。拣蛋时要净、污蛋分开，薄、厚蛋分开，完好蛋和破损蛋分开，将那些表面有垫料、鸡粪、血污的蛋和地面蛋及薄壳蛋、破蛋单独放置。在最后1次收集蛋后要将窝内鸡只抱出。

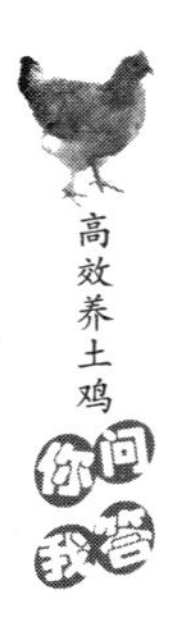

拣蛋后，将脏蛋、破壳蛋、沙壳蛋、钢皮蛋、皱纹蛋、畸形蛋，以及过大、过小、过扁、过圆、双黄和碎蛋挑出，单独放置。对有一定污染的鸡蛋（脏蛋），可先用细纱布将污物轻轻拭去，并对污染处用0.1%百毒杀进行消毒处理（不能用湿毛巾擦洗，这样做破坏了鸡蛋表面的保护膜，使鸡蛋更难以保存）。

（6）注意观察鸡群　平时要认真观察鸡群的状况，发现个别鸡出现异常，及时分析和处理，防止传染性疾病的发生和流行；避免药害和兽害。

（7）疾病防控　开产前做好免疫接种和驱虫工作；加强鸡舍卫生管理和隔离，保证饮水和饲料卫生。

142 蛋肉兼用型土鸡是如何育肥的？

目前，对于全国各地蛋肉兼用型土鸡养殖场（户）一般在土鸡进入60周龄以后，售蛋收入接近饲料、人工和水电支出，养殖场（户）已无利可图，便将鸡群做淘汰处理。此时的鸡群由于产蛋期的限制饲养和产蛋消耗，鸡的皮肤及羽毛光泽欠佳，体型也欠丰满，如将鸡群淘汰并投放市场，无论如何是卖不到好价钱的。如果，此时根据市场对商品土鸡需求的预测，适时进行适度育肥后供应市场，则常可取得较好的经济效益。

此阶段的饲养管理目标在于促使土鸡体内脂肪的沉积，增加土鸡的丰满度，改善肉质，增加皮肤及羽毛的光泽。

（1）调整日粮营养　蛋肉兼用型土鸡进入育肥期后对能量的需要明显高于产蛋期，而对蛋白质和钙的需要则显著降低。因此，应将日粮调整为高能、低蛋白质和低钙日粮。增加黄玉米等能量饲料的比例，也可在饲料中添加2%~5%的优质植物油或动物油，以提高日粮的能量浓度。

为了增加鸡肉的鲜嫩度，保持良好风味，防止饲料原料对鸡肉风味品质的不良影响，在育肥期的饲料中，应禁止使用鱼粉等动物性蛋白质饲料，少用棉籽粕、菜籽粕等有异味的蛋白质饲料，而使用大豆粕和花生粕等蛋白质饲料。

目前，我国尚没有一个适用于蛋肉兼用型土鸡育肥期的饲养标准。综合各品种土鸡的养殖经验，建议：代谢能 13.33 兆焦/千克，粗蛋白质为 14%~15%，赖氨酸为 0.6%，甲硫氨酸为 0.5%，钙为 1%，有效磷为 0.45%。以此为依据设计出了一些无鱼粉日粮配方（表 6-1），在数个蛋肉兼用型土鸡养殖场使用，效果较好，供各养殖场参考。

表 6-1　蛋肉兼用型土鸡育肥期饲料配方

成分 \ 编号	1	2	3	4	5
黄玉米（%）	68	68	65	60	62
大豆油（%）	—	—	2	3	2.5
小麦麸（%）	8	7	7	9	8.5
苜蓿草粉（%）	—	2	2	3	3
大豆粕（%）	10	10	8	6	7
花生粕（%）	5.5	5	6	6	8
菜籽粕（%）	3.5	3	2	4	2
棉籽粕（%）	—	—	3	4	2
预混剂（%）	5	5	5	5	5
合计（%）	100	100	100	100	100

（2）饲喂叶黄素　黄色皮肤的土鸡经过一个产蛋周期，体内黄色素几乎耗尽，皮肤颜色变白、无光，影响到销售。皮肤的黄色几乎完全来自饲料中的叶黄素类物质，为了保持黄皮肤的特征，饲料中供给的叶黄素必须达到或超过鸡体丧失的量。含有叶黄素物质的饲料有苜蓿草粉、黄玉米、金盏花草粉、万寿菊草粉等，其中黄玉米是饲料中叶黄素的主要来源。因此，在饲养土鸡，尤其是蛋肉兼用型土鸡时，饲料中要使用黄玉米。黄玉米中的叶黄素使鸡皮肤产生理想黄色的时间大约需要 3 周时间，鸡龄越大，叶黄素从饲料中转移到皮肤的比率也越高，但叶黄素在体内氧化的量也越多。土鸡进入育肥期后，饲料中必须含有足够量的叶黄素，以保证鸡皮肤的理想黄色。

（3）自由采食 为防止蛋肉兼用型土鸡在产蛋期过肥而影响产蛋，养殖场都采用限制饲养。进入育肥期后，饲养目的发生了改变，由产蛋转向育肥，故应停止限制饲养，改为自由采食。通常是每天早、中、晚各喂料一次，或者将一天的饲料一次投给，让鸡自由采食。但要注意，不管采用何种投料方式，当天的料都必须当天吃完，不剩料，第二天再添加新料。

（4）禁用药物 药物残留会给人体造成许多严重的危害，除变态反应外，多表现为极难解决的慢性毒性反应，如病原菌的耐药性转移与传播，对人类造成二重感染、致畸作用、致突变作用、致癌作用和激素样作用等。这些作用一般较难发现，诊断和治疗困难。我国对食品安全问题十分重视，对违规者始终保持严打政策。蛋肉兼用型土鸡进入育肥期后，很短时间内就会上市。因此，养殖场应高度注意，饲料中不得再添加任何药物，以确保无公害化。因药物残留被查处，不但会给自己造成重大经济损失，甚至会带来严重的法律责任。

（5）全进全出 在出栏时，应集中一天将同一土鸡舍内的育肥鸡一次出空，切不可零星出售，以利于土鸡舍空置，为迎接下一批鸡争取时间。

第七章 土鸡的疾病防治

143 土鸡疾病有哪些类型?

根据致病因素，可以分为以下几类。

（1）传染性疾病 由病原微生物（如致病性细菌、病毒、支原体、真菌等）侵袭机体引起，具有一定潜伏期和临床表现，并且具有传染性的疾病称为传染病。

（2）寄生虫病 在两种生物之间，一种生物以另一种生物体为居住条件，夺取其营养，并对其造成不同程度危害的现象称为寄生生活，过着这种寄生生活的动物称为寄生虫。由寄生虫所引起的疾病称为寄生虫病。寄生虫病的种类很多，分布很广，常以隐蔽的方式危害畜禽的健康，不仅影响幼龄动物的生长发育，降低生产性能和产品质量，而且还可造成大批动物死亡，给畜牧业的发展带来严重危害。

（3）营养代谢性疾病 营养代谢是生物体内部和外部之间营养物质通过一系列同化和异化、合成与分解代谢来实现生命活动的物质交换和能量转化的过程。营养物质则是新陈代谢的物质基础。营养物质的绝对和相对缺乏或过剩，以及机体受内外环境因素的影响，都可引起营养物质的平衡失调，出现新陈代谢和营养障碍，导致鸡生长发育迟滞，生产力、繁殖能力和抗病能力降低，出现病理症状和病理变化，甚至危及生命。此类性质疾病统称营养代谢病。

（4）中毒性疾病 某种物质进入机体后，侵害组织和器官，并能在组织和器官内发生化学或物理学的作用，破坏了机体的正常生理功能，引起机体发生机能性或器官性的病理过程，这种物质被称为毒物。由毒物引起的疾病称为中毒。一般可以把中毒分为饲料中毒、真菌毒素中毒、有毒植物中毒、农药及化肥中毒、药物中毒、金属毒物及微量元素中毒及动物毒中毒等。

144 土鸡传染病流行过程的三个基本环节是什么?

传染病的发生，必须具备传染源、传播途径和易感鸡群 3 个相互连接的基本环节，只有这些基本环节同时存在并相互联系，才会造成传染病的发生和蔓延，缺少一个环节，则传染病都不能流行和传播。

(1) 传染源（传染来源） 传染源是指某种传染病的病原体在其中寄居、生长、繁殖，并能排出体外的动物机体。具体来说，传染源就是受感染的动物，如传染病病鸡和带菌（毒）动物。

(2) 传播途径 病原体由传染源排出后，经一定的方式再侵入其他易感动物所经的途径称为传播途径，主要有直接接触传播和间接接触传播。

(3) 易感的鸡群 容易感染病原的鸡群称为易感鸡群。鸡的易感性高低与病原体的种类和毒力强弱有关，但起决定作用的还是鸡的遗传特征、疾病流行之后的特异免疫等因素。同时，外界环境条件，如气候、饲料、卫生条件等也都能直接影响到鸡群的易感性和病原体的传播。

145 土鸡传染病的传播途径有哪些?

土鸡传染病的传播途径主要有以下几种：

(1) 卵源传播 卵源传播是指由蛋传播的疾病，如鸡白痢、禽伤寒、禽大肠杆菌病、病毒性肝炎等。

(2) 直接接触传播 直接接触传播是指患病鸡与健康鸡接触使健康鸡感染发病。

(3) 经空气（飞沫、飞沫核、尘埃）**传播** 空气可作为传染的媒介物，它可作为病原体在一定时间内暂时存留的环境。经空气散播主要是指病原体以飞沫、飞沫小核或尘埃为媒介而传播，包括鸡传染性支气管炎、传染性喉气管炎、鸡新城疫、禽流感、禽霍乱、鸡传染性鼻炎、鸡马立克氏病、禽大肠杆菌病等。

（4）经污染的饲料和水传播 以消化道为主要侵入门户的传染病，如鸡新城疫、沙门氏菌病、结核病等，其传播媒介主要是污染的饲料和饮水。传染源的分泌物、排出物和病鸡尸体及其流出物污染了饲料、牧草、饲槽、水池、水井、水桶，或者由某些污染的管理用具、车船、土鸡舍等污染了饲料、饮水而传给易感动物。

（5）混群传播 不同日龄的鸡混群饲养，带菌（病毒）而不发病的成年鸡可以将病原传染给日龄小的易感鸡。

（6）其他动物和人类的传播 野生动物、老鼠、鸟类、蚊、蠓、蝇、蜱等都可以传播传染病；饲养人员和兽医在工作中如果不注意遵守防疫卫生制度，消毒不严时，容易传播病原体。例如，相关人员在进出病鸡和健鸡的土鸡舍时可将手上、衣服、鞋底沾染的病原体传染给健康鸡。

146 如何对土鸡进行群体临诊检查？

在进行群体临诊检查时，主要用肉眼观察如下方面有无异常：

（1）鸡群的体况 鸡的发育情况（如营养状况、发育程度、体质强弱、大小是否一致等）、羽毛状态（如羽毛颜色和光泽，是否丰满整洁，是否有过多的羽毛断折和脱落，是否有局部或全身的脱毛或无毛，肛门附近羽毛是否有粪污）等。

（2）鸡群的状态 例如，在外人进入土鸡舍走动或有异常声响时鸡群是否普遍有受惊扰的反应；是否有震颤、头颈扭曲、盲目前冲或后退、转圈运动，或者高度兴奋而不停走动等表现的鸡只；是否有跛行或麻痹、瘫痪、精神沉郁、闭目、低头、垂翼、离群呆立，或者喜卧不愿走动、昏睡等鸡只。

（3）头部情况 鸡冠的状态（如颜色是鲜红、紫蓝，还是苍白；冠的大小，是否有水疱、痘痂或冠癣）；鼻孔是否流鼻液，鼻液性质如何；是否有眼结膜水肿，上、下眼结膜粘连，以及脸部水肿；口

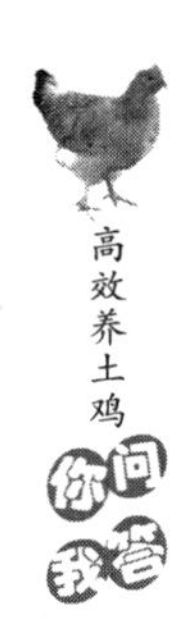

角有无黏液、血液或过多饲料粘着等。

（4）呼吸情况 是浅频呼吸、深稀呼吸还是临终呼吸，有无异常呼吸音、张口伸颈呼吸并发出怪叫声及张口呼吸且两翼展开，有无咳嗽等。

（5）采食和饮水情况 在添加饲料时是否拥挤向前争抢采食饲料，或者有啄无食，将饲料拨落地下，或者根本不啄食。采食量和饮水量是增加还是减少，嗉囊是否异常饱胀等。

（6）产蛋情况 产蛋鸡如果发生疾病必然会影响到产蛋数量和质量。此时观察产蛋量减少多少，蛋壳的颜色、厚度、光滑程度等。

（7）排粪情况 排粪动作过频或困难，粪便是否为圆条状、稀软成堆或呈水样，粪便中是否有饲料颗粒、黏液、血液，粪便颜色为灰褐色、硫黄色、棕褐色、灰白色、黄绿色或红色，粪便是否有异常恶臭味。

147 如何对鸡体进行个体临诊检查?

对鸡个体检查除与上述群体检查相同项目之外，还应注意做下列一些项目的检查：

（1）体温的检查 用手掌抓住鸡的两腿或放在两翼下，可感觉到明显的体温异常。精确的体温测量要用体温计插入肛门内，停留10分钟，然后读取体温值。

（2）体表检查 皮肤的弹性、有无结节及蜱、螨等寄生虫，颜色是否正常及是否有紫蓝色或红色斑块，是否有脓肿、坏疽、气肿、水肿、斑疹、水疱等，胫部皮肤鳞片是否有裂缝等。

（3）眼鼻检查 拨开眼结膜，眼结膜的黏膜是否苍白、潮红或呈黄色，眼结膜下有无干酪样物，眼球是否正常；用手指压挤鼻孔，有无黏性或脓性分泌物。

（4）嗉囊和泄殖腔检查 用手指触摸嗉囊内容物是否过分饱满坚实，是否有过多的水分或气体；翻开泄殖腔，注意有无充血、出血、水肿、坏死，或者有伪膜附着，肛门是否被白色粪便所黏结。

（5）口腔检查 打开鸡喙，注意口腔黏膜的颜色，有无斑疹、脓疱、伪膜、溃疡、异物，口腔和腭裂上是否有过多的黏液，黏液上是否混有血液。一只手扒开喙，另一只手用手指将喉头向上顶托，可见到喉头和气管，注意喉头和气管有无明显的充血、出血，喉头周围是否有干酪样附着物等。

148 如何区别健康鸡和病鸡？

健康鸡和病鸡的区别方法见表7-1。

表7-1 健康鸡和病鸡的区别

项 目	健康鸡的状态	病鸡的状态
一般状体	健康鸡反应灵敏，活泼好动，不时寻觅或啄羽，食欲旺盛，给食时拥向食槽，争先抢食	病鸡精神不振，反应迟钝，呆立不动或伏卧地上，发病只数多时，则常集聚在一起或挤在某一个角落，食欲减退，对饲料无兴趣或拒食，或者只吃几口便停食
鸡冠肉垂状态	健康公鸡冠大并直立，母鸡冠小并倒向一侧。冠颜色鲜红，肥润、柔软、有光泽，左、右肉垂大小对称、鲜红	病鸡冠常呈苍白色、蓝紫色或发黄变冷，发生鸡痘时，冠上有许多结痂或水疱、脓疱等
羽毛状态	羽毛整洁，排列匀称，富有光泽。刚出壳的雏鸡，被毛为细密的绒毛，颜色稍黄	羽毛蓬松、污浊、无光泽，提前或推迟换羽，有的还有脱毛现象。病雏延迟生羽，绒毛呈结节状或蜷缩
肛门及粪便状态	健康鸡肛门及其周围的羽毛清洁，排出的粪便不软不硬，多呈圆柱形，粪色多为绿色（但常与饲料有关），粪的表面一侧附有少量的白色沉淀物	病鸡肛门松弛，腹泻时肛门周围羽毛潮湿，被粪便污染。粪中黏液增多或带有血液。雏鸡白痢时有糊肛现象，急性传染病时粪便呈黄白色或黄绿色稀粪，发生球虫病时排出带血粪便

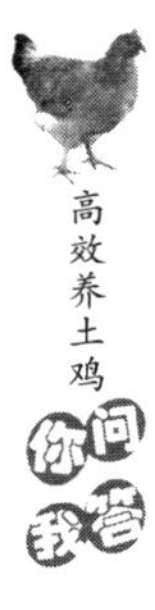

（续）

项　　目	健康鸡的状态	病鸡的状态
姿势与体态	健康鸡站立平稳，或者以一脚站立休息，运步轻快，两翅协调、敏捷，收缩完全，关节或趾、腿伸屈自如，躯体结构匀称	病鸡站立不动或站立不稳，甚至卧倒；两翅收缩无力，不能紧贴肋骨，翅膀下垂支地，羽毛松乱，运动时两翅勉强缓缓移动；关节伸屈无力或关节肿大，麻痹、变形等
呼吸状态	健康鸡呼吸时没有声音，无其他特殊表现	病鸡呼吸快、咳嗽、张口伸颈，或者发出各种呼吸音。例如，支原体病时发出“呼呼”声，鸡喉气管炎或新城疫时发出“咯咯”声

149 剖检病鸡有哪些要求?

（1）正确掌握和运用鸡体剖检方法　若方法不熟练，操作不规范、不按顺序，乱剪乱割，影响观察，易造成误诊，贻误防治时机。

（2）防止疾病传染　剖检过程中防止疾病传染的方法如下：

1）选择合适的剖检地点。土鸡养殖场最好建立尸体剖检室，剖检室设置在生产区和生活区的下风方向和地势较低的地方，并与生产区和生活区保持一定距离，自成单元；若养殖场无剖检室，剖检尸体时选择在比较偏僻的地方进行，远离生产区、生活区、公路、水源等，以免剖检后，尸体的粪便、血污、内脏、杂物等污染水源、河流，或者由于车来人往等造成疫病扩散。

2）严格消毒。剖检前对尸体进行喷洒消毒，避免病原随着羽毛、皮屑一起被风吹起并传播。剖检后将死鸡放在密封的塑料袋内，对剖检场所和用具进行彻底全面的消毒。剖检室的污水和废弃物必须经过消毒处理后方可排放。

3）尸体无害化处理。有条件的养殖场应建造焚尸炉或发酵池，以便处理剖检后的尸体，处理地点既要使用方便，又要防止病原污染环境。无条件的养殖场对剖检后的尸体进行深埋。

（3）准备好剖检器具　根据需要还可准备手术刀、标本皿、广口瓶、福尔马林等。此外，还要准备工作服、胶鞋、橡胶手套、肥皂、毛巾、水桶、脸盆、消毒剂等。

150 如何剖检病鸡?

剖检病鸡最好在其死后或濒死期进行。对于已经死亡的鸡只，越早剖检越好，因时间长了尸体易腐败，尤其夏季，使病理变化模糊不清，失去剖检意义。如果暂时不剖检，可暂存放在4℃ 冰箱内。解剖前先进行体表检查。

（1）体表检查 选择症状比较典型的病鸡作为剖检对象，解剖前先做体表检查，即测量体温，观察呼吸、姿态、精神状况、羽毛光泽、头部皮肤的颜色，特别是鸡冠和肉髯的颜色，仔细检查鸡体的外部变化并记录症状。若有必要，可采集血液（静脉或心脏采血），以备实验室检验。

（2）解剖检查 先用消毒药水将羽毛擦湿，防止羽毛及尘埃飞扬。解剖活鸡应先放血致死，方法有 2 种：一种可在口腔内耳根旁的颈静脉处用剪刀横切断静脉，血沿口腔流出，此法外表无伤口；另一种为颈部放血，用刀切断颈动脉或颈静脉放血。

1）将被检鸡仰放在搪瓷盘上，此时应注意腹部皮下是否有腐败而引起的尸绿。用力掰开两腿，直至髋关节脱位，将两翅和两腿摊开，或者将头、两翅固定在解剖板上。沿颈、胸、腹中线剪开皮肤，再从腹下部横向剪开腹部，并延至两腿皮肤。由剪处向两侧分离皮肤。剥开皮肤后，可看到颈部的气管、食道、嗉囊、胸腺、迷走神经及胸肌、腹肌、腿部肌肉等。根据剖检需要，可剥离部分皮肤。此时可检查皮下是否有出血点或灰白色坏死点，以及胸部肌肉的黏稠度等。

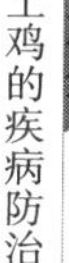

2）皮下检查完后，在泄殖腔腹侧将腹壁横向剪开，再沿肋软骨交接处向前剪，然后一只手压住鸡腿，另一只手握龙骨后缘向上拉，使整个胸骨向前翻转露出胸腔和腹腔，注意胸腔和腹腔器官的位置、大小、色泽是否正常，有无内容物（腹水、渗出物、血液等），器官表面是否有胶冻状或干酪样渗出物，胸腔内的液体是否增多等。

3）观察气囊。正常的气囊膜为一透明的薄层。剖检时注意气囊膜有无混浊、增厚或渗出物等。如果要取病料进行细菌培养，可用

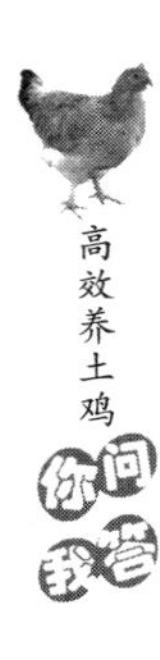

灭菌过的剪刀、镊子、注射器、针头采取所需要的组织器官。取完材料后可进行各个脏器检查。剪开心包囊，注意心包囊是否混浊或有纤维性渗出物黏附，心包液是否增多，心包囊与心外膜是否粘连等，然后顺次取出各脏器。

4）把肝脏与其他器官连接的韧带剪断，再将脾脏、胆囊随同肝脏一同取出。接着，把食道与腺胃交界处剪断，将脾胃、肌胃和肠管一同取出体腔（直肠可以不剪断）。

5）剪开母鸡的卵巢系膜，将输卵管与泄殖腔连接处剪断，把卵巢和输卵管取出。公鸡剪断睾丸系膜，取出睾丸。用刀柄钝性剥离肾脏，从脊椎骨深凹中取出；剪断心脏的动脉、静脉，取出心脏；用刀柄钝性剥离肺脏，将肺脏从肋骨间摘出。

6）剪开喙角，打开口腔，将喉头与气管一同取出；再将食道、嗉囊一同取出；将直肠拉出腹腔，露出位于泄殖腔背面的法氏囊（腔上囊），剪开与泄殖腔的连接处。法氏囊便可摘出。

7）剪开鼻腔。从两鼻孔上方横向剪断上喙部，断面露出鼻腔和鼻甲骨。轻压鼻部，可检查鼻腔有无内容物；剪开眶下窦。剪开眼下和嘴角上的皮肤，看到的空腔就是眶下窦。

8）将头部皮肤剥去，用骨剪剪开颧骨上缘、枕骨后缘，揭开头盖骨，露出大脑和小脑。切断脑底部神经，大脑便可取出。

9）外部神经的暴露。迷走神经在颈椎的两侧，沿食道两旁可以找到。坐骨神经位于大腿两侧，剪去内收肌即可露出。将脊柱两侧的肾脏摘除，便能显露出腰荐神经丛。将鸡背朝上，剪开肩胛和脊柱之间的皮肤，剥离肌肉，即可看到臂神经。

151 解剖检查病鸡应注意什么？

解剖检查病鸡应注意：一是剖检时间越早越好，尤其在夏季，尸体极易腐败，不利于病变观察，影响正确诊断。若尸体已经腐败，一般不再进行剖检。剖检时，光线应充足。二是剖检前要了解病死鸡的来源、病史、症状、治疗经过及防疫情况。三是剖检时必须按剖检顺序观察，做到全面细致，综合分析，不可主观片面，马马虎虎。四是做好剖检用具和场所的隔离消毒。做好剖检尸体、血水、粪便、羽毛和污染的表土等无害化处理（放入深埋坑内，撒布消毒药和新鲜生石灰盖土压实）。同时要做好自身防护（穿戴好工作服，戴上手套）。五是剖检时要做好记录，检查完后找出其主要的特征性病理变化和一般非特征性病理变化，做出分析和比较。

152 如何采取和处理病料？

（1）病料的采取 病毒分离的病料应采自发病早期典型的病例，病程较长的鸡不宜用于分离病毒。病鸡扑杀后应以无菌操作法解剖尸体和采取病料。以禽流感为例，最好的检验病料为气管黏膜、肺脏、脑组织，脾脏、肝脏、肾脏和骨髓也可作为病毒分离的材料。

（2）病料处理 按1克组织加入5～10毫升灭菌生理盐水进行研磨。每毫升研磨液中加入青霉素和链霉素各1000单位，置4℃冰箱2～4小时或37℃处理1小时后，以1500转/分钟离心10分钟，取上清液作为接种材料。

（3）无菌检验 对接种材料应进行无菌检验。接种营养肉汤或血液琼脂平板，观察有无细菌生长。如果有细菌，则应对材料进行滤过除菌或加入敏感抗菌药物处理。

153 鸡病的防治措施有哪些？

鸡病的防治原则是“防重于治”“养防并重”，采取综合措施防治。

（1）科学的饲养管理 饲养管理工作不仅影响土鸡的生长发育，更影响到土鸡的健康和抗病能力。一要为土鸡提供优质饲料，保证营养供给；二要供给充足卫生的饮水；三要保持适宜的温度、湿度、通风、光照、密度和新鲜的空气等环境条件。

（2）做好隔离 土鸡养殖场要远离市区、村庄和居民点，远离屠宰场、畜产品加工厂等污染源，养殖场周围要有隔离物；养殖场大门、生产区入口要建同门口一样宽，长是汽车轮两周半以上的消毒池。各土鸡舍门口要建与门口同宽，长1.5米的消毒池。生产区门口还要建更衣消毒室和淋浴室；车辆和人员进入养殖场前应彻底消毒，以防带入疾病；养殖场谢绝参观，不可避免时，应严格按防

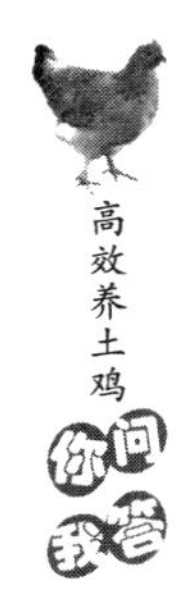

疫要求消毒后方可进入；病鸡和死鸡经疾病诊断后应深埋，并做好消毒工作，严禁销售和随处乱丢；生产区内各排土鸡舍要保持一定间距。不同日龄的土鸡分别养在不同的区域，并相互隔离。如果有条件，不同日龄的土鸡分场饲养效果更好。采用全进全出的饲养制度是有效防止疾病传播的措施之一。“全进全出”能够做到净场和充分消毒，切断了疾病传播的途径，从而避免患病鸡只或病原携带者将病原传染给日龄较小的鸡群。到洁净的种鸡场订购雏鸡。种鸡场污染严重，引种时也会带来病原微生物，特别是我国现阶段种鸡场过多过滥，管理不善，净化不严，更应高度重视。到有种禽种蛋经营许可证，管理严格，净化彻底，信誉度高的种鸡场订购雏鸡，避免引种带来污染。

（3）搞好卫生　保持土鸡舍和土鸡舍周围环境卫生。及时清理土鸡舍的污物、污水和垃圾，定期打扫土鸡舍顶棚和设备用具的灰尘，每天进行适量通风，保持土鸡舍清洁卫生；不在土鸡舍周围和道路上堆放废弃物和垃圾；保持饲料和饮水卫生。饲料不霉变，不被病原污染，饲喂用具勤清洁消毒；饮用水符合卫生标准（人可以饮用的水，土鸡也可以饮用），水质良好，饮水用具要清洁，饮水系统要定期消毒；粪便堆放要远离鸡舍，最好设置专门储粪场，对粪便进行无害化处理，如堆积发酵、生产沼气或烘干等处理。病死鸡不要随意出售或乱扔乱放，防止疾病传播。昆虫可以传播疫病，所以要保持舍内干燥和清洁，夏季使用化学杀虫剂防止昆虫滋生繁殖；老鼠不仅可以传播疫病，而且可以污染和消耗大量的饲料，危害极大，必须注意灭鼠。每2~3个月进行一次彻底灭鼠。

（4）健全防疫制度　根据本地区鸡病发生和流行的特点，制定合理的免疫程序，有计划地进行免疫接种，控制主要传染病的发生，用最少的投入达到最好的防病效果。

（5）严格消毒　进行全面彻底的消毒，消灭被病原微生物污染的场内环境、鸡体表面及设备器具上的病原体，切断传播途径，防止疾病的发生或蔓延。

（6）免疫接种　免疫接种可以提高土鸡机体的非特异性免疫力。

（7）预防性投药　根据土鸡不同阶段疾病的发生情况提前使用

药物进行预防，防止疾病发生。

154 常用的消毒方法有哪些?

（1）机械性清除 用清扫、铲刮、擦拭、冲洗和适当通风等方法清除或减少微生物的方法称为机械性清除，这是整个消毒过程的第一步。例如，清理清扫土鸡舍、孵化室，用高压水冲洗用具、地面、墙体或屋顶，用棉纱擦拭不能冲洗的设备等。

（2）物理消毒法 物理消毒法是指利用高温、蒸汽和紫外线照射等方法消除微生物的方法。

（3）化学消毒法 化学消毒法是指利用化学药物杀灭微生物的方法。化学消毒常用浸泡法、喷洒法、熏蒸法和气雾法。

1）浸泡法。浸泡法主要用于消毒器械、用具、衣物等。一般洗涤干净后再行浸泡，药液要浸过物体，浸泡时间以长些为好，水温以高些为好。在土鸡舍进门处消毒槽内，可用浸泡药物的草垫或草袋对人员的靴鞋进行消毒。

2）喷洒法。喷洒地面、墙壁、舍内固定设备等，可用细眼喷壶；对舍内空间消毒，则用喷雾器。喷洒要全面，药液要喷到物体的各个部位。一般喷洒地面，每平方米需要 2 升药液；喷墙壁、顶棚，每平方米需要 1 升药液。

3）熏蒸法。熏蒸法适用于可以密闭的土鸡舍。这种方法操作简便，对房屋结构无损，消毒全面，土鸡养殖场常用。常用的药物有福尔马林（40%甲醛水溶液）、过氧乙酸水溶液。为加速蒸发，常利用高锰酸钾的氧化作用。实际操作中要严格遵守下面基本要点：土鸡舍及设备必须清洗干净，因为气体不能渗透到鸡粪和污物中去，所以不能发挥应有的效力；土鸡舍要密封，不能漏气，应将进气口、出气口、门、窗和排气扇等的缝隙封严。

4）气雾法。气雾粒子是悬浮在空气中的气体与液体的微粒，直径小于200 纳米，分子量极小，能悬浮在空气中较长时间，可到处飘移。气雾是消毒液经由气雾发生器喷射出的雾状微粒，是消灭气携病原微生物的理想办法。全面消毒土鸡舍空间，每立方米用 5%过氧乙酸溶液 2.5 毫升喷雾。

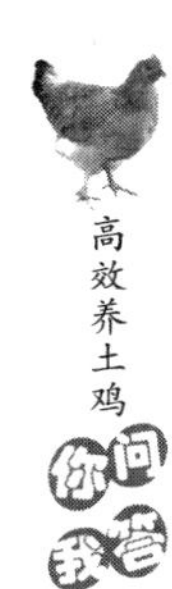

（4）生物消毒法 生物消毒法是将被污染的粪便堆积发酵，利用嗜热细菌繁殖时产生高达70℃以上的温度，经过1～2个月，将其中病毒、细菌、寄生虫卵等病原体杀死的方法。

155 土鸡养殖场常用的消毒剂有哪些？

（1）含氯消毒剂 产品有优氯净、强力消毒净、速效净、消洗液、消佳净、84消毒液、二氯异氰尿酸复方制剂等，可以杀灭肠杆菌、肠球菌、金色葡萄球菌及胃肠炎、新城疫、法氏囊等病毒。

（2）含碘消毒剂 产品有碘伏（强力碘）、威力碘、PVPI、89-Ⅰ型消毒剂、喷雾灵等，可杀死细菌、真菌、芽孢、病毒、结核杆菌、阴道毛滴虫、梅毒螺旋体、衣原体、艾滋病病毒和藻类。

（3）醛类消毒剂 产品有戊二醛、甲醛、丁二醛、乙二醛和复合制剂，可杀灭细菌、芽孢、真菌和病毒。

（4）氧化剂类 产品有过氧化氢（双氧水）、臭氧、高锰酸钾等。过氧化氢可快速灭活多种微生物；过氧乙酸对多种细菌的杀灭效果良好；臭氧对细菌繁殖体、病毒真菌和枯草杆菌黑色变种芽孢有较好的杀灭作用，对原虫和虫卵也有很好的杀灭作用。

（5）复合酚类 产品有菌毒敌、消毒灵、农乐、畜禽安、杀特灵等，对细菌、真菌和带膜病毒具有灭活作用；对多种寄生虫卵也有一定的杀灭作用。因本品公认对人、畜有毒，并且气味滞留，常用于空舍消毒。

（6）表面活性剂 产品有新洁尔灭、度米芬、百毒杀、凯威1210、消毒净，对各种细菌有效，对马立克氏病病毒、新城疫病毒、猪瘟病毒、法氏囊病毒、口蹄疫病毒等常见病毒均有良好的效果，但对无囊膜病毒消毒效果不好。

（7）高效复合消毒剂 产品有高迪—HB（由多种季铵盐、络合盐、戊二醛、非离子表面活性剂、增效剂和稳定剂组成），消毒杀菌作用广谱高效，对各种病原微生物有强大的杀灭作用，作用机制完善，超常稳定，使用安全，应用广泛。

（8）醇类消毒剂 产品有乙醇、异丙醇，可快速杀灭多种微生物，如细菌繁殖体、真菌和多种病毒，但不能杀灭细菌芽孢。

（9）强碱 产品有氢氧化钠、氢氧化钾、生石灰，可杀灭细菌、病毒和真菌，腐蚀性强。

156 土鸡养殖场如何进行消毒？

土鸡场消毒要全面彻底，注意如下方面的消毒。

（1）进入人员及物品消毒 土鸡养殖场的入口必须设置车辆消毒池和人员消毒室，车辆消毒池的长度为进出车辆车轮2个周长以上，消毒液可用消毒时间长的复合酚类和3%~5%氢氧化钠溶液，最好再设置喷雾消毒装置，喷雾消毒液可用1∶1000的氯制剂；人员消毒室设置淋浴装置、熏蒸衣柜和场区工作服，进入人员必须淋浴，换上清洁消毒好的工作衣、工作帽和工作靴后方可进入，工作服不准穿出生产区，定期更换并清洗消毒；土鸡舍入口设置脚踏消毒池，工作人员进入土鸡舍脚踏消毒液，工作前要洗手消毒；进入场区的所有物品、用具都要消毒。舍内的用具要固定，不得互相串用。非生产性用品，一律不能带入生产区。

（2）场区消毒 场区每周消毒1~2次，可以使用5%~8%氢氧化钠溶液或5%甲醛溶液进行喷洒。特别要注意养殖场道路和土鸡舍周围的消毒。放养的土鸡养殖场要在土鸡淘汰后空闲1~2个月后再饲养。

（3）土鸡舍消毒 土鸡上市或转群后，要对土鸡舍进行彻底的清洁消毒。消毒的步骤是：先将土鸡舍各个部位清理、清扫干净，然后用高压水枪将土鸡舍的墙壁、地面、屋顶和不能移出的设备用具冲洗洁净，最后用5%~8%氢氧化钠溶液喷洒地面、墙壁、屋顶、笼具、饲槽等2~3次，用清水洗刷饲槽和饮水器。其他不易用水冲洗和氢氧化钠消毒的设备可以用其他消毒液擦拭。土鸡入舍后，在保持土鸡舍清洁卫生的基础上，每周消毒2~3次。

（4）带鸡消毒 育雏舍和种用土鸡舍每周带鸡消毒1~2次，发生疫病期间每天带鸡消毒1次。选用高效、低毒、广谱、无刺激性的消毒药。冬季寒冷，不要把鸡体喷得太湿，可以使用温水稀释；夏季带鸡消毒有利于降温和减少热应激死亡。

（5）发生疫情后的紧急消毒 养殖场一旦发生疫情应迅速采取

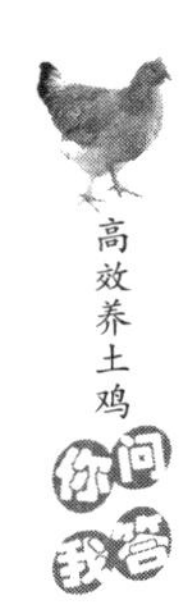

措施。首先隔离病鸡，控制传染，防止健康鸡受到感染，以便将疫病控制在最小范围内加以扑灭。如果病鸡数量不多，应淘汰所有病鸡，对未病鸡群应根据诊断结果使用疫苗进行紧急预防接种或用药物进行预防。

对病鸡污染的房舍、饲料、垫料、用具、场地、粪便进行严格的消毒。病死鸡应进行深埋或焚烧。深埋时挖一深坑，一层死鸡一层生石灰，或者用有效的消毒剂。禁止从疫区运出鸡群及其产品或饲料。场内发生传染病应报告防疫部门和附近养鸡场，并且做好防疫记录。

157 土鸡的疫苗有哪几类?

土鸡的疫苗有两大类:

(1) 活毒苗 活毒苗多是弱毒苗，是由活病毒或细菌致弱后形成的。当其接种后进入鸡只体内可以繁殖或感染细胞，既能增加相应抗原量，又可延长和加强抗原刺激作用，具有免疫快、免疫效力好、免疫接种方法多、用量小且使用方便等优点，还可用于紧急预防。

(2) 死毒苗（灭活苗） 灭活苗是用强毒株病原微生物灭活后制成的，安全性好，不散毒，不受母源抗体影响，易保存，产生的免疫力时间长，并且可用于多毒株或多菌株制成多价苗。但需要免疫注射，成本高。

158 如何运输土鸡的疫苗?

1）不同的生物制品要求不同的保存条件，应根据说明书的要求进行保存。保存不当，生物制品会失效，起不到应有的作用。一般生物制品应保存在低温、阴暗及干燥的地方。最好用冰箱保存，氢氧化铝苗、油佐剂苗应保存在普通冰箱中，防止冻结；而冻干苗最好在低温冰箱中保存。有个别疫苗需要在液氮中超低温保存。

2）生物制品在运输中要求包装完善，防止损坏。条件许可时应将生物制品置于冷藏箱内运输，选择最快捷的运输方式，到达目的地后尽快送至保存场所。需要液氮保存的疫苗应置于液氮罐内运输。

3）各种生物制品在购买及保存使用前都应详细检查。凡没有瓶签或瓶签模糊不清、过期失效的，生物制品色泽有变化、内有异物、发霉的，瓶塞不紧或瓶破裂的，以及生物制品没有按规定保存的都不得使用。

159 土鸡的免疫接种方法有哪些？

（1）饮水 饮水免疫避免了逐只抓捉，可减少劳力和应激，但这种免疫接种受影响的因素较多，在操作过程中应注意：选用高效的活毒苗；使用的饮水应是清凉的，水中不应含有任何能灭活疫苗病毒或细菌的物质；在饮水免疫期间，饲料中也不应含有能灭活疫苗病毒和细菌的药物；饮水中应加入0.1%~0.3%脱脂乳或山梨糖醇，以保护疫苗的效价；为了使每一只鸡在短时间均能摄入足够量的疫苗，在供给含疫苗的饮水之前2~4小时应停止饮水供应（视天气而定）；稀释疫苗所用的水量应根据鸡的日龄及当时的室温来确定，使疫苗稀释液于1~2小时全部饮完；为使鸡群得到较均匀的免疫效果，饮水器应充足，使鸡群的2/3以上的鸡只同时有饮水的位置；饮水器不得置于直射阳光下，若风沙较大时，饮水器应全部放在室内；夏季天气炎热时，饮水免疫最好在早上完成。

（2）滴眼滴鼻 滴眼滴鼻的免疫接种如果操作得当，往往效果比较确实，尤其是对一些预防呼吸道疾病的疫苗，经滴眼滴鼻免疫效果较好。当然，这种接种方法需要较多的劳动力，对鸡也会造成一定的应激，若操作上稍有马虎，则往往达不到预期的目的。免疫接种时应注意：稀释液必须用蒸馏水或生理盐水，最低限度应用冷开水，不要随便加入抗生素；稀释液的用量应尽量准确，最好根据自己所用的滴管或针头事先滴试，确定每毫升多少滴，然后再计算实际使用疫苗稀释液的用量；为了操作的准确无误，一只手一次只能抓一只鸡，不能一只手同时抓几只鸡；在滴入疫苗之前，应把鸡的头颈摆成水平的位置（一侧眼鼻朝天，一侧眼鼻朝地），并用一只手指按住向地面一侧的鼻孔；在将疫苗滴加到眼和鼻上以后，应稍停片刻，待疫苗确已吸入后再将鸡轻轻放回地面；应注意做好已接种和未接种鸡之间的隔离，以免重复免疫和未免疫；为减少应激，

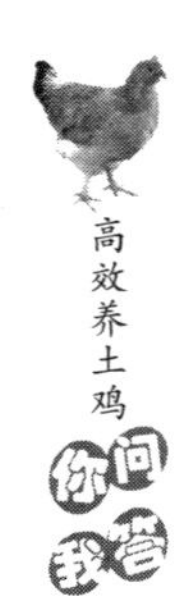

最好在晚上接种，如果天气阴凉也可在白天适当关闭门、窗后，在稍暗的光线下抓鸡接种。

（3）肌内注射或皮下注射 肌内注射或皮下注射免疫接种的剂量准确、效果确实，但耗费劳力较多，应激较大，在操作中应注意：疫苗稀释液应是经消毒而无菌的，一般不要随便加入抗菌药物。疫苗的稀释和注射量应适当，量太小则操作时误差较大，量太大则操作麻烦，一般以每只0.2～1毫升为宜。使用连续注射器注射时，应经常核对注射器刻度容量和实际容量之间的误差，以免实际注射量偏差太大；注射器及针头用前均应消毒。皮下注射的部位一般选在颈部背侧，肌内注射部位一般选在胸肌或肩关节附近肌肉丰满处。针头插入的方向和深度也应适当，在颈部皮下注射时，针头方向应向后向下，与颈部纵轴基本平行。对雏鸡的插入深度为0.5～1厘米，日龄较大的鸡可为1～2厘米。胸部肌内注射时，针头方向应与胸骨大致平行，雏鸡的插入深度为0.5～1厘米，日龄较大的鸡可为1～2厘米。在将疫苗推入后，针头应慢慢拔出，以免疫苗漏出。在注射过程中，应边注射边摇动疫苗瓶，力求疫苗的均匀。在接种过程中，应先注射健康群，再接种假定健康群，最后接种有病的鸡群。关于是否一只鸡一个针头及注射部位是否消毒的问题，可根据实际情况而定。但吸取疫苗的针头和注射鸡的针头则绝对应分开，尽量注意卫生，以防止经免疫注射而引起疾病的传播或引起接种部位的局部感染。

（4）气雾 气雾免疫可节省大量的劳力，如果操作得当，效果甚好，尤其是对呼吸道有亲嗜性的疫苗效果更佳，但气雾也容易引起鸡群的应激，尤其容易激发慢性呼吸道病的暴发。气雾免疫过程中应注意：气雾前应对气雾机的各种性能进行测试，以确定雾滴的大小、稀释液用量、喷口与鸡群的距离（高度），以及操作人员的行进速度等，以便在实施时参照进行；疫苗应是高效的；气雾前后几天内，应在饲料或饮水中适当添加抗菌药物，预防慢性呼吸道病的暴发；疫苗的稀释应用去离子水或蒸馏水，不得用自来水、开水或井水；稀释液中应加入0.1%脱脂乳或3%～5%甘油；稀释液的用量因气雾机及鸡群的平养、笼养密度而异，应严格按说明书推荐用量使用；严格控制雾滴的大小，雏鸡用雾滴的直径为 30 ~ 50 微米，成年鸡为 5 ~ 10 微米；气雾期间，应关闭土鸡舍所有的门、窗，停止使用风扇或抽气机，在停止喷雾 20 ~ 30 分钟后，才可开启门、窗和启动风扇（视室温而定）；气雾时，土鸡舍内的温度应适宜，温度太低或太高均不适宜进行气雾免疫，若气温较高，可在晚间较凉快时进行；土鸡舍内的相对湿度对气雾免疫也有影响，一般要求相对湿度在 70% 左右最为合适；实施气雾时气雾机喷头在鸡群上空 50 ~ 80 厘米处，对准鸡头来回移动喷雾，使气雾全面覆盖鸡群，以鸡群羽毛略有潮湿感为宜。

160 制定土鸡免疫程序时要考虑哪些因素?

制定土鸡免疫程序时要考虑如下因素：

1）本地或本场的鸡病疫情。对目前威胁本场的主要传染病应进行免疫接种。对本地和本场尚未证实发生的疾病，必须证明确实已受到严重威胁时才能计划接种，对强毒型的疫苗更应非常慎重，非不得以不引进使用。

2）所养鸡的用途及饲养期，如种鸡在开产前需要接种传染性法氏囊病油乳剂疫苗，而商品鸡则不用接种。

3）母源抗体的影响。例如对鸡马立克氏病、鸡新城疫和传染性法氏囊病免疫时，疫苗血清型（或毒株）的选择应认真考虑母源抗体的影响。

4）不同疫苗之间的干扰和接种时间的科学安排。

5）所用疫苗毒（菌）株的血清型、亚型或株的选择。疫苗剂型的选择，如活苗或灭活苗、湿苗或冻干苗，以及细胞结合型和非细胞结合型疫苗之间的选择等。

6）疫苗的出产国家、出产的厂家的选择；疫苗剂量和稀释量的确定；不同疫苗或同一种疫苗的不同接种途径的选择；某些疫苗的联合使用；同一种疫苗根据毒力先弱后强安排（如 IB 疫苗，先用 H120，后用 H52）及同一种疫苗的先活苗后灭活油乳剂疫苗的安排。

7）根据免疫监测结果及突发疾病的发生所做的必要修改和补充等。

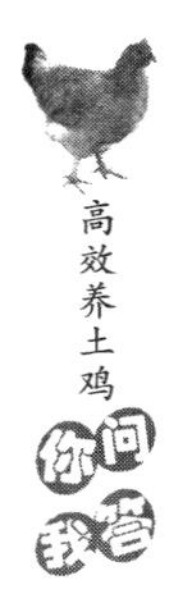

161 土鸡的参考免疫程序有哪些？

不同类型土鸡的免疫程序见表7-2和表7-3。

表7-2　种鸡和蛋肉兼用型土鸡的免疫程序

日　龄	疫　苗	接种方法
1日龄	马立克氏病疫苗	皮下或肌内注射
7~10日龄	新城疫+传染性支气管炎（以下简称传支）弱毒苗（H120） 复合新城疫+多价传支灭活苗	滴鼻或点眼 颈部皮下注射0.3毫升/只
14~16日龄	传染性法氏囊病弱毒苗	饮水
20~25日龄	新城疫Ⅱ或Ⅳ系+传支弱毒苗（H52） 禽流感灭活苗	气雾、滴鼻或点眼 皮下注射0.3毫升/只
30~35日龄	传染性法氏囊病弱毒苗	饮水
40日龄	鸡痘疫苗	翅膀内侧刺种或皮下注射
60日龄	传染性喉气管炎（以下简称传喉）弱毒苗	点眼
80日龄	新城疫Ⅰ系	肌内注射
90日龄	传喉弱毒苗	点眼
110~120日龄	传染性脑脊髓炎弱毒苗（蛋鸡不免疫） 新城疫+传支+产蛋下降综合征油苗 禽流感油苗 传染性法氏囊油苗（蛋鸡不免疫）	饮水 肌内注射 皮下注射0.5毫升/只 肌内注射0.5毫升/只
280日龄	鸡痘弱毒苗	翅膀内侧刺种或皮下注射
320~350日龄	新城疫+法氏囊油苗（蛋鸡不接种法氏囊苗）禽流感油苗	肌内注射0.5毫升/只 皮下注射0.5毫升/只

表 7-3　散养商品土鸡免疫参考程序

日龄	疫苗名称	接种途径	剂量（每只鸡）	备　注
1 日龄	马立克氏病疫苗	皮下注射	1～1.5 只份	孵房进行，强制免疫
5 日龄	鸡传染性支气管炎（H120）	滴鼻滴眼	1 只份	
7 日龄	鸡痘弱毒冻干疫苗	刺种	1 只份	夏秋两季使用（6～10 月）
10 日龄	鸡传染性法氏囊病弱毒疫苗	饮水	2 只份	
14 日龄	新城疫Ⅳ系弱毒疫苗（克隆 30 更合适）	饮水	2 只份	强制免疫
15 日龄	禽流感油乳制灭活疫苗（H5、H9）	皮下注射	0.3 毫升/只	强制免疫
20 日龄	鸡传染性法氏囊病弱毒疫苗	饮水	2 只份	
30 日龄	新城疫 LaSota 系或Ⅱ系	饮水	2 只份	强制免疫
34 日龄	禽流感油乳制灭活疫苗（H5、H9）	肌内注射	0.3～0.5 毫升	强制免疫
45 日龄	传染性支气管炎弱毒疫苗（H52）	饮水	2 只份	
60 日龄（100 日龄）	鸡新城疫Ⅰ系弱毒疫苗	肌内注射	1 只份	若放养周期为 180 日龄，此次注射可推迟到 100 日龄

注：各养殖场应根据土鸡的品种、饲养环境、防疫条件、抗体监测等制定出适合当地实际的免疫程序。

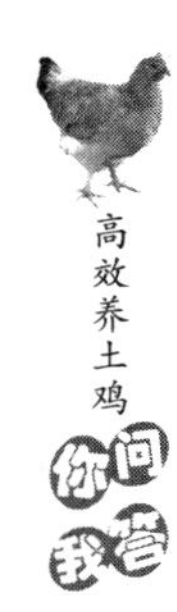

162 土鸡免疫接种有哪些注意事项?

(1) 加强鸡群的饲养管理和隔离消毒工作 健康的鸡群才能获得良好的免疫效果。

(2) 注意疫苗的选择和使用 根据本地疫病情况，选择相应的疫苗，严格按要求运输和保管疫苗，注意疫苗的失效期。按照说明书使用合适的免疫方法。

(3) 根据本地鸡病流行情况，制定合理的免疫程序 主要包括什么时间接种什么疫苗，剂量多少，采用什么接种方法，间隔多长时间加强免疫等。首先考虑危害严重的常发病，其次是本地特有的疫病。雏鸡首免时间要考虑母源抗体对免疫力的影响，一般母源抗体要降到一定程度才能取得好的免疫效果。还应考虑疫苗间的互相干扰。

(4) 严格免疫接种操作 不同的疫苗有其最佳的接种途径，应该按照疫苗要求的途径进行免疫；免疫操作时，疫苗要摇匀、剂量要准确、方法要得当、免疫要确实，同时免疫用具要严格清洁消毒，以保证免疫操作的质量，提高免疫的效果。

(5) 注意工作人员防护 工作人员穿工作服、工作鞋，戴工作帽，工作前后应对手进行消毒。

(6) 做好预防接种记录 记录包括日期、品种、数量、日龄、疫苗名称、生产厂家、批号、生产日期、保存温度、稀释剂和稀释浓度及接种方法等。

(7) 加强免疫期间的管理 疫苗接种期间要停止饮水中加消毒剂和带鸡消毒。疫苗接种后要保证土鸡舍有良好的通风，保持空气新鲜，有足够的饮水。要防止应激反应，可在饮水中加抗应激药(如速溶多维、速补-14 等)。还可用免疫增强剂以提高免疫效果。

163 土鸡的用药特点有哪些?

鸡体的解剖结构和生理代谢影响到药物的使用及效果。掌握土鸡的用药特点，可以做到合理、经济用药，提高用药效果，减少药物浪费和药物残留。

（1）对某些药物比较敏感，容易发生中毒 例如，土鸡对有机磷酸酯类特别敏感，这类药物如敌百虫等一般不能用作驱虫药内服，外用杀虫也要严格控制剂量以防中毒；土鸡对食盐反应较为敏感，雏鸡饮水中食盐含量超过0.7%、产蛋鸡饮水超过1%、饲料中含量超过3%都会引起中毒，日粮中食盐含量长期超过0.5%即可引起不良反应；土鸡对呋喃唑酮等药物较敏感，一般饮水浓度不超过0.04%，否则易引起毒性反应；土鸡对某些磺胺类药物反应较敏感，尤其雏鸡易出现不良反应，产蛋鸡易引起产蛋量下降；土鸡对链霉素反应也比较敏感，用药时应慎重，不应剂量过大或用药时间过长。

（2）土鸡的生理生化特性影响药物的选用 例如，土鸡舌黏膜的味觉乳头较少，味觉能力差，食物在口腔内停留时间短，喜甜不喜苦。所以，当土鸡消化不良时，不宜使用苦味健胃药。龙胆末、马钱子酊（番木鳖酊）等药物的苦味不能刺激土鸡的味觉感受器，也就不能引起反射性健胃作用，因而应当选用其他助消化药，如大蒜、醋酸等。

土鸡无逆呕动作，所以土鸡内服药物或其他毒物产生中毒时，不能使用催吐的药物，如硫酸铜、阿扑吗啡等排除毒物，而应用嗉囊切开手术，及时排除未被吸收的毒物。

土鸡同其他家禽一样，在呼吸系统中有9个气囊，它能增加肺通气量，在吸气、呼气时增强肺部的气体交换。同时，土鸡的肺部不像哺乳动物的肺部那样扩张和收缩，而是气体经过肺部运行，并循肺内管道进出气囊。土鸡呼吸系统的这种结构特点，可促进药物增大扩散面积，从而增加药物的吸收量，喷雾法是适用于土鸡的有效用药方法之一。

164 土鸡的用药方法有哪些？

用于鸡病防治的药物种类很多，各种药物由于性质的不同，有不同的使用方法。要根据药物的特点和鸡病的特性选用适当的用药方法，以发挥最好的效果。

（1）混料给药 混料给药是指将药物均匀地拌入饲料中，让土鸡采食时，同时吃进药物。这种方法方便、简单，应激小，不浪费药

物。它适于长期用药、不溶于水的药物及加入饮水内适口性差的药物。但对于病重土鸡或鸡只采食量过少时，不宜应用；颗粒料因不宜将药物混匀，不主张经料给药；链条式送料时，因颗粒易被土鸡啄食而造成先后采食的鸡只摄入的药量不同，也应注意。

1）准确掌握拌料浓度。混料给药时应按照混料给药剂量，准确、认真地计算出所用药物的量，然后再混入饲料内；若按体重给药时，严格按照鸡群总体重，计算出药物用量并拌入全天饲料内。

2）药物混合均匀。拌料时为了使每只鸡都能吃到大致相等的药量，药物和饲料要混合均匀，尤其是一些安全范围较小和用量较少的药物，如喹乙醇、呋喃唑酮等，以防采食不均而中毒。混合时切忌把全部药量一次加入所需饲料中进行搅拌，这样不宜搅拌均匀，造成部分鸡只药物中毒而大部分鸡只吃不到药，达不到防治疾病的目的或贻误病情。可采用逐级稀释法，既把全部用量的药物加到少量饲料中，充分混合后，再加到一定量的饲料中，再充分混匀，经过多次逐级稀释扩充，可以保证充分混匀。

3）注意不良反应。有些药物混入饲料，可与饲料中的某些成分发生拮抗作用。例如，饲料中长期混入磺胺类药物，就容易引起维生素 B 和维生素 K 缺乏，这时就应适当补充这些维生素。

（2）混水给药 混水给药就是将药物溶解于水中让鸡自由饮用。此法适合于短期用药、紧急治疗、鸡不能采食但尚能饮水时的投药。易溶于水的药物采用此法效果较好。饮水投药时，应根据药物的用量，事先配成一定浓度的药液，然后加入饮水器中，让鸡自由饮用。

1）注意药物的溶解度和稳定性。对油剂（如鱼肝油）及难溶于水的药物（如制霉菌素）不能采用饮水给药。对于一些微溶于水的药物（如呋喃唑酮）和水溶液稳定性较差的药物（土霉素、金霉素），可以采用适当的加热方法或现用现配、及时搅拌等方法，促进药物溶解，以达到饮水给药的目的。饮水的酸碱度及硬度（金属离子的含量）对药物有较大的影响，多数抗生素在偏酸或偏碱的水溶液中稳定性较差，金属离子也可因络合而影响药物的疗效。

2）据鸡群可能的饮水量正确计算药液量。为保证舍内绝大部分鸡只在一定时间内都饮到一定量的药液，不至于由于剩水过多造成摄入鸡体内的药物剂量不够，或者加水不足造成饮水不匀，某些鸡只饮入的药液量少而影响药物效果，应该掌握鸡群的饮水量，根据鸡群的饮水量并按照药物浓度，准确计算药物用量。先用少量水溶解计算好的药物，待药物完全溶解后才能混入计算准确的水中。鸡的饮水量多少与品种、饲料种类、饲养方法、舍内温湿度、药物有无异味等因素密切相关，生产中应给以考虑。为了准确了解鸡群的饮水量，每栋鸡舍最好安装一个小的水表。

3）注意饮水时间和配伍禁忌。药物在水中的时间与药效关系极大。有些药物放在水中不受时间限制，可以全天饮用，如人工合成的抗生素、磺胺类和喹诺酮类药物；有些药物放在水中必须在短时间内饮完，如天然发酵抗生素、强力霉素、氨苄青霉素（氨苄西林）及活疫苗等，一般需要断水2~3小时后给药，让鸡只在一定时间内充分饮到药液。多种药物混合时，一定要注意药物之间的配伍。有些药物有协同作用，可使药效增强，如氨苄青霉素和喹诺酮类药的配伍；有些药物混合使用会增强药的毒性；有些药物混合后会发生中和、分解、沉淀，使药物失效。

（3）经口投服 经口投服适合于个别病鸡治疗。例如，鸡群中出现软颈病的鸡或维生素 B_2 缺乏的鸡，可经口投药治疗；群体较小时，也可采用此法。此法虽费时费力，但剂量准确，疗效较好。

（4）气雾给药 气雾给药是指使用能使药物气雾化的器械，将药物分散成一定直径的微粒，弥散到空间中，让鸡只通过呼吸道吸入体内或作用于鸡只羽毛及皮肤黏膜的一种给药方法。此法也可用于土鸡舍、孵化器及种蛋等的消毒。使用这种方法时，药物吸收快，出现作用迅速，节省人力，尤其适用于大型现代化土鸡养殖场。但需要一定的气雾设备，并且土鸡舍的门、窗应能密闭。同时，当用于鸡只时，不应使用有刺激性的药物，以免引起鸡只呼吸道发炎。

1）恰当选择气雾用药，充分发挥药物效能。为了充分利用气雾给药的优点，应恰当选择所用药物。并不是所有的药物都可通过气雾途径给药，气雾途径给药的药物应该无刺激性、容易溶解于水。对于有刺激性的药物，不应通过气雾给药。同时还应根据不同用药目的选用不同吸湿性的药物。若欲使药物作用于肺部，应选用吸湿

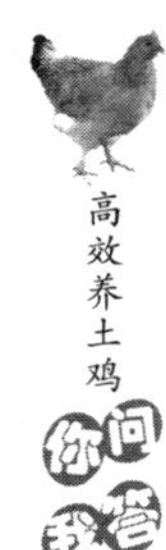

性较差的药物，而欲使药物主要作用于上呼吸道，就应该选用吸湿性较强的药物。

2）准确掌握气雾剂量，确保气雾用药效果。在应用气雾给药时，不能随意套用拌料或饮水给药浓度。进行气雾给药时，应按照土鸡舍的空间情况使用气雾设备，并且事先准确计算用药剂量，以免药量过大或过小，造成不应有的损失。

3）严格控制雾粒大小，防止不良反应发生。在气雾给药时，雾粒粒径的大小与用药效果有直接关系。气雾微粒越细，越容易进入肺泡内，但与肺泡表面的黏着力小，容易经呼气排出，影响药效。但若微粒过大，则不易进入鸡的肺部，容易落在空间或停留在鸡的上呼吸道黏膜上，也不能产生良好的用药效果。同时微粒过大，还容易引起鸡的上呼吸道炎症。例如，使用鸡新城Ⅰ系弱毒活苗进行预防免疫时，气雾微粒不适当，就容易诱发鸡传染性喉气管炎。此外，还应根据用药目的适当调节气雾微粒直径。如果要使所用药物达到肺部，就应使用雾粒直径小的雾化器，反之，要使药物主要作用于上呼吸道，就应选用雾粒较大的雾化器。通过大量试验证实，进入肺部的微粒直径以0.5～5纳米最合适。雾粒直径的大小主要是由雾化设备的设计功效和用药距离所决定的。

（5）体内注射　对于难被肠道吸收的药物，为了获得最佳的疗效，常选用注射法。注射法分皮下注射和肌内注射2种。这种方法的特点是药物吸收快而完全，剂量准确，药物不经胃肠道而进入血液中，可避免消化液的破坏。此法适用于不宜口服的药物和紧急治疗。

（6）体表用药　如果鸡患有虱、螨等体外寄生虫，以及啄肛和脚垫肿等外伤，可在体表涂抹或喷洒药物。

（7）蛋内注射　蛋内注射是把有效的药物直接注射入种蛋内，以消灭某些能通过种蛋垂直传播的病原微生物，如鸡白痢沙门氏菌、鸡败血支原体、滑膜支原体等；也可用于孵化期间胚胎注射维生素B_1，以降低或完全防止那些种鸡缺乏维生素B_1而造成的后期胚胎死亡。蛋内注射也可用于马立克氏病疫苗的胚胎免疫。

（8）药物浸泡　浸泡种蛋用于消除蛋壳表面的病原微生物，药物可以渗透到蛋内，杀灭蛋内的病原微生物，以控制和减少某些经蛋

传染的疾病。常用的方法是变温浸蛋法。将种蛋的温度于 3 ~6 小时升至 37 ~38℃，然后趁热浸入 4 ~15℃的抗生素药液中，保持 15 分钟，利用种蛋与药液之间的温差造成的负压使药液被吸入蛋内。这种种蛋的药物处理方法常用来控制鸡白痢沙门氏菌、支原体、大肠杆菌等病原菌。

（9）环境用药 在饲养环境中季节性定期喷洒杀虫剂，以控制外寄生虫及蚊、蝇等。为防止传染病，必要时喷洒消毒剂，以杀灭环境中存在的病原微生物。

165 如何诊治禽流感?

禽流感（欧洲鸡瘟或真性鸡瘟）是由 A 型流感病毒引起的一种急性、高度接触性和致病性传染病。该病毒不仅血清型多，而且自然界中带毒动物多、毒株易变异，这为禽流感病的防治增加了难度。

【流行特点】 禽流感病毒（AIV）在低温下抵抗力较强，故冬季和春季容易流行。各种品种和不同日龄的禽类均可感染（火鸡和鸡最易感），尚未发现与家禽性别有关，并且发病急，传播快，致死率可达 100%。此病在禽类主要依靠水平传播，如空气、粪便、饲料和饮水等。目前，我国高致病性禽流感有以下 3 个特点：一是成点状散发状态；二是南方疫情主要集中在华中、华东、华南等区域；三是病毒毒力相对较强。

【临床症状及病理变化】

（1）高致病性 防疫过的禽类出现渐进式死亡，未防疫的突然死亡和具有高死亡率，可能见不到明显症状之前就已迅速死亡。

喙发紫；窦肿胀、头部水肿，肉冠发绀、充血和出血，腿部也可见到充血和出血。体温升高至 43℃，采食减少或不食，可能有呼吸道症状，如打喷嚏、窦炎、结膜炎、鼻分泌物增多，呼吸极度困难、甩头，严重的可致窒息死亡。冠和肉髯发绀，呈黑红色，头部及眼睑水肿、流泪。有的出现绿色下痢，蛋鸡产蛋明显下降，甚至绝产，蛋壳变薄，破蛋、沙壳蛋、软壳蛋、小蛋增多。出现眼结膜炎。腹部皮下有黄色胶冻样浸润。全身浆膜、肌肉出血；心包液增多且呈黄色，心冠脂肪及腹壁脂肪出血；肝脏肿胀，肝叶之间出血；

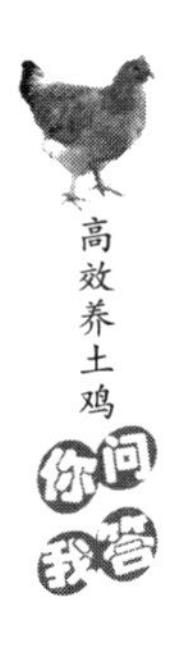

气囊炎；口腔黏膜及十二指肠出血；盲肠扁桃体出血、肿胀、凸出表面；腺胃糜烂、出血，肌胃溃疡、出血，个别肌胃皮下出血。头骨、枕骨、软骨出血，脑膜充血。卵泡变性，输卵管退化，卵黄性腹膜炎，输卵管内有蛋清样分泌物。胰腺有点状白色坏死灶。

（2）温和型 土鸡产蛋突然下降，蛋壳颜色变浅、变白；排白色稀粪，伴有呼吸道症状；胰上有白色坏死点；卵泡变形、坏死，往往伴有卵黄性腹膜炎。

【防治】

（1）加强对禽流感流行的综合控制措施 不从疫区或疫病流行情况不明的地区引种或调入鲜活禽产品。控制外来人员和车辆进入养殖场，确需进入则必须消毒；不混养家畜和家禽；保持饮水卫生；粪尿污物无害化处理（家禽粪便和垫料堆积发酵或焚烧，堆积发酵不少于20天）；做好全面消毒工作。流行季节每天可用过氧乙酸、次氯酸钠等开展1～2次带鸡消毒和环境消毒，平时每2～3天带鸡消毒1次；病死鸡不能在市场流通，进行无害化处理。

（2）免疫接种 某一地区流行的禽流感只有一个血清型，接种单价疫苗是可行的，这样可有利于准确监控疫情。当发生区域不明确血清型时，可采用多价疫苗免疫。疫苗免疫后的保护期一般可达6个月，但为了保持可靠的免疫效果，通常每3个月应加强免疫1次。免疫程序：首次免疫于5～15日龄，每只0.3毫升，颈部皮下；二次免疫于50～60日龄，每只0.5毫升；三次免疫于开产前进行，每只0.5毫升；产蛋中期的40～45周龄可进行四次免疫。

（3）发病后淘汰 禽流感发生后，严重影响肉鸡的生长，影响肉种鸡的产蛋和蛋壳质量，发生高致病性必须扑杀，发生低致病性的一般也没有饲养价值，也要淘汰。

166 如何诊治鸡新城疫？

鸡新城疫俗名鸡瘟，是由副黏病毒引起的一种主要侵害鸡和火鸡的急性、高度接触性和高度毁灭性的疾病。临床上表现为呼吸困难、下痢、神经症状、黏膜和浆膜出血，常呈败血症。典型新城疫的死亡率可达90%以上。

【流行特点】 鸡新城疫不分品种、年龄和性别，均可发生。病鸡是本病的主要传染源，在其症状出现前24小时可由口、鼻分泌物和粪便中排出病毒，在症状消失后5～7天停止排毒。轻症病鸡和临床健康的带毒鸡也是危险的传染源。传播途径是消化道和呼吸道，污染的饲料、饮水、空气和尘埃，以及人和用具。目前出现了一些新的特点：常引起免疫鸡群发生非典型症状和病变，其死亡率和病死率较低（由于免疫程序不当或有免疫抑制性疾病的存在）；疫苗免疫保护期缩短，保护力下降；多与法氏囊、禽流感、支原体、大肠杆菌等混合感染；发病日龄越来越小，最小可见10日龄内的雏鸡发病等。

【临床症状及病理变化】 鸡新城疫的潜伏期为3～5天。根据病程将此病分为典型和非典型2类。

(1) 典型新城疫 体温升至44℃左右，精神沉郁，垂头缩颈，翅膀下垂；鼻、口腔内积有大量黏液，呼吸困难，发出“咯咯”音；食欲废绝，饮水量增加；排出绿色或灰白色水样粪便，有时混有血液；冠及肉髯呈青紫色或紫黑色；眼半闭或全闭呈睡眠状；嗉囊充满气体或黏液，触之松软，从嘴角流出带酸臭味的液体；病程稍长，部分病鸡出现头颈向一侧扭曲，一肢或两肢、一翅或两翅麻痹等神经症状。感染鸡的死亡率可达90%以上。

患典型新城疫土鸡的腺胃病变具有特征性，如腺胃黏膜水肿，乳头和乳头间有出血点或出血斑，严重时出现坏死和溃疡，在腺胃与肌胃及腺胃与食道交界处有出血带或出血点。肠道黏膜有出血斑点，盲肠扁桃体肿大、出血和坏死。心外膜、肺脏、腹膜均有出血点。产蛋母鸡的卵泡和输卵管严重出血，有时卵泡破裂形成卵黄性腹膜炎。

(2) 非典型新城疫 幼龄鸡患病，主要表现为呼吸道症状，如呼吸困难，张口喘气，常发出“呼噜”音，咳嗽，口腔中有黏液，往往有摆头和吞咽动作，进而出现歪头、扭头或头向后仰，站立不稳或转圈后退，翅下垂或腿麻痹，安静时可恢复常态，还可采食，若稍遇刺激，又显现各种异常姿势，如此反复发作，病程可达10天以上。死亡率一般为30%～60%。成年鸡患病，主要表现为产蛋量急

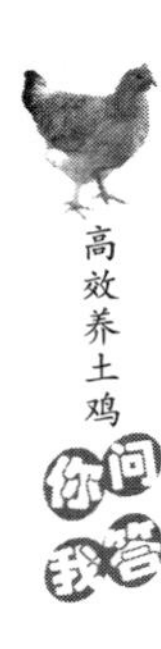

剧下降，软壳蛋明显增多，部分鸡出现拉稀。产蛋下降幅度差异较大，一般为25%~48%。

非典型新城疫的腺胃病变较典型新城疫轻，常见腺胃乳头有少量出血点，肠道黏膜出血点也较少，坏死性变化少见。但盲肠扁桃体肿胀，出血较明显。

【防治】

（1）加强饲养管理 做好土鸡养殖场的隔离和卫生工作，严格消毒管理，减少环境应激，减少疫病传播机会，增强机体的抵抗力。

（2）定期进行抗体检测 通过血清学的检测手段，可以及时了解鸡群的状况和所处的免疫状态，便于科学制定免疫程序，并有利于考核免疫效果和掌握疫情动态。

（3）控制好其他疾病的发生 控制如IBD、鸡痘、支原体、大肠杆菌病、传染性喉气管炎和传染性鼻炎的发生。

（4）科学免疫接种 首次免疫至关重要，时间要适宜，最好通过检测母源抗体水平或根据种鸡群免疫情况来确定。没有检测条件的一般在7~10日龄进行首次免疫。首次免疫可使用弱毒活苗（如Ⅱ系、Ⅳ系、克隆30）滴鼻、点眼。由于新城疫病毒毒力变异，可以选用多价的新城疫灭活苗和弱毒苗配合使用，效果更好。有的1日龄雏鸡用“活苗+灭活苗”同时免疫，能有效地克服母源抗体的干扰，使雏鸡获得可靠的免疫力，免疫期可达90天以上。

（5）发生新城疫时应采取的措施 一是隔离饲养，紧急消毒。一旦发生本病，采取隔离饲养措施，防止疫情扩大；对土鸡舍和养殖场的环境及用具进行彻底消毒，每天进行1~2次带鸡消毒；垃圾、粪污、病死鸡和剩余的饲料进行无害化处理；不准病死鸡出售流通。土鸡病愈后对全场进行全面彻底消毒。二是紧急免疫或应用血清及其制品。雏鸡用28/86、Ⅳ系、克隆30、新威灵（含鸡新城疫病毒VG/GA株）等疫苗。成年鸡用Ⅰ系、克隆Ⅰ系等疫苗，2月龄内1~1.5倍量，100天后3倍量肌内注射，同时加入疫苗保护剂和免疫增强剂提高效果。或者在发病早期注射抗ND血清、卵黄抗体（2~3毫升/千克体重），可以减轻症状和降低死亡率；还可注射由高免卵黄液透析、纯化制成的抗NDV因子进行治疗，以提高鸡体的免疫功能，清除进入体内的病毒。三是鸡新城疫的辅助治疗。紧急免疫接种2天后，连续5天应用吗啉胍（病毒灵）、利巴韦林（病毒唑）、恩诺沙星或中草药制剂等药物进行对症辅助治疗，以抑制鸡新城疫病毒繁殖和防止继发感染。同时，在饲料中添加蛋白质、多维素等营养物质，饮水中添加黄芪多糖，以提高鸡体的非特异性免疫力。例如，与大肠杆菌或支原体等病原混合感染时的辅助治疗方案是：清瘟败毒散或瘟毒速克拌料2500克/1000千克饲料，连用5天；四环素类（强力霉素1克/10千克水或新强力霉素1克/10千克水）饮水或支大双杀（主要成分是乳酸环丙沙星、硫酸安普霉素、黏膜修复剂、TMP等）混饮（100克/300千克水），连用3～5天；同时水中加入速溶多维饮水。

167 如何诊治传染性法氏囊病?

鸡传染性法氏囊病也称鸡传染性法氏囊炎（IBD），是由传染性法氏囊病毒（属于双链核糖核酸病毒属）感染引起雏鸡发生的一种急性、接触性传染病。主要特征是病鸡腹泻、厌食、震颤和重度虚弱，法氏囊肿大、出血，骨骼肌出血，以及肾小管尿酸盐沉积。

【流行特点】 病鸡和阴性感染的鸡是本病的主要传染源。通过被污染的饲料、饮水和环境传染。本病是通过呼吸道、消化道、眼结膜高度接触传染。吸血昆虫和老鼠带毒也是传染媒介。3～6周龄鸡最易感，成年鸡一般呈阴性经过。发病突然，发病率高，呈特征性的尖峰式死亡曲线，痊愈也快。由于疫苗的不断使用和病毒毒力的变化，出现了强毒株（vIBDV）和超强毒株（vvIBDV），发病日龄明显变宽，病程延长（传统是2～15周龄，现在最早为1日龄，最晚产蛋鸡都可发病，病程有的可达2周以上）；出现亚临床症状（幼雏畏寒怕冷，拉白色稀粪，肌肉出血明显，法氏囊仅轻度出血、水肿。发病率低，死淘率高）；易与新城疫、慢性呼吸道病、大肠杆菌、曲霉菌病并发感染或易继发新城疫、慢性呼吸道病、鸡马立克氏病、禽流感、曲霉菌病、盲肠肝炎等。

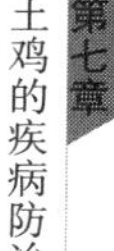

【临床症状及病理变化】 传染性法氏囊病的潜伏期为2～3天。本病的特点是幼雏、中雏突然大批发病。有些病鸡在病的初期排粪

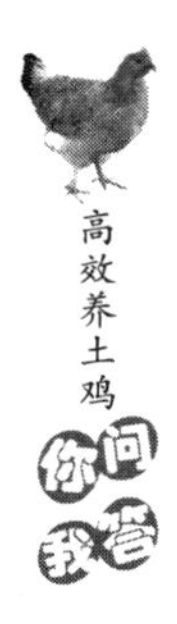

时发生努责，并啄自己的肛门，随后出现羽毛松乱，低头沉郁，采食减少或停食，畏寒发抖，嘴插入羽毛中，紧靠热源旁边或拥挤、扎堆在一起。病鸡多在感染后第2～3天排出特征性的白色水样粪便，肛门周围的羽毛被粪便污染。病鸡的体温可达43℃，有明显的脱水、电解质失衡、极度虚弱、皮肤干燥等症状。本病将在暴发流行后，转入不显任何症状的隐性感染状态，称为亚临床型。该型炎症反应轻，死亡率低，不易被人发现，但由于产生的免疫抑制严重，所以危害性大，造成的经济损失更为严重。

法氏囊特征性的病变是：感染2～3天后，法氏囊的颜色变为浅黄色，浆膜水肿，有时可见黄色胶冻样物，严重时出血明显，个别法氏囊呈紫黑色，切开后，常见黏膜皱褶且有出血点、出血斑，也常见有奶油状物或黄色干酪状物栓塞。此时法氏囊要比正常的肿大2～3倍，感染4天后法氏囊开始缩小（萎缩），其颜色变为白陶土样。感染5天后法氏囊明显萎缩，仅为正常法氏囊的1/10～1/5，此时呈蜡黄色。

病鸡的腿部、腹部及胸部肌肉有出血条纹和出血斑，胸腺肿胀出血，肾脏肿胀且呈褐红色，尿酸盐沉积明显。腺胃的乳头周围充血、出血。泄殖腔黏膜出血。盲肠扁桃体肿大、出血。脾脏轻度肿大，表面有许多小的坏死灶。肠内的黏液增多，腺胃和肌胃的交界处偶有出血点。

【防治】

（1）加强饲养管理和环境消毒工作 平时给鸡群以全价营养饲料，密度适当，通风良好，温度适宜，增进鸡体健康。实行全进全出的饲养制度，认真做好清洁卫生和消毒工作，减少和杜绝各种应激因素的刺激等，对防止本病发生和流行具有十分重要的作用。土鸡舍和场地可采用2%氢氧化钠、0.3%次氯酸钠、0.2%过氧乙酸、1%农福、复合酚消毒剂及5%甲醛等喷洒消毒，若土鸡舍密封，最后可用甲醛熏蒸（40毫升/米^3）消毒。在有鸡的情况下可用威岛牌消毒剂、过氧乙酸、复合酚消毒剂或农福带鸡消毒。

（2）免疫接种 种鸡和商品土鸡的免疫接种如下：

1）种鸡的免疫接种：雏鸡在10～14日龄时用活苗首次免疫，

10 天后进行第 2 次饮水免疫，然后在 18 ~ 20 周龄和 40 ~ 42 周龄用灭活苗各免疫 1 次。

2）商品土鸡：种鸡已经进行很好的免疫接种，商品土鸡在 10 ~ 14 日龄时进行首次饮水免疫，隔 10 天进行第 2 次饮水免疫；种鸡产蛋前没有免疫接种，商品土鸡在 5 日龄采用弱毒苗滴口，15 日龄、32 日龄分别进行免疫接种。

（3）发病后的措施 保持适宜的温度（气温低的情况下适当提高舍温），每天带鸡消毒，适当降低饲料中的蛋白质含量。注射高免卵黄：20 日龄以下 0.5 毫升/只；20 ~ 40 日龄 1.0 毫升/只；40 日龄以上 1.5 毫升/只。病重者再注射一次。与新城疫混合感染，可以注射含有新城疫和法氏囊抗体的高免卵黄；水中加入硫酸安普霉素（每 2 ~ 4 千克水加 1 克）或强效阿莫仙（每 10 ~ 20 千克水加 1 克）或杆康（乳酸环丙沙星、硫酸新霉素、头孢噻肟钠、磷霉素钙、减耐因子、特异增效剂）、普杆仙（主要成分为阿莫西林、舒巴坦钠）等复合制剂防治大肠杆菌；水中加入肾宝（主要是淫羊藿、肉苁蓉、山药等优质名贵药材）或肾肿灵（乌洛托品、钾、钠等）或肾可舒（乌洛托品、亚硒酸钠和维生素 E 复合制剂、枸橼酸钠、护肾精华、排毒肽等）消肿、护肾保肾，加入速溶多维。另外，中药制剂囊复康、板蓝根治疗也有一定疗效。

168 如何诊治传染性支气管炎？

传染性支气管炎（IB）是由鸡传染性支气管炎病毒（IBV，属于冠状病毒属的病毒）引起的一种急性高度接触性呼吸道传染病。其临床特征是咳嗽，打喷嚏，气管、支气管啰音；蛋鸡产蛋量下降，质量变差，肾脏肿大，有尿酸盐沉积。

【流行特点】 病鸡和康复后的带毒鸡是本病的传染源。病毒主要存在于病鸡呼吸道的渗出物中，也可在肾脏和法氏囊中增殖。病鸡恢复后，可以带毒 35 天左右，在此期间传染的危险性最大。病鸡可从呼吸道排出病毒，通过空气飞沫传播，也可经蛋传播。

各年龄的鸡均可感染发病，尤以 10 ~ 21 日龄的雏鸡最易感。外环境过冷、过热、通风不畅、营养不良，特别是维生素和矿物质缺

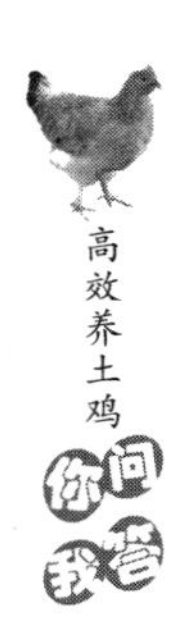

乏都可促使本病的发生，易感鸡和病鸡同舍饲养，往往在48小时内即可出现症状。本病传播迅速，几乎在同一时间内，有接触史的易感鸡都发病。雏鸡的病死率为25%~90%。6周龄以上的鸡很少死亡。

【临床症状及病理变化】

（1）呼吸型 突然出现有呼吸道症状的病鸡并迅速波及全群为本病特征。5周龄以下的雏鸡几乎同时发病。流鼻液、鼻肿胀；流泪、咳嗽、气管啰音、打喷嚏、伸颈张口喘息；病鸡羽毛松乱、怕冷、很少采食；个别鸡出现下痢；成年鸡主要表现轻微的呼吸症状和产蛋下降，产软壳蛋、畸形蛋、沙壳蛋，蛋清如水样，没有正常鸡蛋那种浓蛋白和稀蛋白之间的明确分界线，蛋白和蛋黄分离及蛋白黏着于蛋壳膜上。雏鸡感染IBV，可造成永久性损伤，到产蛋时产蛋数量和质量下降，当支气管炎性渗出物形成干酪样栓子堵塞气管时，因窒息可导致死亡。

气管、鼻道和窦中有浆液性、卡他性和干酪样渗出物。在死亡雏鸡的气管中可见到干酪样栓子；气囊混浊、增厚或有干酪样渗出物，鼻腔至咽部蓄有浓稠黏液，产蛋鸡卵泡充血、出血、变性，腹腔内带有大量卵黄浆，雏鸡输卵管萎缩、变形、缩短。

（2）肾型 多发于20~50日龄的幼鸡，主要继发于呼吸型传染性支气管炎，病鸡精神沉郁，迅速消瘦，厌食，饮水量增加，排灰白色稀粪或白色淀粉样糊状粪便，可引起肾功能衰竭而导致中毒和脱水死亡。

肾脏肿大、苍白，肾小管和输尿管充满尿酸盐结晶，并充盈扩张，呈花斑状，泄殖腔内有大量石灰样尿酸盐沉积。法氏囊、泄殖腔黏膜充血，充积胶样物质。肠黏膜充血，呈卡他性肠炎，全身血液循环障碍而使肌肉发绀，皮下组织因脱水而干燥，呈火烧样。输卵管上皮受病毒侵害时可导致分泌细胞减少和局灶性组织阻塞、破裂，造成继发性卵黄性腹膜炎等。感染传染性支气管炎的鸡，特别在育雏阶段会造成输卵管的永久性损伤；开产前20天左右的鸡，会造成输卵管发育受阻，输卵管狭小、闭塞、部分缺损、囊泡化，到性成熟时，长度和重量尚不及正常成熟的1/3~1/2，进而影响以后的产蛋，更甚者，有的鸡不能产蛋。

（3）腺胃型 腺胃型仅发现于商品肉鸡中，初期一般不易被发现。病鸡食欲下降，精神不振，闭眼，耷翅或羽毛蓬乱，生长迟缓；苍白消瘦，采食量和饮水量急剧下降，拉黄色或绿色稀粪，粪便中有未消化或消化不良的饲料；流泪、肿眼，严重者导致失明。发病中后期极度消瘦，衰竭死亡。有的病鸡有呼吸道症状。发病后期鸡群表现发育极不整齐，大小不均。病鸡为同批正常鸡的1/3～1/2，病鸡出现腹泻、不食，最后由于衰弱而死亡。

以腺胃病变为主的病鸡或死鸡，外观极为消瘦。剖解后可见皮下和肠膜几乎没有脂肪；腺胃极度肿胀，肿大如球状，腺胃壁可增厚2～3倍，胃黏膜出血、溃疡，腺胃乳头平整融合，轮廓不清，可挤出脓性分泌物，个别鸡腺胃乳头出血，肌胃角质膜个别有溃疡，胰腺肿大、出血，盲肠扁桃体肿大、出血，十二指肠黏膜出血，空肠和直肠及泄殖腔黏膜有不同程度的出血症状。有的病鸡肾脏肿大，肾脏和输尿管积有白色尿酸盐。

【防治】 传染性支气管炎迄今尚无特效药物治疗，必须认真做好预防工作。

（1）加强饲养管理 搞好土鸡舍内外卫生和定期消毒工作。土鸡舍、饲养管理用具及运动场地等要经常保持清洁卫生，实施定期消毒，严格执行隔离病鸡等防治措施。注意调整土鸡舍的温度，避免过挤，注意通风换气。对病鸡要喂给营养丰富且易消化的饲料。

（2）防止种蛋传播 孵化用的种蛋必须来自健康鸡群，并经过检疫证明无病源污染，方可入孵，以杜绝通过种蛋传染此病。

（3）定期接种 种鸡在开产前要接种传染性支气管炎油乳苗。肉仔鸡7～10日龄使用传染性支气管炎弱毒苗（H120）点眼、滴鼻，间隔2周再用传染性支气管炎弱毒苗（H52）饮水；或若有其他类型在本地区流行，可在7～10日龄使用传染性支气管炎弱毒苗（H120）点眼、滴鼻，同时注射复合传染性支气管炎油乳苗。

（4）发病后的措施 鸡群中一旦发生本病，应立即采用高免蛋黄液对全群进行紧急接种或饮水免疫，对发病鸡的治疗和未发病鸡的预防都有很好的作用。为巩固防治效果，经24小时后可重复用药

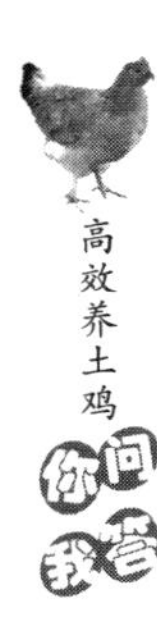

1次，免疫期可达2周左右。10天后普遍接种1次疫苗，间隔50天再接种1次，免疫期可持续1年。

169 如何诊治鸡马立克氏病？

鸡马立克氏病是由马立克氏病病毒引起的一种淋巴组织增生性疾病，具有很强的传染性，可以引起外周神经、内脏器官、肌肉、皮肤、虹膜等部位发生淋巴细胞浸润，并发展为淋巴瘤。本病具有早期感染，后期发病，发病后无有效治疗方法的特点，故预防工作尤显重要。

【流行特点】 鸡是最重要的自然宿主。1～3月龄鸡感染率最高，死亡率为50%～80%，随着鸡月龄的增加，感染率会逐渐下降；性别上，母鸡比公鸡更易感。本病的传染源是病鸡和阴性感染鸡，病毒存在于病鸡的分泌物、排泄物、脱落的羽毛和皮屑中。病毒可通过空气传播，也可通过消化道感染。普遍认为本病不发生垂直传播，但在羽毛根部或皮屑的病原可污染种蛋外壳、垫料、尘埃、粪便而具有感染性；发病率和死亡率视免疫情况、饲养管理措施和病毒毒力的强弱而差异很大。孵化场污染、育雏舍清洁消毒不彻底、育雏温度不适宜和舍内空气污浊等都可以加剧本病的感染和发生。现在出现的强毒力和强强毒力毒株加速了本病的感染发病。一般说死亡率和发病率相等。如果不使用疫苗，鸡群的损失可从几只到25%～30%，间或可高达60%，接种疫苗后可把损失减少到5%以下。

【临床症状及病理变化】 鸡马立克氏病的潜伏期很长，种鸡和产蛋鸡常在16～22周龄（现在有报道发病提前）出现临诊症状，可迟至24～30周龄或60周龄以上。本病的症状随病理类型的不同而异，但各型均有食欲减退、生长发育停滞、精神萎靡、软弱、进行性消瘦等共同特征。

（1）神经型 最常见的是腿、翅的不对称性麻痹，出现单侧翅下垂和腿的劈叉姿势。颈部神经受损时可见鸡头部低垂、颈部向一侧歪斜，迷走神经受害时，出现嗉囊扩张或呼吸急促。损害常是一侧性的，表现为神经纤维肿大、失去光泽、颜色由白色变为灰黄色或浅黄色，横纹消失，有的神经纤维发生水肿。鸡患神经型马立克氏病时，除神经组织明显受损外，性腺、肝脏、脾脏、肾脏等也同时受到损害，并有肿瘤形成。

（2）内脏型 病鸡精神委顿，食欲减退，羽毛松乱，粪便稀薄，逐渐消瘦死亡。严重者触摸腹部感到肝脏肿大。以内脏受损和出现肿瘤为特点，常见于性腺、心脏、肺脏、肝脏、肾脏、腺胃、胰等器官。肿瘤大小不等，灰白色，质地坚硬而致密。镜检可见多形态的淋巴细胞，瘤细胞核分裂象。

（3）皮肤型 毛囊周围肿大和硬度增加，个别鸡皮肤上出现弥漫样肿胀或结节样肿物。瞳孔边缘不整且呈锯齿状，虹膜色素减退甚至消失。镜检可见眼组织单核细胞、淋巴细胞、浆细胞和网状细胞浸润。皮肤性肿瘤大部分以羽毛为中心，呈半球状突出于皮肤表面，也有的在羽毛之间，与相邻的肿瘤融合成血块，严重的形成浅褐色结痂。

（4）眼型 视力减退以致失明，出现灰眼或瞳孔边缘不整如锯齿样。皮肤出现的病变既有肿瘤性的，也有炎症性的。眼观特征为皮肤毛囊肿大，镜下除在毛囊周围组织发现大量单核细胞浸润外，真皮内还可见血管周围淋巴细胞、浆细胞等增生。

【防治】

（1）加强饲养管理 加强环境消毒，尤其是种蛋消毒、孵化器和房舍消毒；成年鸡和雏鸡应分开饲养，以减少病毒感染的机会。育雏前对育雏舍进行彻底的清扫和熏蒸消毒（1日龄的易感性比成鸡高1000~10000倍，比50日龄的鸡高12倍）。育雏期保持温度、湿度适宜和稳定（有资料报道过育雏温度不稳定，忽高忽低或过低引起鸡马立克氏病暴发的例子），避免密度过大，进行良好的通风换气，减少环境应激。饲料要优质，避免霉变，营养全面均衡。定期进行药物驱虫，特别要加强对球虫病的防治。

（2）免疫接种 1日龄雏鸡用鸡马立克氏病“814”弱毒疫苗，免疫期18个月；或者用鸡马立克氏病弱毒双价（CA126+SB1）疫苗，此苗预防超强毒鸡马立克氏病效果尤为明显，免疫期1.5年，用法同“814”弱病毒苗。鸡马立克氏病免疫应在鸡出壳后24小时

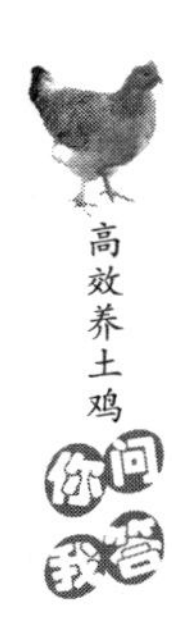

内接种（如要二次免疫，可在 14 日龄左右进行）。有条件的养殖场可在鸡胚 18 日龄进行胚胎接种。疫苗接种时要注意疫苗质量优良、剂量准确、注射确切、稀释方法正确，并且在要求的时间内用完疫苗。

170 如何诊治鸡慢性呼吸道病？

鸡慢性呼吸道病是由鸡败血支原体（MG）所引起的鸡和火鸡的一种慢性呼吸道传染病，其发病特征为气喘、呼吸啰音、咳嗽，流鼻液及窦部肿胀。本病发展缓慢，病程较长，在鸡群中可长期蔓延，其死亡率虽然不高，但危害严重。

【流行特点】 各日龄的鸡和火鸡均能感染本病，尤以 1～2 月龄的雏禽最敏感，成禽则多呈隐性经过。本病的严重程度及死亡率与有无并发症和环境因素的好坏有极大关系。例如，并发大肠杆菌病、鸡嗜血杆菌病、呼吸道病毒感染及环境卫生条件不良、鸡群过分拥挤、维生素 A 缺乏、长途运输及气雾免疫等因素，均可促使本病的暴发和复发，并使发病加重，使死亡率增加。

隐性带菌鸡是本病的主要传染源。病原体通过空气中的尘埃或飞沫经呼吸道感染，也可经被污染的饲料及饮水由消化道而传染，但最重要的传播途径是经蛋垂直传播，它可以构成类似鸡白痢的循环传染，使本病代代相传。此外，在发病公鸡的精液和母鸡的输卵管中都发现有病原体的存在，因此在配种或受精时也可能发生传染。

经蛋传播的更大危害还在于，一些生物制品厂家用带菌蛋生产疫苗，在使用这种疫苗的鸡群中人为地造成传播。因此，提倡用无特定病原体（SPF）鸡蛋生产疫苗。

【临床症状及病理变化】 病初期流清鼻液、咳嗽、打喷嚏、甩头或做吞咽动作，有时鼻孔冒气泡、张口呼吸；一侧或两侧眼结膜发炎、流泪，有时泪液在眼角形成小气泡，眼内分泌物变成脓性时形成黄白色豆渣样渗出物，并且挤压眼球造成失明；颜面部肿胀；气管啰音，呼吸时气管发出“呼噜呼噜”的声音。全身症状为食欲下降，产蛋降低，精神不佳，产生黄绿色下痢。本病一般呈慢性经过，病程达 1 个月以上，在成年鸡中多呈散发，幼鸡中则往往大批流行，尤其在冬季发病最严重，发病率为10%~50%，死亡率一般很低；但在其他诱因及并发症存在的情况下，死亡率可达30%以上。病愈鸡可产生一定程度的免疫力，但可长期带菌，尤其是种蛋带菌，因此往往成为散播本病的主要传染源。

气囊膜混浊、增厚，有芝麻大到黄豆大黄白色豆渣样渗出物，气囊腔内常有白色黏液，鼻腔中有浅黄色恶臭的黏液，气管黏膜增厚、出血、充血，并有豆渣样渗出物。长时间易与大肠杆菌混合感染（气囊炎）；肝脏肿胀，外被浅黄色或白色的纤维素性渗出覆盖（肝周炎）；网膜内充满干酪样渗出物，有的有卵黄性腹膜炎（腹膜炎）；心包膜混浊、增厚、不透明，内有纤维性渗出（心包炎）。

【防治】

（1）预防措施 雏鸡来源于无污染的种鸡群或种蛋；由于本病可以垂直传播，因此刚出壳的雏鸡即有可能感染，所以需要在早期就应用药物进行预防。雏鸡出壳后，可用普杀平、福乐星、红霉素及其他药物进行饮水，连用5~7天，可有效地控制本病及其他细菌性疾病，提高雏鸡的成活率；采用疫苗预防。进口苗有禽脓毒支原体弱毒菌苗和禽脓毒支原体灭活苗可供应用。前者供2周龄雏鸡饮水免疫；后者适用于各年龄，1~10周龄颈部皮下注射，10周龄以上可肌内注射，0.5毫升/次，连用2次，其间间隔4周。也有些单位试制出了皮下或肌内注射的鸡败血支原体灭活油乳苗，幼鸡和成年鸡均可应用，0.5毫升/只·次。

（2）发病后的措施 链霉素、土霉素、泰乐菌素、壮观霉素（大观霉素）、林可霉素、四环素、红霉素治疗本病都有一定疗效。罗红霉素、链霉素的剂量对成年鸡为每只肌内注射20万国际单位；5~6周龄幼鸡为5万~8万国际单位。早期治疗效果很好，2~3天即可痊愈。土霉素和四环素的用量，一般为肌内注射10万国际单位/千克体重；大群治疗时，可在饲料中添加土霉素0.4%（每千克饲料添加2~4克），充分混合，连喂1周。支原净（泰妙菌素）饮水含量为120~150毫克/升，氟哌酸（诺氟沙星）对本病也有疗效。注意有些鸡支原体菌株对链霉素和红霉素具有抗药性。

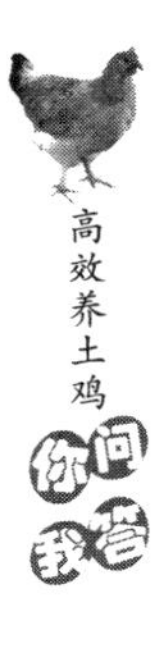

171 如何诊治鸡白痢？

鸡白痢是由鸡白痢沙门氏菌引起的一种常见和多发的传染病。本病特征为幼雏感染后常呈急性败血症，发病率和死亡率都高，成年鸡感染后，多呈慢性或隐性带菌，可随粪便排出，因卵巢带菌，严重影响孵化率和雏鸡成活率。

【流行特点】 各品种的鸡对本病均有易感性，以2～3周龄的雏鸡发病率与病死率为最高，呈流行性。随着日龄的增加，鸡的抵抗力也增强。成年鸡感染常呈慢性或隐性经过。现在也常有中雏和成年鸡感染发病引起较大危害的情况发生；本病可经蛋垂直传播，也可水平传播。种鸡可以感染种蛋，种蛋感染雏鸡。孵化过程中也会引起感染。病鸡的排泄物及其污染物是传播本病的媒介物，可以传染给同群未感染的鸡。本病的发生和死亡受多种诱因影响：环境污染，卫生条件差，温度过低，潮湿、拥挤、通风不良，饲喂不良及其他疾病，如支原体、曲霉菌病、大肠杆菌等混合感染，都可加重本病的发生和死亡；存在本病的老养殖场，雏鸡的发病率为20%～40%，但新发病的养殖场，其发病率显著增高，甚至有时高达100%，病死率也高。

【临床症状及病理变化】 鸡白痢在雏鸡和成年鸡中所表现的病状和经过有显著的差异。潜伏期4～5天，故出壳后感染的雏鸡，多在孵出后几天才出现明显症状。7～10天后雏鸡群内病雏逐渐增多，在第二、三周达高峰。发病雏鸡呈最急性者，无症状迅速死亡。稍缓者表现精神委顿，绒毛松乱，两翼下垂，缩颈闭眼昏睡，不愿走动，拥挤在一起。病初食欲减少，而后停食，多数出现软嗉症状。同时腹泻，排稀薄如糨糊状粪便，肛门周围绒毛被粪便污染，有的因粪便干结封住肛门周围影响排粪。由于肛门周围炎症引起疼痛，故常发生尖锐的叫声，最后因呼吸困难及心力衰竭而死。有的病雏出现眼盲或肢关节呈跛行症状。病程短的1天，一般为4～7天，20日龄以上的雏鸡病程较长，并且极少死亡。耐过鸡生长发育不良，成为慢性患者或带菌者。因鸡白痢而死亡的雏鸡，如果日龄小，发病后很快死亡，则病变不明显。病期延长者，在心肌、肺脏、肝脏、盲肠、大肠及肌胃肌肉中有坏死灶或结节，胆囊肿大。输尿管充满尿酸盐而扩张。盲肠中有干酪样物堵塞肠腔，有时还混有血液，常有腹膜炎。死于几日龄的病雏，有出血性肺炎；稍大的病雏，肺部有灰黄色结节，并且有灰色肝变。育成阶段的鸡，突出的变化是肝大，可达正常的2~3倍，暗红色至深紫色，有的略带土黄色，表面可见散在或弥漫性的小红点或黄白色的粟粒大小或大小不一的坏死灶，质地极脆，易破裂，因此常见有内出血变化，腹腔内积有大量血水，肝表面有较大的凝血块。

【防治】

（1）加强饲养管理 到洁净的种鸡场引种；加强对环境的消毒；提高育雏温度2~3℃；保持饲料和饮水卫生；密切注意鸡群动态，发现糊肛应及时挑出淘汰。雏鸡开食之日起，在饲料或饮水中添加抗菌药物预防。

（2）药物防治 土霉素、金霉素或四环素按0.1%~0.2%的比例拌在饲料里，连续饲喂7天。或者青霉素、链霉素按每只鸡5000~10000国际单位用作饮水或气雾治疗，一般5~7天为一个疗程，初生雏鸡药量减半。

（3）使用中草药方剂 方剂1：白头翁、白术、茯苓各等份共研细末，每只幼雏每日0.2~0.3克，中雏每日0.3~0.5克，拌入饲料，连喂10天，治疗雏鸡白痢的效果很好，病鸡于3~5天病情得到控制而痊愈。方剂2：黄连、黄芩、苦参、金银花、白头翁、陈皮各等份共研细末，拌匀，按每只雏鸡每日0.3克拌料，防治雏鸡白痢的效果优于抗生素。

172 如何诊治大肠杆菌病?

大肠杆菌是大肠埃希氏菌的俗称，为肠杆菌科埃希氏菌属，G-大肠杆菌抗原主要有O、K和H 3种，它们是血清型鉴定的基础。大肠杆菌的O抗原有173种，K抗原有80种，H抗原有56种，因此自然界存在的血清型高达数万种，但致病性的大肠杆菌的数量是有限的。败血型大肠杆菌（SEPEC）可引起鸡的败血症、气囊炎、脑膜炎、肠炎、肉芽肿。

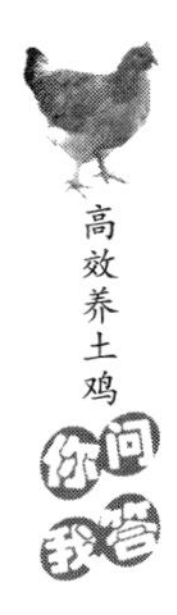

【流行特点】 各年龄的鸡都能感染大肠杆菌病，幼鸡易感性较高，20～45日龄的肉鸡最易发生。发病早的有4日龄、7日龄，也有大雏发病。本病一年四季均可发生，但以冬末春初较为常见。本病传播途径广泛，病菌污染饲料和饮水，尤以污染饮水经过消化道引起发病最为常见；携有本菌的尘埃被易感鸡吸入，进入下呼吸道后侵入血液引起发病；种蛋产出后，被粪便污染，在蛋温降至环境温度的过程中，蛋壳表面沾染的大肠杆菌很容易穿透蛋壳进入蛋内。污染的种蛋常于孵化的后期引起胚胎死亡，或者刚出壳的雏鸡发生本病；患有大肠杆菌性输卵管炎的母鸡，在蛋的形成过程中本菌即可进入蛋内，这样引起本病经蛋传播；另外还可以通过交配、断喙、雌雄鉴别等途径传播。鸡群密集、空气污浊、过冷过热、营养不良、饮水不洁都可促使本病流行；本病常易成为其他疾病的并发病和继发病，常与沙门氏菌病、法氏囊病、新城疫、支原体病、传染性支气管炎、葡萄球菌病、盲肠肝炎、球虫病等并发或继发。

【临床症状及病理变化】

（1）脐炎 脐炎主要发生于2周内的雏鸡，病雏脐部红肿并常破溃，后腹部胀大、皮薄，发红或青紫色，粪便黏稠、腥臭且呈黄白色，采食减少或不食。残余卵黄囊胀大，充满黄绿色薄液体，胆囊肿大，胆汁外渗。肝脏呈土黄色（低日龄）或暗红色（高日龄），肿胀、质脆、有斑状、点状出血；小肠臌气、黏膜充血或呈片状出血。

（2）急性败血症 急性败血症主要发生于雏鸡和4月龄以下的青年鸡，体温升高达43℃以上，饮水增多、采食锐减、腹泻、排绿白色粪便，有的临死前出现扭头、仰头等神经症状。病变为纤维素性心包炎。心包蓄积大量浅黄色黏液（纤维性渗出物），心包壁增厚、粗糙，心脏扩张，表面有灰白色霉斑样覆盖物。还可病变为纤维素性肝周炎。肝瘀血肿大，呈暗紫色，表面覆盖一层灰白色、灰黄色的纤维素膜。也可病变为纤维素性腹膜炎。腹腔中有大量浅黄色清亮腹水或胶冻样物，有时腹膜及内脏表面附有大量黄白色渗出物，致使器官粘连。

（3）气囊炎 5～12周的肉仔鸡发病较多，6～9周龄为发病高峰，呼吸困难、咳嗽、有啰音。剖检可见气囊增厚，附有大量豆渣样渗出物，有的肺水肿。

（4）大肠杆菌性肠炎 病鸡羽毛松乱、腹泻，剖检可见肠道上1/3～1/2肠黏膜充血、增厚，严重者出血，形成出血性肠炎。

（5）卵黄性腹膜炎 卵黄性腹膜炎主要见于产蛋母鸡，病鸡食欲差，采食减少，腹部外观膨胀或下坠。腹腔内有大量卵黄凝固，有恶臭味；广泛性腹膜炎，卵泡膜充血，卵泡变性萎缩，局部或整个卵泡呈红褐色或黑褐色，输卵管有大量分泌物，有的有黄色絮状物或块状干酪样物。

（6）大肠杆菌性关节炎 病鸡行走困难，关节及足垫肿胀，触之有波动感，局部温度增高。关节腔内积液或有干酪样物。

（7）肿头综合征 肿头综合征是指鸡头部皮下组织及眼眶发生急性或亚急性蜂窝织炎。

【防治】

（1）引种 从无病原性大肠杆菌感染的种鸡场购买雏鸡，加强运输过程中的卫生管理。

（2）优化环境 选好场址和隔离饲养。场址应选择在高燥、水源充足、水质良好、排水方便、远离居民区（最少500米），特别要远离其他养殖场，以及屠宰或畜产加工厂的地方。生产区与生产区及经营管理区分开，饲料加工、种鸡舍、育雏舍、育成舍及孵化舍分开（相隔500米）。

（3）科学饲养管理 土鸡舍的温度、湿度、密度、光照、饲料和管理均应按规定要求进行，减少各种应激反应。通过及时清粪，并堆积密封发酵，加强通风换气和环境绿化等降低土鸡舍内氨气等有害气体的产生和积聚。

（4）药物防治 应选择敏感药物在发病日龄前1～2天进行预防性投药，或者发病后进行紧急治疗。氟苯尼考5～8克/100千克或阿米卡星（丁胺卡那霉素）8～10克/100千克饮水3～5天等，效果良好。

173 如何诊治传染性鼻炎？

传染性鼻炎是由鸡嗜血杆菌和副鸡嗜血杆菌所引起鸡的急性呼

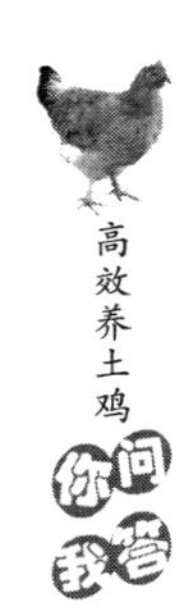

吸系统疾病，主要症状为鼻腔与鼻窦炎，以及流鼻涕、脸部肿胀和打喷嚏。

【流行特点】 传染性鼻炎发生于各年龄的鸡，老龄鸡感染较为严重。7天的雏鸡，以鼻腔内人工接种病菌常可发生本病，而3～4天的雏鸡则稍有抵抗力。4周龄至3年的鸡易感，但有个体的差异性。人工感染4～8周龄雏鸡，有90%出现典型的症状；13周龄和大些的鸡则100%感染。本病在较老的鸡中潜伏期较短，而病程长。本病发病率虽高，但死亡率较低，尤其是在流行的早、中期，鸡群很少有死鸡出现。但在鸡群恢复阶段，死淘率增加，但不见死亡高峰。这部分死淘鸡多属继发感染所致。本病可使产蛋鸡的产蛋率显著下降，育成年鸡生长停滞。

病鸡及隐性带菌鸡是传染源，而慢性病鸡及隐性带菌鸡是鸡群中发生本病的重要原因。其传播途径主要以飞沫及尘埃经呼吸传染，但也可通过污染的饲料和饮水经消化道传染。

本病的发生与一些能使鸡抵抗力下降的诱因密切有关。例如，鸡群拥挤、不同年龄的鸡混群饲养、通风不良、土鸡舍内闷热、氨气浓度大，或者土鸡舍寒冷潮湿、缺乏维生素A、受寄生虫侵袭等都能促使鸡群严重发病。鸡群接种鸡痘疫苗引起的全身反应，也常常是传染性鼻炎的诱因。本病多发于冬秋两季，这可能与气候和饲养管理条件有关。

【临床症状及病理变化】 传染性鼻炎的损害在鼻腔和鼻旁窦，发生炎症者常仅表现鼻腔流稀薄清液，常不引人注意。一般常见症状为鼻孔先流出清液，以后转为浆液性分泌物，有时打喷嚏。脸肿胀或水肿，眼结膜炎、眼睑肿胀。食欲及饮水减少，或有下痢，体重减轻。病鸡精神沉郁，面部浮肿，缩头，呆立。仔鸡生长不良，成年母鸡产卵减少，公鸡肉髯常见肿大。如果炎症蔓延至下呼吸道，则引起呼吸困难，病鸡常摇头欲将呼吸道内的黏液排出，并有啰音，咽喉也可积有分泌物的凝块，最后常窒息而死。

病理剖检变化也比较复杂多样，有的死鸡具有一种疾病的主要病理变化，有的死鸡则兼有2～3种疾病的病理变化特征。具体说，在本病流行中由于继发症致死的鸡中常见鸡慢性呼吸道疾病、鸡大肠杆菌病、鸡白痢等。病死鸡多瘦弱，不产蛋；育成年鸡主要病变为鼻腔和鼻旁窦黏膜呈急性卡他性炎症，黏膜充血肿胀，表面覆有大量黏液，窦内有渗出物凝块，后成为干酪样坏死物。常见卡他性结膜炎，结膜充血肿胀。脸部及肉髯皮下水肿。严重时可见气管黏膜炎症，偶有肺炎及气囊炎。

【防治】

(1) 加强饲养管理 平时土鸡养殖场应加强饲养管理，改善土鸡舍的通风条件，保持适宜的密度，做好土鸡舍内外的兽医卫生消毒工作，以及病毒性呼吸道疾病的防治工作，提高鸡只的抵抗力。养殖场内每栋土鸡舍应做到全进全出，禁止不同日龄的鸡混养。清舍之后要彻底进行消毒，空舍一定时间后方可让新鸡群进入。

(2) 免疫接种 使用传染性鼻炎油佐剂灭活苗免疫接种，30~40日龄进行首次免疫，每只鸡0.3毫升；18~19周进行二次免疫，每只鸡0.5毫升。污染鸡群免疫时要使用5~7天抗生素，以防带菌鸡发病。

(3) 发病后的措施 发病后及早使用药物治疗，磺胺类药物和抗生素效果良好。当鸡群食欲尚好时，可投服易吸收的磺胺类药物和抗生素。例如，饲料中添加0.05%~0.1%的复方磺胺嘧啶，连用5天。当鸡群采食少时，可采用饮水或注射给药，可用链霉素（成年鸡15万~20万国际单位/只）、庆大霉素（2000~3000国际单位/只）等连用3天。治疗本病注意：①多种磺胺和抗生素类药物对本病都有疗效，但只能减轻症状和缩短病程，而不能消除带菌状态。②治疗本病时应注意，饮水比拌料的效果好，用药的同时补充一定量的维生素A、维生素D及维生素E效果更好；当有支原体、葡萄球菌合并感染时，必须同时使用泰乐菌素和青霉素才有效；为防止耐药菌株可并用两种药物；在不引起中毒的前提下，用药剂量要足，并要连续用够一个疗程；早期用药效果好，而且可避免对产蛋鸡造成卵巢感染。③国外已研制出预防本病的灭活菌苗和弱毒菌苗。但因其免疫效果差、免疫期短（2~3个月），故需要连续进行2~3次菌苗接种，以后每3个月进行1次。免疫过的鸡群也只有80%的保护率。因此，防治本病注重综合防治，改善饲养管理，多喂一些富

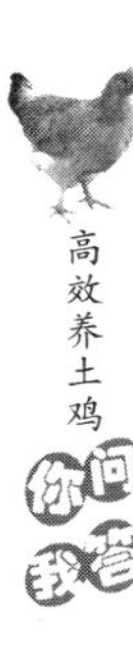

含维生素 A 的饲料。

174 如何诊治禽霍乱?

禽霍乱（禽巴氏杆菌病、禽出血性败血症）是由多杀性巴氏杆菌引起的一种侵害禽类的接触性疾病。本病常呈现败血性症状，发病率和死亡率很高，也有慢性或良性经过。

【流行特点】 禽霍乱一年四季均可发生，但在高温多雨的夏、秋季节及气候多变的春季最容易发生。本病常呈散发或地方性流行，16 周龄以下的鸡一般具有较强的抵抗力。鸡霍乱造成年鸡的死亡损失通常发生于产蛋鸡群，因此年龄的鸡较幼龄鸡更为易感。但临床也曾发现 10 日龄发病的鸡群。自然感染鸡的死亡率通常是 0～20% 或更高，经常发生产蛋下降和持续性局部感染。慢性感染鸡被认为是传染的主要来源。细菌经蛋传播很少发生。大多数家畜都可能是多杀性巴氏杆菌的带菌者，污染的笼子、饲槽等都可能传播病原。多杀性巴氏杆菌在鸡群中的传播主要是通过病鸡口腔、鼻腔和眼结膜的分泌物进行的，这些分泌物污染了环境，特别是饲料和饮水。粪便中很少含有活的多杀性巴氏杆菌。鸡群的饲养管理不良、体内寄生虫病、营养缺乏、气候突变、鸡群拥挤和通风不良等，都可使鸡对禽霍乱的易感性提高。

【临床症状及病理变化】 自然感染的潜伏期一般为 2～9 天，有时在引进病鸡后 48 小时内也会突然暴发病例。人工感染通常在 24～48 小时发病。由于鸡的抵抗力和病菌的致病力强弱不同，所表现的病状也有差异。一般分为最急性型、急性型和慢性型 3 种病型。

（1）最急性型 最急性型常见于流行初期，以产蛋量高的鸡最常见。病鸡无前驱症状，晚间一切正常，吃得很饱，次日发病死在鸡舍内。最急性型死亡的病鸡无特殊病变，有时只能看见心外膜有少许出血点。

（2）急性型 急性型最为常见，病鸡主要表现为精神沉郁，羽毛松乱，缩颈闭眼，头缩在翅下，不愿走动，离群呆立。病鸡常有腹泻，排出黄色、灰白色或绿色的稀粪。体温升高到 43～44℃，减食或不食，渴欲增加。呼吸困难，口、鼻分泌物增加。鸡冠和肉髯变青紫色，有的病鸡肉髯肿胀，有热痛感，产蛋鸡停止产蛋。最后病鸡发生衰竭，昏迷而死亡，病程短的约半天，长的为1~3天。急性病例病变特征：病鸡的腹膜、皮下组织及腹部脂肪常见点状出血。心包变厚，心包内积有大量不透明浅黄色液体，有的含纤维素絮状液体，心外膜、心冠脂肪出血尤为明显。肺部充血或有出血点。肝脏的病变具有特征性，肝稍肿，质变脆，呈棕色或黄棕色。肝表面散布有许多灰白色、针头大的坏死点。脾脏一般不见明显变化或稍微肿大，质地较柔软。肌胃出血显著，肠道尤其是十二指肠呈卡他性和出血性肠炎，肠内容物含有血液。

（3）慢性型 慢性型由急性不死转变而来，多见于流行后期，以慢性肺炎、慢性呼吸道炎和慢性胃肠炎较多见。病鸡鼻孔有黏性分泌物流出，鼻旁窦肿大，喉头积有分泌物而影响呼吸。经常腹泻。病鸡消瘦，精神委顿，冠苍白。有些病鸡一侧或两侧肉髯显著肿大，随后可能有脓性干酪样物质，或干结、坏死、脱落。有的病鸡有关节炎，常局限于脚或翼关节和腱鞘处，表现为关节肿大、疼痛、脚趾麻痹，因而发生跛行。病程可拖至1个月以上，但生长发育和产蛋长期不能恢复。慢性型因侵害的器官不同而有差异。当以呼吸道症状为主时，见到鼻腔和鼻旁窦内有大量黏性分泌物，某些病例见肺硬变。局限于关节炎和腱鞘炎的病例，主要见关节肿大变形，有炎性渗出物和干酪样坏死。公鸡的肉髯肿大，内有干酪样的渗出物；母鸡的卵巢明显出血，有时卵泡变形，似半煮熟样。

【防治】

（1）加强鸡群的饲养管理 平时严格执行养殖场兽医卫生防疫措施是防治本病的关键措施。因为本病的发生经常是由于一些不良的外界因素降低了鸡体的抵抗力而引起的。例如，鸡群的拥挤、圈舍的潮湿、营养缺乏、寄生虫感染或其他应激因素都是本病的诱因。所以必须加强饲养管理，以栋舍为单位采取全进全出的饲养制度，并注意严格执行隔离卫生和消毒制度，从无病养殖场购鸡，预防本病的发生是完全有可能的。

（2）药物预防 定期在饲料中加入抗菌药。每吨饲料中添加40~45克喹乙醇或杆菌肽锌，具有较好的预防作用。

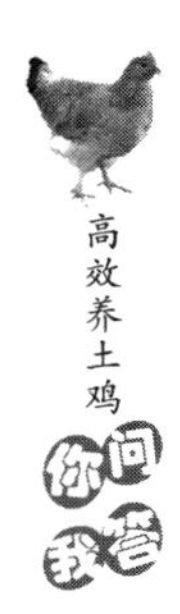

（3）发病后的措施 及时采取封闭、隔离和消毒措施，加强对土鸡舍和鸡群的消毒；有条件的地方应通过药敏试验选择有效药物全群给药。磺胺类药物、氯霉素、红霉素、庆大霉素、环丙沙星、恩诺沙星、喹乙醇均有较好的疗效。土霉素或磺胺二甲基嘧啶按0.5%~1%的比例配入饲料中连用3~4天；喹乙醇按0.2~0.3克/千克拌料，连用1周，或30毫克/千克体重，每天饲喂1次，连用3~4天。对病鸡按每千克体重用青霉素水剂1万单位肌内注射，每天2~3次。明显病鸡采用大剂量的抗生素进行肌内注射1~2次，这对降低死亡率有显著作用。在治疗过程中，药的剂量要足，疗程合理，当鸡只死亡明显减少后，再继续投药2~3天以巩固疗效，防止复发。

175 如何诊治禽曲霉素病？

禽曲霉素病（禽曲霉性肺炎）是由禽曲霉素属的烟曲霉、黄曲霉及黑曲霉等引起的鸡、火鸡、鸭、鹅、鹌鹑等的一类疾病，以幼龄鸡多发，常呈急性群发性。发病率和死亡率都较高，成年鸡多为散发。本病的特征是呼吸困难，于肺部和气囊上出现霉菌结节。

【流行特点】 胚胎期及6周龄以下的雏鸡比成年鸡易感，4~12日龄最为易感，幼雏常呈急性暴发，发病率很高，死亡率一般为10%~50%，成年鸡仅为散发，多为慢性。本病可通过多种途径而感染，曲霉菌可穿透蛋壳进入蛋内，引起胚胎死亡或雏鸡感染，此外，通过呼吸道吸入、肌内注射、静脉、眼睛接种、气雾、去势伤口等可感染本病。曲霉菌经常存在于垫料和饲料中，在适宜条件下大量生长繁殖，形成曲霉菌孢子，若严重污染环境与种蛋，可造成曲霉菌病的发生。

【临床症状及病理变化】 幼鸡发病多呈急性经过。病鸡表现为呼吸困难，张口呼吸，有浆液性鼻漏；食欲减退，饮欲增加，精神委顿，嗜睡；羽毛松乱，缩颈垂翅。后期病鸡迅速消瘦，发生下痢。若病原侵害眼睛，可能出现一侧或两侧眼睛出现灰白色混浊，也可能引起一侧眼肿胀，结膜囊有干酪样物。若食道黏膜受损，则吞咽困难。少数鸡由于病原侵害脑组织，引起共济失调、角弓反张、麻痹等神经症状。一般发病后2～7天死亡，慢性者可达2周以上，死亡率一般为5%～50%。若曲霉菌污染种蛋，常造成孵化率下降，胚胎大批死亡。成年鸡多呈慢性经过，引起产蛋量下降，病程可拖延数周，死亡率不定。

病理变化主要在肺脏和气囊。肺脏可见散在的粟粒，大至绿豆大小的黄白色或灰白色的结节，质地较硬，有时气囊壁上可见大小不等的干酪样结节或斑块。随着病程的发展，气囊壁明显增厚，干酪样斑块增多增大，有的融合一起。后期病例可见在干酪样斑块上及气囊壁上形成灰绿色霉菌斑。严重病例，腹腔、浆膜、肝脏或其他部位表面有结节或圆形灰绿色斑块。

【防治】

（1）加强饲养卫生管理 应防止饲料和垫料发霉，使用清洁、干燥的垫料和无霉菌污染的饲料，避免鸡接触发霉堆放物，改善土鸡舍的通风情况和控制湿度，减少空气中霉菌孢子的含量。为了防止种蛋被污染，应及时收蛋，保持蛋库与蛋箱清洁卫生。

（2）发病后的措施 一是隔离消毒。及时隔离病雏，清除污染霉菌的饲料与垫料，清扫土鸡舍，喷洒1∶2000的硫酸铜溶液，换上不发霉的垫料。严重病例扑杀淘汰，轻症者可用1∶2000或1∶3000的硫酸铜溶液饮水3～4天，可以减少新病例的发生，有效地控制本病的继续蔓延。二是药物治疗。制霉菌素，成年鸡15～20毫克/只，雏鸡3～5毫克/只，混于饲料喂服3～5天，有一定疗效。病鸡用碘化钾口服治疗，每升水加碘化钾5～10克，具有一定疗效。中草药方剂1：金银花、连翘、莱菔子（炒）各30克，丹皮、黄芪各15克，柴胡18克，桑白皮、枇杷叶、甘草各12克，水煎取汁1000毫升，为500只鸡的1日用量，每日分4次拌料喂服，每天1剂，连用4剂，治疗鸡曲霉菌病效果显著。方剂2：桔梗250克，蒲公英、鱼腥草、苏叶各500克，水煎取汁，为1000只鸡的用量，用药液拌料喂服，每天2次，连用1周。另在饮水中加0.1%高锰酸钾，对曲霉菌病鸡用药3天后，病鸡群停止死亡，用药1周后痊愈。

176 如何诊治鸡球虫病？

鸡球虫病是一种或多种球虫寄生于鸡肠道黏膜上皮细胞内引起

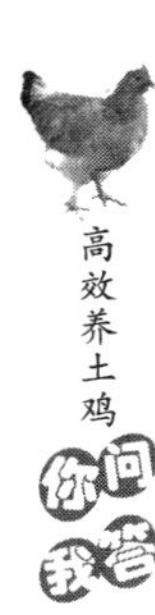

的一种急性流行性原虫病。雏鸡的发病率和致死率均较高。病愈的雏鸡生长受阻，增重缓慢；成年鸡多为带虫者，但增重和产蛋能力降低。

【流行特点】 病鸡是主要传染源，苍蝇、甲虫、蟑螂、鼠类和野鸟都可以成为传播媒介。凡被带虫鸡污染过的饲料、饮水、土壤和用具等，都有卵囊存在。鸡吃了感染性卵囊就会暴发球虫病；各品种的鸡均有易感性，15～50 日龄的鸡发病率和致死率都较高，成年鸡对球虫有一定的抵抗力。11～13 日龄的雏鸡因有母源抗体保护，极少发病。饲养管理条件不良，土鸡舍潮湿、拥挤，卫生条件恶劣时，最易发病；在潮湿多雨、气温较高的梅雨季节易发病。

【临床症状及病理变化】 病鸡精神沉郁，羽毛蓬松，头蜷缩，食欲减退，嗉囊内充满液体，鸡冠和可视黏膜贫血、苍白，逐渐消瘦，常排红色胡萝卜样粪便，若感染柔嫩艾美耳球虫，开始时粪便为咖啡色，以后变为完全的血粪，若不及时采取措施，致死率可达50%以上。若多种球虫混合感染，粪便中带血液，并含有大量脱落的肠黏膜。

病鸡内脏的变化主要发生在肠管，病变部位和程度与球虫的种别有关。柔嫩艾美耳球虫主要侵害盲肠，盲肠显著肿大，可为正常的 3～5 倍，肠腔中充满凝固的或新鲜的暗红色血液，盲肠上皮变厚，有严重的糜烂。毒害艾美耳球虫损害小肠中段，使肠壁扩张、增厚，有严重的坏死。在裂殖体繁殖的部位，有明显的浅白色斑点，黏膜上有许多小出血点。肠管中有凝固的血液或有胡萝卜色胶冻样内容物。巨型艾美耳球虫损害小肠中段，可使肠管扩张，肠壁增厚；内容物黏稠，呈浅灰色、浅褐色或浅红色。堆型艾美耳球虫多在上皮表层发育，并且同一发育阶段的虫体常聚集在一起，在被损害的肠段出现大量浅白色斑点。哈氏艾美耳球虫损害小肠前段，肠壁上出现大头针针头大小的出血点，黏膜有严重的出血情况。若多种球虫混合感染，则肠管粗大，肠黏膜上有大量的出血点，肠管中有大量带有脱落的肠上皮细胞的紫黑色血液。

【防治】

（1）加强饲养管理 保持土鸡舍干燥、通风和养殖场的卫生，

定期清除粪便，并且堆放、发酵以杀灭卵囊。保持饲料、饮水清洁，笼具、料槽、水槽定期消毒，一般每周1次，可用沸水、热蒸汽或3%~5%热碱水等处理。据报道，用球杀灵和1∶200的农乐溶液消毒养殖场及运动场，均对球虫卵囊有强大的杀灭作用。每千克日粮中添加0.25~0.5毫克硒可增强鸡对球虫的抵抗力。补充足够的维生素K和给予3~7倍推荐量的维生素A可加速鸡患球虫病后的康复。成年鸡与雏鸡分开喂养，以免带虫的成年鸡散播病原导致雏鸡群暴发球虫病。

（2）药物防治 治疗球虫病的药物很多。球痢灵（3，5-二硝基邻甲基苯甲酰胺），每千克饲料中加入0.2克，或配成0.02%水溶液，饮水3~4天；磺胺-6-甲氧嘧啶（SMM）和抗菌增效剂［三甲氧苄胺嘧啶（TMP）或二甲氧苄胺嘧啶（DVD）］，将上述2种药剂按5∶1的比例混合后，以0.02%混于饲料中，连用不得超过7天；磺胺二甲基嘧啶，以1%饮水2天，或以0.5%饮水4天，磺胺类药物以早期应用效果较好，并且磺胺类药物对鸡副作用大，应慎用；百球清（甲基三嗪酮）口服液，2.5%口服液做1000倍稀释，饮水1~2天效果较好；抗球王（1%马杜霉素胺），每吨饲料用500克，逐级混匀饲喂，产蛋期禁用，饲料中马杜霉素胺不得高于5毫克/千克。

【提示】 因球虫的类型多，易产生抗药性，应间隔用药或轮换用药。球虫病的预防用药程序是：雏鸡从13~15日龄开始，在饲料或饮水中加入预防用量的抗球虫药物，一直用到上笼后2~3周停止，选择3~5种药物交替使用，效果良好。

177 如何诊治住白细胞原虫病？

鸡住白细胞原虫病是血孢子虫亚目的住白细胞原虫引起的急性或慢性血孢子虫病，又叫鸡白冠病、鸡出血性病。本病多发生在炎热地区或炎热季节，常呈地方性流行，对雏鸡危害严重，常引起大批死亡。

【流行特点】 住白细胞原虫病的发生有明显的季节性，北京地区一般在7~9月发生并流行。3~6周龄的雏鸡发病率高，死亡率可

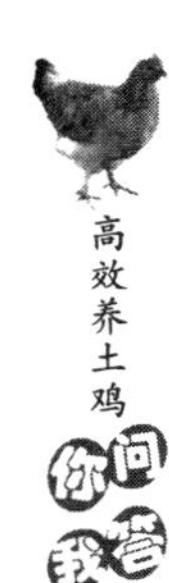

达到10%~30%。产蛋鸡的死亡率是5%~10%。感染过的鸡有一定的免疫力，一般无症状，也不会死亡。但未感染过本病的鸡会发病，出现贫血，产蛋率明显下降，甚至停产。

【临床症状及病理变化】 病雏伏地不动，食欲消失，鸡冠苍白，拉稀，粪便为青绿色，脚软或轻瘫。产蛋鸡产蛋减少或停产，病程可长达1个月。病死鸡的病理变化是口流鲜血，冠白，全身性出血（皮下、胸肌、腿肌有出血点或出血斑，各内脏器官广泛出血，消化道也可见到出血斑点），肌肉及某些内脏器官有白色小结节，骨髓变黄。

【防治】

（1）杀灭媒介昆虫 在6~10月住白细胞原虫病流行季节对土鸡舍内外喷药消毒，如用0.05%除虫菊酯进行喷雾杀虫，再喷洒0.05%百毒杀，既能抑杀病原微生物，又能杀灭库蠓等有害昆虫。消毒时间一般选在18：00—20：00，因为库蠓在这段时间最为活跃。如果土鸡舍靠近池塘，屋前、屋后杂草矮树较多，并且通风不良时，库蠓繁殖较快，因此建议在6月之前在土鸡舍周围喷洒草甘膦除草，或铲除土鸡舍周围杂草。同时要加强土鸡舍通风。

（2）药物预防 鸡住白细胞原虫的发育史为22~27天，因此可在发病季节前1个月左右开始用有效药物进行预防，一般每隔5天，投药5天，坚持3~5个疗程，这样比发病后再治疗效果好。常用的预防药物有：复方泰灭净（磺胺间甲氧嘧啶钠、甲氧苄啶、生血素、肠黏膜修复剂、止血剂、增效剂、特效助溶剂等）30~50毫克/千克混饲；呋喃唑酮（痢特灵）100毫克/千克拌料；乙胺嘧啶1毫克/千克混饲；磺胺喹噁啉50毫克/千克混饲或混水；可爱丹（2，6-二甲基-3，5-二氯-4-羟基吡啶）125毫克/千克混饲。

（3）常用的治疗药物 复方泰灭净（磺胺间甲氧嘧啶钠、甲氧苄啶、生血素、肠黏膜修复剂、止血剂、增效剂、特效助溶剂等），按100毫克/千克混水或按500毫克/千克混料，连用5~7天。血虫净（三氮脒），按100毫克/千克混水，连用5天，有效率达100%，治愈率为99.6%。氯本胍，按66毫克/千克混料，连用3~5天。中药卡白灵，1%混料连喂5~7天，效果显著。选用上述药物治疗，病情稳定后可按预防量继续添加一段时间，以彻底杀灭住白细胞原虫虫体。

178 如何诊治鸡蛔虫病?

鸡蛔虫病是鸡常见的一种线虫病，是鸡蛔虫（是鸡线虫中最大的一种，虫体呈黄白色，像豆芽菜的基杆，雌虫大于雄虫。虫卵呈椭圆形，深灰色。对外界因素和消毒药抵抗力很强，但在阳光直射、沸水处理和粪便堆沤等情况下，可使之迅速死亡。）寄生于小肠内所引起的，多发于3月龄左右的鸡。一般无特殊症状，只是表现生长缓慢、发育不良、贫血、消瘦，不易引起注意。大群饲养可以引起死亡。

【流行特点】 虫卵随粪便排出，在外界环境发育（经10~12天发育）成侵袭性虫卵。这种含有幼虫、具有致病力的虫卵污染饲料、饮水并被鸡吃进后，在鸡体内又发育成成虫。从感染到发育成成虫需要35~50天。

3月龄以内的鸡最易感染，病情也较重，尤其是平养鸡群和散养鸡群，发病率较高。超过3月龄的鸡抵抗力较强，1岁以上的鸡不发病，但可带虫。本病的发生和流行与雏鸡的营养水平、环境条件、清洁卫生、温度、湿度、管理质量等因素有关。

【临床症状及病理变化】 感染鸡生长不良，精神萎靡，行动迟缓，羽毛松乱，贫血，食欲减退，异食、泻痢，粪中常见蛔虫排出。

剖检时，小肠内见有许多浅黄色豆芽梗样线虫，雄虫长50~76毫米，雌虫长65~110毫米。粪便检查可发现蛔虫卵。

【防治】

（1）预防措施 及时清除积粪和垫料，清洗并消毒饮水器和饲料槽；4月龄以内的鸡要与成年鸡分开饲养，鸡群定时驱虫可预防本病发生。

（2）发病后的措施 本病可用驱蛔灵（哌嗪）、驱虫净、左旋咪唑、硫化二苯胺等药物。

179 如何诊治鸡绦虫病?

鸡绦虫病是由多种绦虫寄生于鸡小肠而引起的鸡常见寄生虫病，

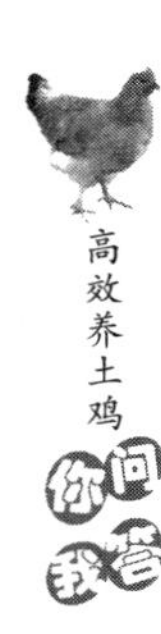

本病遍布世界各地。在我国常见的是赖利绦虫病和戴文绦虫病。

【流行特点】 绦虫生活史是孕节片随粪排出，被蚂蚁、蜗牛和甲虫等吞食，经 14 ~ 45 天发育成类囊尾蚴，鸡吞食这些中间宿主后，经 2 ~ 3 周在小肠内发育为成虫。

【临床症状及病理变化】 感染绦虫种类不同，鸡的症状也有差异，但均可损伤肠壁，引起肠炎、腹泻，有时带血，可视黏膜苍白或黄染，精神沉郁，采食减少，饮水增多。有的绦虫能使鸡中毒，引起腿脚麻痹，进行性瘫痪及头颈扭曲等症状。一些病鸡因瘦弱、衰竭而死亡。

剖检死鸡可在小肠内发现虫体，严重时阻塞肠道。肠黏膜有点状出血和卡他性肠炎。

【防治】

（1）预防措施 经常清除鸡粪，鸡粪要发酵处理，彻底清除养殖场中的污物，消灭中间宿主蚂蚁、甲虫、蜗牛等；幼鸡与成年鸡分开饲养。

（2）发病后的措施 可按每公斤体重加丙硫苯咪唑 5 ~ 10 毫克，或驱绦灵（芬苯达唑）20 毫克、硫氯酚（硫双二氯酚）300 毫克，拌料一次喂给。

180 如何诊治鸡羽虱?

【流行特点及临床症状】 羽虱主要寄生在鸡羽毛和皮肤上，是一种永久性寄生虫，已发现 40 多种。羽虱主要靠咬食羽毛、皮屑和吸食血液而生存，因此患鸡表现为羽毛断落、皮肤损伤、发痒、消瘦贫血、生长发育受阻及产蛋鸡产蛋下降，并可降低对其他疾病的抵抗力。

【防治】 一是保持环境清洁卫生。使用敌百虫、溴氰菊酯等药物对土鸡舍的地面、墙壁和棚架进行喷洒，杀灭环境中的羽虱。二是消灭体表羽虱。可用敌百虫精粉剂或 0.5% 敌百虫粉、5% 氟化钠喷散于鸡全身羽毛及体表皮肤。也可用敌杀死 6 毫升加入到 2 千克水中，将鸡逐只抓起逆向羽毛喷雾。大群治疗时宜采用药浴法（仅限于夏季进行），方法是取 2.5% 溴氰菊酯或灭蝇灵 1 份，加温水

4000 份，放入大缸或大盆中，将鸡放入药液浸透体表羽毛。也可用上述药物进行环境灭虱。用药物灭虱时要注意管理，避免鸡群中毒。

181 如何诊治鸡螨？

【流行特点及临床症状】 螨又称疥癣虫，是寄生在鸡体表的一种寄生虫。对鸡危害较大的是鸡刺皮螨和突变膝螨。鸡螨大小 0.3～1 毫米，肉眼不易看清。鸡刺皮螨呈椭圆形，吸血后变为红色，故又叫红螨。当鸡严重感染时，贫血、消瘦、产蛋减少或发育迟滞。雏鸡严重失血时可造成死亡。突变膝螨又称鳞足螨，其全部生活史都在鸡身上完成。成虫在鸡脚皮下穿行并产卵，幼虫蜕化发育为成虫，藏于皮肤鳞片下面，引起炎症。腿上先起鳞片，以后皮肤增生、粗糙，并发生裂缝，有渗出物流出，干燥后形成灰白色痂皮，如同涂上一层石灰，故又叫石灰脚病。若不及时治疗，可引起关节炎、趾骨坏死，影响生长发育和产蛋。

【防治】 一是搞好环境卫生，定期消毒环境，以杀死鸡螨。二是大群发生刺皮螨后，可用 20% 杀灭菊酯乳油剂 4000 倍液或 0.25% 敌敌畏溶液对鸡体喷雾，但应注意防止中毒。环境可用 0.5% 敌敌畏喷洒。对于感染突变膝螨的患鸡，可用 20% 杀灭菊酯乳油剂 2000 倍液药浴或喷雾治疗，间隔 7 天再重复 1 次。大群治疗可用 0.1% 敌百虫溶液，浸泡患鸡脚、腿 4～5 分钟，效果较好。

182 如何诊治食盐中毒？

食盐是土鸡维持正常生理活动所必不可少的物质之一，适量的食盐有增进食欲、增强消化机能、促进代谢等重要功能，但鸡对其又敏感，尤其是幼鸡。鸡对食盐的需要量占饲料的 0.25%～0.5%，以 0.37% 最为适宜，若过量，则极易引起中毒甚至死亡。

【病因】 饲料配合时食盐用量过大，或使用的鱼粉中有较高的含盐量，配料时又添加食盐；限制饮水不当；饲料中其他营养物质，如维生素 E、钙、镁及含硫氨基酸缺乏，增强食盐中毒的敏感性。

【临床症状及病理变化】 病鸡的临床表现为燥渴而大量饮水和惊慌不安地尖叫。口、鼻内有大量的黏液流出，嗉囊软肿，拉水样

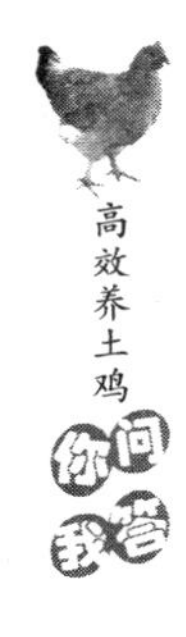

稀粪。运动失调，时而转圈，时而倒地，步态不稳，呼吸困难，虚脱，抽搐，痉挛，昏睡而死。

剖检可见皮下组织水肿，食道、嗉囊、胃肠黏膜充血或出血，腺胃表面形成伪膜；血液黏稠、凝固不良；肝大，肾变硬，色浅。病程较长者，还可见肺水肿，腹腔和心包囊中有积液，心脏有针尖状出血点。

【防治】

（1）严格控制饲料中食盐的含量 尤其对幼鸡，应严格控制饲料中食盐的含量：一方面严格检测饲料原料鱼粉或其副产品的含盐量；另一方面，配料时加食盐也要求粉细，混合要均匀。此外，平时要保证充足的新鲜洁净的饮用水。

（2）治疗措施 发现中毒后立即停喂原有饲料，换无盐或低盐分易消化饲料至康复；供给病鸡5%葡萄糖或红糖水以利尿解毒，病情严重者另加0.3%~0.5%醋酸钾溶液饮水，可逐只灌服。中毒早期服用植物油缓泻，可减轻症状。

183 如何诊治磺胺类药物中毒?

磺胺类药物是治疗土鸡细菌性疾病和球虫病的常用广谱抗菌药物。但是如果用药不当，尤其是使用肠道内容易吸收的磺胺类药物不当，则会引起急性或慢性中毒。

【病因】 鸡对磺胺类药物较为敏感，剂量过大或疗程过长等可引起中毒，如周龄以下雏鸡较为敏感，采食含0.25%~1.5%磺胺嘧啶的饲料1周或口服0.5克磺胺类药物后，即可出现中毒症状。

【临床症状及病理变化】 鸡磺胺类药物急性中毒主要表现为兴奋不安、厌食、腹泻、痉挛、共济失调、肌肉颤抖、惊厥、呼吸加快，短时间内死亡。慢性中毒（多见于用药时间太长）表现为食欲减退，鸡冠苍白，羽毛松乱，渴欲增加；有的病鸡头面部呈局部性肿胀，皮肤呈蓝紫色；时而便秘，时而下痢，粪呈酱色；产蛋鸡的产蛋量下降，有的产薄壳蛋、软壳蛋，蛋壳粗糙、色泽变浅。

磺胺类药物中毒以主要器官均有不同程度的出血为特征，皮下、

冠、眼睑有大小不等的斑状出血。胸肌是弥漫性斑点状或涂刷状出血，肌肉苍白或呈透明样浅黄色，大腿肌肉散在有鲜红色出血斑；血液稀薄，凝固不良；肝大，瘀血，呈紫红色或黄褐色，表面可见少量出血斑点或针头大的坏死灶，坏死灶中央凹陷呈深红色，周围呈灰色；肾大，土黄色，表面有紫红色出血斑；输尿管变粗，充满白色尿酸盐；腺胃和肌胃交界处黏膜有陈旧的紫红色或条状出血，腺胃黏膜和肌胃角质膜下有出血点等。

【防治】

（1）预防措施 严格掌握用药剂量及时间，一般用药不超过1周。拌料要均匀，适当可配以等量的碳酸氢钠，同时注意供给充足饮水。1周龄以内雏鸡或体质较弱和即将开产的蛋鸡应慎用。临床上应选用含有增效剂的磺胺类药物（如复方敌菌净、复方新诺明等），其用量小，毒性也较低。

（2）治疗措施 发现中毒，应立即停药并供给充足饮水；口服或饮用1%~5%碳酸氢钠溶液；可配合维生素C制剂和维生素K_3进行治疗。中毒严重的鸡可肌内注射维生素B_{12}1~2微克或叶酸50~100微克。

184 如何诊治马杜霉素中毒？

马杜霉素（商品名为杜球、抗球王等）是防治鸡球虫病常用的药物之一，近年来在生产中中毒病例不断出现。

【病因】

（1）饲料混合不均匀 马杜霉素在规定的使用范围内安全可靠，无明显的毒性作用，马杜霉素的推荐使用剂量为每吨饲料添加5克，有报道，每吨饲料用量达到7克时，鸡群即出现生长停止或少量中毒症状，每吨饲料用量达9克时可引起明显中毒。因此要求在拌料给药时必须混合均匀，但一般养殖场较难达到其混合要求。由于马杜霉素与饲料中其他组分的粒径相差很大，混合时应将马杜霉素与饲料成分逐级混匀，否则一次就将马杜霉素和各种饲料成分放在一起搅拌混合，造成药物在饲料中分布不均匀而引起中毒。

（2）联合使用药物引起中毒 马杜霉素不能与某些抗生素和磺

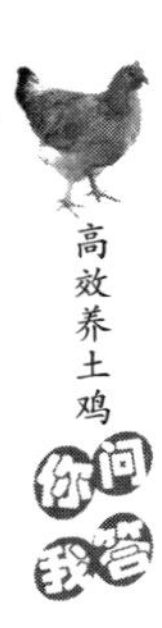

胺类药物联合使用。例如，马杜霉素不能与红霉素、泰妙菌素及磺胺二甲氧嘧啶、磺胺喹噁啉、磺胺氯达嗪合用。马杜霉素与泰妙菌素合用，即使在常量下也可引起中毒。因此，马杜霉素在与其他药物合用时应谨慎。

（3）重复用药产生中毒 马杜霉素在兽药市场上常以不同商品名出现，如杀球王、加福、杜球、抗球王等，但生产厂家在标签上没有标明其有效成分，造成养殖户在联合用药治疗球虫病时将多种马杜霉素制剂同时使用；或购买的饲料已加有马杜霉素，养殖户又添加导致饲料中药物含量高于推荐使用剂量，因剂量过大而鸡食用后发生中毒。

（4）其他原因 养殖户常常有超剂量用药的习惯，不严格按照说明书上的使用方法及用量大小来使用，常常随意加大使用剂量，导致马杜霉素中毒。在使用溶液剂饮水给药时，热天鸡只的饮水量大，会造成摄入过量而引起中毒。

【临床症状及病理变化】 病初期精神不振，吃料减少，羽毛松乱，饮水量增加，排水样稀粪，蹲卧或站立，走路不稳，继之症状加重，鸡冠、肉髯等处发绀或呈紫黑色。精神高度沉郁或昏迷，脚软瘫痪，匍匐在地或侧卧，两腿向后直伸，排黄白色水样稀粪。中毒鸡明显失水消瘦，部分鸡死前发生全身性痉挛。

剖检死鸡呈侧卧，两腿向后直伸，肌肉明显失水，肝脏呈暗红色或黑红色，无明显肿大，胆囊多充满黑绿色胆汁，心外膜有小出血斑点，腺胃黏膜充血、水肿，肠道水肿、出血，尤以十二指肠为重，肾大、瘀血，有的有尿酸盐沉积。

【防治】

（1）预防措施 马杜霉素和饲料混合时，采用粉料配药，逐级稀释法混合，使马杜霉素和饲料充分混匀；查明所用抗球虫药的主要成分，避免重复用药或与其他聚醚类药物同时使用，造成中毒；购买饲料时要查询饲料中是否加有马杜霉素；使用马杜霉素治疗球虫病时，严格按照说明书上的使用方法及用量来使用，不要随意加大使用剂量；在使用溶液剂饮水给药时，要注意热天鸡只的饮水量大，适当降低饮水中的药物浓度，以免造成摄入过量而引起中毒。

（2）治疗措施 立即停喂含马杜霉素的饲料，饮水溶性电解质多种维生素（如速溶多维）和5%葡萄糖水溶液，对排除毒物，减轻症状，提高鸡的抗病力有一定效果；用中药绿豆、甘草、金银花、车前草等煎水，供中毒家禽自由饮用。中毒严重的鸡只隔离饲养，在口服给药的同时，每只鸡皮下注射含50毫克维生素C的5%葡萄糖生理盐水5～10毫升，每日2次。但中毒严重者仍不免死亡。

185 如何诊治黄曲霉毒素中毒？

黄曲霉毒素中毒是鸡的一种常见的中毒病，本病由发霉饲料中霉菌产生的毒素引起的。病的主要特征是危害肝脏，影响肝功能，肝脏变性、出血和坏死，腹水、脾大及消化障碍等，并有致癌作用。

【病因】 黄曲霉菌是一种真菌，广泛存在于自然界，在温暖潮湿的环境中最易生长繁殖，其中有些毒株可产生毒力很强的黄曲霉毒素。当各种饲料成分（谷物、饼类等）或混合好的饲料污染这种霉菌后，便可引起发霉变质，并含有大量黄曲霉毒素。禽类食入这种饲料可引起中毒，其中以幼龄的鸡、鸭和火鸡，特别是2～6周龄的雏鸡最为敏感，饲料中只要含有微量毒素，即可引起中毒，并且发病后较为严重。

【临床症状及病理变化】 2～6周龄雏鸡敏感，表现沉郁，嗜睡，食欲不振，消瘦，贫血，鸡冠苍白，虚弱，尖叫，拉浅绿色稀粪且有时带血，腿软不能站立，翅下垂。成年鸡耐受性稍强，多为慢性中毒，症状与雏鸡相似，但病程较长，病情缓和，产蛋减少或开产推迟，个别可发生肝癌，呈极度消瘦的恶病质而死亡。

急性中毒，剖检可见肝充血、肿大、出血及坏死，色浅呈苍白色，胆囊充盈。肾苍白且肿大。胸部皮下、肌肉有时出血。慢性中毒时，常见肝硬化，体积缩小，颜色发黄，并有白色点状或结节状病灶。个别可见肝癌结节，伴有腹水。心肌色浅，心包积液。胃和嗉囊有溃疡，肠道充血、出血。

【防治】 平时搞好饲料保管，注意通风，防止发霉。不用霉变饲料喂鸡。为防止发霉，可用福尔马林对饲料进行熏蒸消毒。

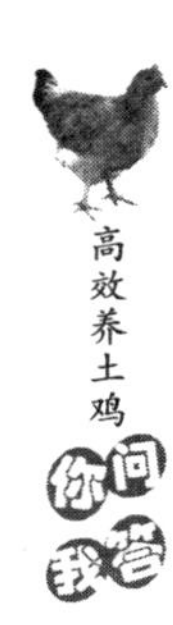

目前对本病还无特效解毒药，发病后应立即停喂霉变饲料，更换新料，饮服5%葡萄糖水。用2%次氯酸钠对土鸡舍内外进行彻底消毒。中毒死鸡要销毁或深埋，不能食用。鸡粪便中也含有毒素，应集中处理，防止污染饲料、饮水和环境。

186 如何诊治中暑？

中暑是日射病和热射病的总称。鸡在烈日下暴晒，使头部血管扩张而引起脑及脑膜急性充血，导致中枢神经系统机能障碍称为日射病。鸡在闷热环境中因机体散热困难而造成体内过热，引起中枢神经系统、循环系统和呼吸系统机能障碍称为热射病，又称热衰竭。本病多见于酷暑炎热季节，特别是大规模密集型笼养鸡容易发生。

【病因】 禽类皮肤缺乏汗腺，体表覆盖厚厚的羽毛，主要靠蒸发进行散热，散热途径单一。因此，当禽类在烈日下暴晒，或任其在高温、高湿环境中长时间闷热、拥挤、通风不良并得不到足够饮水，或装在密闭、拥挤的车辆内长途运输时，鸡体散热困难，产热不能及时散失，引起本病发生。

【临床症状及病理变化】 中暑常突然发生，急性经过。患日射病的鸡表现为体温升高、烦躁不安，然后精神迟钝，足部麻木，体躯、颈部肌肉痉挛，常在几分钟内死亡。剖检可见脑膜充血、出血，大脑充血、水肿及出血。患热射病的鸡除可见体温升高外，还表现呼吸困难、加快，张口喘气，翅膀张开下垂，很快眩晕，步态不稳或不能站立，大量饮水，虚脱，易引起惊厥而死亡。剖检可见尸体血液凝固不良，全身瘀血，心外膜、脑部出血。

【防治】

（1）预防措施 夏季应在土鸡舍及运动场上搭置凉棚，供鸡只活动或栖息，避免鸡特别是雏鸡长时间受到烈日暴晒，高温潮湿时更应注意；舍内饲养特别是笼养，加强夏季防暑降温措施，避免舍内温度过高。做好遮阳、通风工作，必要时进行强制通风，安装湿帘通风系统；降低饲养密度；保证供足饮水等。

（2）治疗措施 发生日射病时迅速将鸡转移到无日光处，但禁止冷浴；发生热射病时，使鸡只很快处于阴凉的环境中，以利于降温散热，同时给予清凉饮水，也可将鸡放入凉水中稍做冷浴。

187 如何诊治恶食癖？

恶食癖又叫啄癖、异食癖或同类残食症，是指啄肛、啄趾、啄蛋、啄羽等恶癖，各龄鸡都可发生，以群养鸡多见。啄肛癖危害最大，常使被啄者致死。

【病因】 恶食癖发生的原因很复杂，主要的有4个方面：一是饲养管理不善。例如，鸡群密度过大，由于拥挤使其形成烦躁、好斗的性格；成年母鸡因产蛋箱、窝太少、简陋或光线太强，产蛋后不能较好休息而使子宫难以复位，或鸡过于肥胖而使子宫复位时间太久，红色的子宫在外边裸露引起啄癖发生。二是饲料营养不足。例如，食盐缺乏，鸡就寻求咸味食物，引起啄肛、啄肉；缺乏甲硫氨酸、胱氨酸时，鸡就啄毛、啄蛋，特别是高产鸡群；某些矿物质和维生素缺乏、饲料粗纤维含量太低或限饲时，鸡处于饥饿状态下等，都易发生本病。三是一些外寄生虫病。例如，虱、螨等导致局部发痒，使鸡只不断啄叼患部，甚至啄叼破溃出血，引起恶食癖。四是遗传因素。白壳蛋鸡啄癖的发生率较高，特别是刚开产的新母鸡，啄肛引起病残和死亡的较多，而褐壳蛋鸡较少。

【防治】

（1）预防措施 雏鸡在7～10日龄进行断喙，育成阶段再补充断喙一次。上喙断1/2，下喙断1/3，雏鸡的上喙和下喙一齐切，断喙后的成年鸡的喙呈浑圆形，短而弯曲。保持适宜的环境。平养鸡群产蛋前要将产蛋箱或窝准备好，每4～5只母鸡设置一个产蛋箱，样式要一致。产蛋箱应宽敞，使鸡伏卧其内不露头和尾，并放置于较安静处；饲养密度不宜过大，光照不要太强。饲料营养全面，蛋白质、维生素和微量元素要充足，各种营养素之间要平衡。

（2）治疗措施 治疗措施如下：

一是可将蔬菜、瓜果或青草吊于鸡群头顶，以转移其注意力。啄肛严重时，可将鸡群关在舍内暂时不放，换上红灯泡，糊上红窗纸，使鸡看不出肛门的红色，这样可制止啄肛，待过几天啄癖消失

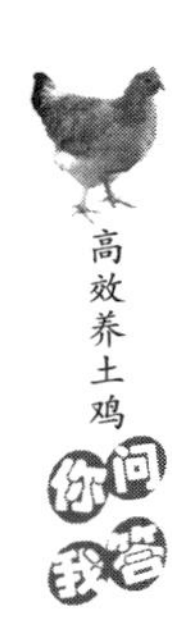

后，再恢复正常饲养管理。

二是可在饲料中添加羽毛粉、甲硫氨酸、啄肛灵、硫酸亚铁、核黄素和生石膏等。其中以生石膏效果较好，按2%~3%加入饲料喂半个月左右即可。

三是为防止啄肛，可将饲料中食盐的含量提高到2%，连喂2天，并保证足够的饮水。切不可将食盐加入饮水，因为鸡的饮水量比采食量大，易引起中毒，而且越饮越渴，越渴越饮。

四是近年来研制出一种鸡鼻环，适用于成年鸡，发生恶食癖时，给全部的鸡戴上，便可防止啄肛。

188 如何管理发病鸡群？

现阶段，土鸡养殖场疾病，特别是疫病发生频率高。人们只重视发病时的治疗而忽视了发病后的管理，从而使鸡病愈时间延长，甚至继发其他疾病，这些都严重地影响鸡的生产性能。发病鸡群的管理要点如下：

（1）隔离病鸡，尽快确诊 鸡群发病初期，要把个别病鸡隔离饲养，并注意认真观察大群鸡的表现，如粪便、采食、产蛋、呼吸等是否异常，以协助诊断。对隔离病鸡及时进行剖检诊断，必要时送实验室进行鉴定，以尽快确诊，采取有效措施，避免无的放矢、盲目用药。否则就会延误治疗的最佳时机，并且增加药费投入，甚至给鸡群造成较大应激，影响生产性能的恢复。

（2）加强饲养，恢复鸡群的抵抗力 鸡群发病后，采食量减少，营养供给不足，体质虚弱，抵抗力差，缓解应激能力减弱，此时必须加强饲养，尽快恢复鸡群的抵抗力。

1）增加日粮中维生素和微量元素的用量。鸡对维生素和微量元素的需要量虽然较少，但它们对鸡体的物质代谢起着重要的作用。鸡群无病时，按常规添加量便可以基本满足鸡体的需要，但鸡群发病后，一方面由于采食量减少，摄入体内的维生素和微量元素大大减少；另一方面鸡发病后，对维生素和微量元素的需要量会增加，这样需要量与摄入量不能保持平衡，满足不了鸡体需要，必须增加日粮中维生素和微量元素的含量，维生素用量可增加1~2倍，微量元素量可增加 1 倍，否则就会造成物质代谢紊乱，抵抗力更差，病愈时间延长，严重影响鸡群生产性能的恢复。

2）缓解应激。发病时，鸡群的防御能力降低，对环境的适应力也差，相对应激原增加，从而加重病情，延迟病愈，因此，鸡发病后，在积极治疗的同时，应使用抗应激药物，以提高鸡体的抗应激能力，缓解应激。由于鸡群采食量减少，可在饮水中加入速补-14、速补-18、延胡索酸、刺五加或维生素 C 等。

3）加强营养。鸡群发病后，由于采食量大幅度下降，营养的摄取量大大减少，体能消耗严重，鸡体将迅速消瘦，体质衰弱，此时可在饮水中加入 5% 牛乳或 5%～8% 糖（白糖、红糖、葡萄糖等），以防止鸡过度衰弱。

（3）保持适宜的环境条件 鸡群发病后，环境温度要适宜，夏季温度不易过高，冬季可提高舍内温度，使舍温保持在 10℃ 以上；病鸡舍要注意通风换气，保持舍内空气新鲜，以免硫化氢等有害气体超标；尽量减少噪声，保持病鸡舍安静，以减少各种有害因素的刺激。

（4）加强环境消毒 鸡群发病后要加强环境消毒，以减少病原微生物的含量，防止重复感染和继发感染。

1）对土鸡舍和养殖场用氢氧化钠、过氧乙酸、复合酸消毒剂等反复消毒，同时对饲喂及饮水用具也要全面清洁消毒。

2）发病期间，要加强带鸡消毒工作，要选择高效、低毒、广谱、无刺激和无腐蚀性的消毒剂。在冬季还要注意稀释消毒剂的水应是 35～40℃ 的温水。

3）发病后水、料易被污染，应加强饮水和饲料的消毒工作，以避免病原微生物从口腔进入鸡体。

（5）进行抗体检测 鸡群发病后，体质衰弱，影响抗体的产生或使抗体水平降低，因此病愈后要及时进行抗体检测，了解鸡群的安全状态，并根据检测结果进行必要的免疫接种，防止再次发生疫病。

（6）注意个别病鸡的护理 疫病发生后，除了进行大群治疗外，还要注意对个别病鸡的护理，减少死亡。具体做法是及时挑

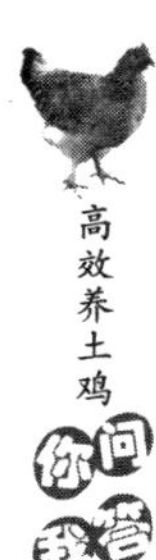

出病情严重的鸡，隔离饲养，避免在笼内或圈内被踩死或压死；不采食者，应专门投喂食物和药物，增加营养，加强治疗，进行必要的处理。

（7）做好病死鸡的处理 发生疾病，特别是传染病时，出现的病死鸡不要随便乱扔乱放，要放在指定地点，封闭运输。死鸡不能随意销售和屠宰，进行无害化处理，避免再次污染。

第八章
土鸡养殖场的经营管理

189 土鸡养殖场的决策程序是什么?

（1）提出问题 确定决策的对象或事件，也就是要决策什么或对什么进行决策，如确定经营方向、饲料配方、饲养方式、治疗什么疾病等。

（2）确定决策目标 决策目标是指对事件做出决策并付诸行动之后所要达到的预期结果。例如，经营项目和经营规模的决策目标是一定时期内使销售收入和利润达到多少；蛋鸡饲料配方的决策目标是使单位产品的饲料成本降到多少、产蛋率和产品品质达到何种水平；发生疾病时的决策目标是治愈率多少。有了目标，拟订和选择方案就有了依据。

（3）拟订多种可行方案 多谋才能善断，只有设计出多种方案，才可能选出最优的方案。拟订方案时，要紧紧围绕决策目标，充分发扬民主，大胆设想，尽可能把所有的方案包括无遗，以免漏掉好的方案。例如，土鸡进雏时间决定上市时间，上市时间不同则价格有很大差异，生产效益也不同。

（4）选择方案 根据决策目标的要求，运用科学的方法，对各种可行方案进行分析比较，从中选出最优方案。例如，治疗大肠杆菌病，通过药物试验发现阿米卡星（丁胺卡那霉素）高敏，就可以选用此药。

（5）贯彻实施与信息反馈 最优方案选出之后，贯彻落实、组织实施，并在实施过程中进行跟踪检查，发现问题，查明原因，采

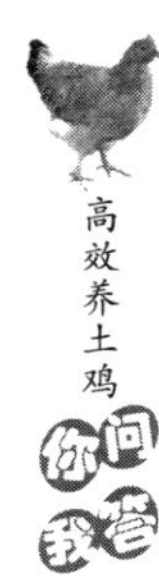

取措施，加以解决。

190 土鸡养殖场常用的决策方法有哪些?

经营决策的方法较多，生产中常用的决策方法有下面几种：

（1）比较分析法 比较分析法是将不同的方案所反映的经营目标实现程度的指标数值进行对比，从中选出最优方案的一种方法。例如，对不同品种的饲养结果进行分析，可以选出一个能获得较好的经济效益的品种。

（2）综合评分法 综合评分法就是通过选择对不同的决策方案影响都比较大的经济技术指标，根据它们在整个方案中所处的地位和重要性，确定各个指标的权重，把各个方案的指标进行评分，并依据权重进行加权得出总分，以总分的高低选择决策方案的方法。例如，在土鸡养殖场决策中，选择建设土鸡舍时，往往既要投资效果好，又要设计合理、便于饲养管理，还要有利于防疫等。这类决策称为多目标决策。但这些目标（即指标）对不同方案的反映有的是一致的，有的是不一致的，采用对比法往往难以提出一个综合的数量概念，为求得一个综合的结果，需要采用综合评分法。

（3）盈亏平衡分析法 盈亏平衡分析法又叫量、本、利分析法，是通过揭示产品的产量、成本和赢利之间的数量关系进行决策的一种方法。产品的成本划分为固定成本和变动成本。固定成本如养殖场的管理费、固定职工的基本工资、折旧费等，不随产品产量的变化而变化；变动成本是随着产品产量的变动而变动的，如饲料费、燃料费和其他费用。利用成本、价格、产量之间的关系列出总成本的计算公式：

$$PQ = F + QV + PQX$$

$$Q = F/[P(1-X)-V]$$

式中 F——某种产品的固定成本；

X——单位销售额的税金；

V——单位产品的变动成本；

P——单位产品的价格；

Q——盈亏平衡时的产销量。

如企业计划获利 R 时的产销量 Q_R 为：

$$Q_R = (F + R)/[P(1 - X) - V]$$

（4）决策树法 利用树形决策图进行决策的基本步骤：绘制树形决策图，然后计算期望值，最后剪枝，确定决策方案。例如，某养殖场可以饲养快大型肉鸡和土鸡两种类型的鸡，只知道其年赢利额见表 8-1，请做出决策选择。

表 8-1 不同方案在不同状态下的年赢利额

项目	概率	土鸡/万元		肉鸡/万元	
		畅销 0.9	滞销 0.1	畅销 0.8	滞销 0.2
饲料涨价	0.3	15	−20	20	−5
饲料持平	0.5	30	−10	25	10
饲料降价	0.2	45	5	40	20

1）绘制树形决策图，如图 8-1 所示。

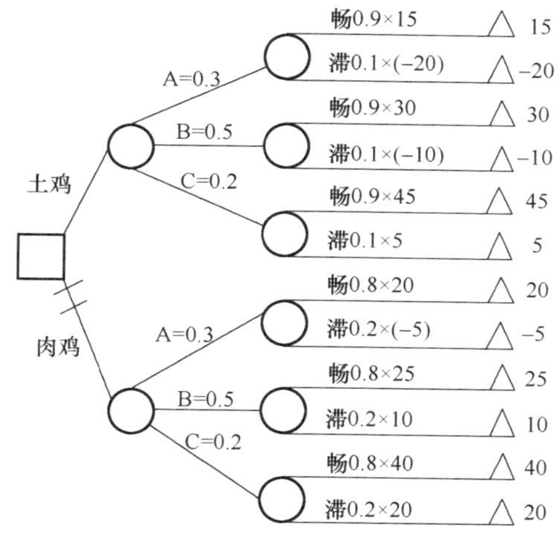

图 8-1 树形决策图

图中□表示决策点，其引出的分枝叫决策方案枝；○表示状态点，其引出的分枝叫状态分枝，上面标明了这种状态发生的概

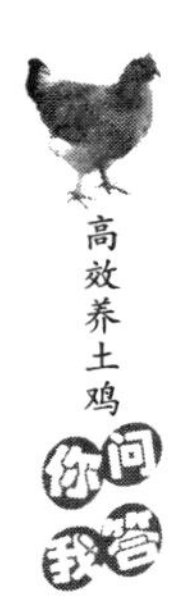

率；△表示结果点，其后面的数字是某种方案在某状态下的收益值。

2）计算期望值。

$$
\begin{aligned}
\text{土鸡} &= \{(0.9\times15)+[0.1\times(-20)]\}\times \\
&\quad 0.3+\{(0.9\times30)+[0.1\times(-10)]\}\times \\
&\quad 0.5+(0.9\times45+0.1\times5)\times0.2 \\
&=24.7
\end{aligned}
$$

$$
\begin{aligned}
\text{肉鸡} &= \{(0.8\times20)+[0.2\times(-5)]\}\times \\
&\quad 0.3+(0.8\times25+0.2\times10)\times \\
&\quad 0.5+(0.8\times40+0.2\times20)\times0.2 \\
&=22.7
\end{aligned}
$$

3）剪枝。由于土鸡的期望值是24.7，大于肉鸡的期望值22.7，剪掉肉鸡项目，留下的土鸡项目就是较好的项目。

191 土鸡养殖场要制订哪些计划?

（1）鸡群周转计划 鸡群周转计划是制订其他各项计划的基础，只有制订好周转计划，才能制订饲料计划、产品计划和引种计划。制订鸡群周转计划，应综合考虑土鸡舍、设备、人力、成活率、鸡群的淘汰和转群移舍时间、数量等，保证各鸡群能够完成规定的生产任务，并且最大限度地降低各种劳动消耗。

（2）产品计划 商品土蛋鸡场的主要生产指标是商品蛋的产量。按照周转计划确定的每天产蛋鸡的存栏量可以计算出每天、每周、每月的产蛋量，然后可以制订全年产蛋计划；商品肉用土鸡场的产品是土鸡，按照周转计划确定土鸡的存栏量、出栏时间、出栏数量，然后可以制订全年土鸡出栏计划。

（3）饲料计划 有了周转计划，可以根据不同类型、阶段的土鸡存栏量、日消耗饲料量制订饲料计划。

（4）其他计划 其他计划包括产品销售计划、基本建设和设备更新计划、财务计划等。

192 土鸡养殖场有哪些记录表格和报表?

土鸡养殖场所用的记录表格及报表见表8-2～表8-15。

表 8-2　产蛋和饲料消耗记录

品种________　　土鸡舍栋号__________　　填表人________

日期	日龄	鸡数/只	死亡淘汰数/只	饲料消耗		产蛋量				饲养管理情况	其他情况
				总消耗量/千克	只消耗量/千克	数量/枚	重量/千克	破蛋率（%）	每只鸡每日的产蛋量/克		

表 8-3　疫苗购、领记录表

填表人：

购入日期	疫苗名称	规格	生产厂家	批准文号	生产批号	来源（经销点）	购入数量	发出数量	结存数量

表 8-4　饲料添加剂、预混料、饲料购、领记录表

填表人：

购入日期	名称	规格	生产厂家	批准文号或登记证号	生产批号或生产日期	来源（生产厂家或经销点）	购入数量	发出数量	结存数量

表 8-5　疫苗免疫记录表

填表人：

免疫日期	疫苗名称	生产厂家	免疫动物日龄	栋号	免疫数/只	免疫次数/次	存栏数/只	免疫方法	免疫剂量/（毫升/只）	责任兽医

表 8-6　消毒记录表

填表人：

消毒日期	消毒药名称	生产厂家	消毒场所	配制浓度	消毒方式	操作者

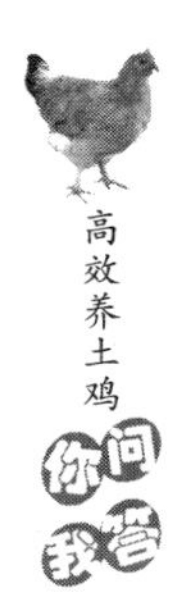

表 8-7　土鸡饲养记录表

进雏时间______　购雏种鸡场______　数量______　栋号______

日期	日龄	实存数/只	死亡数/只	淘汰数/只	料号	总耗料量/千克	日平均耗料量/克	温度/℃	相对湿度（%）	备注

表 8-8　土鸡周报表

周龄	存栏数/只	死亡数/只	淘汰数/只	死淘率（%）	累计死亡淘汰数/只	累计死淘率（%）	耗料/千克	累计耗料/千克	每只鸡每日耗料量/克	体重/克	周料肉比	备注

注：根据日报内容，每周末要做好周报表的填写。

表 8-9　土鸡群用药记录表

日龄	日期	药名及规格	生产厂家	剂量	用途	用法	备注

表 8-10　土鸡出栏后体重报表

车序号	筐数/筐	数量/只	总重/千克	平均体重/千克	预收入/元	实收入/元
1						
2						
3						
4						
5						
6						
合计						

表 8-11　土鸡养殖场入库的药品、疫苗、药械记录表

日期	品名	规格	数量	单价	金额	生产厂家	生产日期	生产批号	经手人	备注

表 8-12　土鸡养殖场出库的药品、疫苗、药械记录表

日期	土鸡舍栋号	品名	规格	数量	单价	金额	经手人	备注

表 8-13　饲料入库及出库记录表

日期	育雏期			育肥期		
	入库量/千克	出库量/千克	库存量/千克	入库量/千克	出库量/千克	库存量/千克

表 8-14　购买饲料原料记录表

日期	饲料品种	货主	级别	单价	数量	金额	化验结果	化验员	经手人	备注

表 8-15　收支记录表格

收入		支出		备注
项目	金额	项目	金额	
合计				

193　如何加快土鸡养殖场流动资产的周转?

加快流动资产周转，减少流动资产占用量，有利于降低生产成本。

（1）加强物资管理　加强采购物资的计划性，防止盲目采购，合理地储备物资，避免积压资金，加强物资的保管，定期对库存物资进行清查，防止鼠害和霉烂变质。

（2）加强生产管理　科学地组织生产过程，采用先进技术，尽

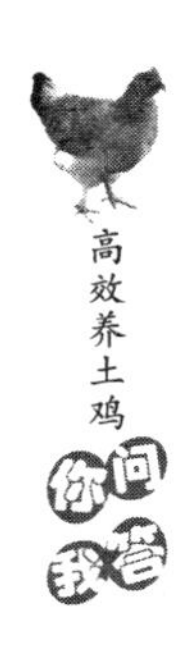

可能缩短生产周期，节约使用各种材料和物资，减少在产品资金中的占用量。

（3）及时销售产品 及时销售产品，缩短产成品的滞留时间，减少流动资金占用量。

（4）及时清理债权债务 加速应收款的回收，及时清理债权债务，减少成品资金和结算资金的占用量。

194 如何计算土鸡养殖场固定资产的折旧？

固定资产在长期使用中，在物质上要受到磨损，在价值上要发生损耗。固定资产的损耗分为有形损耗和无形损耗 2 种。有形损耗是指固定资产由于使用或自然力的作用，使固定资产物质上发生磨损。无形损耗是指由于劳动生产率的提高和科学技术的进步而引起的固定资产价值的损失。固定资产在使用过程中，由于损耗而发生的价值转移，称为折旧。固定资产由于损耗而转移到产品中去的那部分价值叫折旧费或折旧额，用于固定资产的更新改造。养殖鸡场固定资产折旧计算方法有如下 2 种：

（1）平均年限法 平均年限法是根据固定资产的使用年限，平均计算各个时期的折旧额，因此也称直线法。其计算公式为

固定资产年折旧额 = [原值 -（预计残值 - 清理费用）]/固定资产预计使用年限

固定资产年折旧率 = 固定资产年折旧额/固定资产原值 ×100%

= (1 - 净残值率)/折旧年限 × 100%

（2）工作量法 工作量法是按照使用某项固定资产所提供的工作量，计算出单位工作量平均应计提折旧额后，再按各期使用固定资产所实际完成的工作量，计算应计提的折旧额。这种折旧计算方法适用于一些机械等专用设备。其计算公式为

单位工作量（单位里程或每工作小时）折旧额 =

（固定资产原值 - 预计净残值）/总工作量（总行驶里程或总工作小时）

195 如何提高土鸡养殖场固定资产的利用效果？

固定资产投入占用土鸡养殖场的主要资金，提高固定资产利用

效果，可以减少折旧费用，降低生产成本。

（1）合理设置固定资产 根据轻重缓急，合理购置和建设固定资产，把资金使用在经济效果最大且在生产上迫切需要的项目上。购置和建造固定资产要量力而行，做到与单位的生产规模和财力相适应。

（2）各类固定资产配套完备 注意固定资产的通用性和适用性，务求各类固定资产配套完备，使固定资产能充分发挥效用。

（3）加强固定资产管理 建立严格的使用、保养和管理制度，对不需要的固定资产应及时采取措施，以免浪费，注意提高机器设备的时间利用强度和其生产能力的利用程度。

196 如何做好成本核算的基础工作?

（1）建立健全各项原始记录 原始记录是计算产品成本的依据，直接影响着产品成本计算的准确性。如果原始记录不实，就不能正确反映生产耗费和生产成果，就会使成本计算变为“假账真算”，成本核算就失去了意义。所以，饲料、燃料动力的消耗、原材料、低值易耗品的领退，生产工时的耗用，鸡群变动、周转、死亡淘汰及产出产品等原始记录都必须认真如实地登记。

（2）建立健全各项定额管理制度 养殖场要制定各项生产要素的耗费标准（定额）。不管是饲料、燃料动力，还是费用工时、资金占用等，都应制定比较先进、切实可行的定额。定额的制定应建立在先进的基础上，对经过努力仍然达不到的定额标准或无须努力就很容易达到定额标准的定额，要及时进行修订。

（3）加强财产物质的计量、验收、保管、收发和盘点制度 财产物资的实物核算是其价值核算的基础。做好各种物资的计量、收集和保管工作，是加强成本管理、正确计算产品成本的前提条件。

197 土鸡养殖场的成本由哪些项目构成?

土鸡养殖场的成本由如下项目构成：

（1）饲料费 此处的饲料是指饲养过程中耗用的自产和外购的混合饲料和各种饲料原料。凡是外购的按买价加运费计算，自产饲

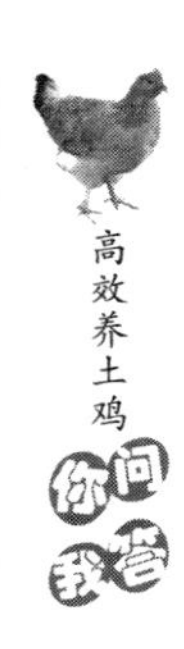

料一般按生产成本（含种植成本和加工成本）进行计算。

（2）劳务费 从事养鸡业的生产管理劳动，包括饲养、清粪、拣蛋、防疫、捉鸡、消毒、购物运输等所支付的工资、资金、补贴和福利等。

（3）新母鸡培育费 从雏鸡出壳养到140日龄的所有生产费用。若是购买育成新母鸡，按买价计算；自己培育的按培育成本计算。

（4）医疗费 医疗费是指用于鸡群的生物制剂、消毒剂的费用，以及检疫费、化验费、专家咨询服务费等。但已包含在育成新母鸡成本中的费用和配合饲料中的药物及添加剂费用不必重复计算。

（5）固定资产折旧维修费 固定资产折旧维修费指土鸡舍、笼具和专用机械设备等固定资产的基本折旧费及修理费。根据土鸡舍的结构和设备质量及使用年限来计损。若是租用土地，应加上租金；土地、土鸡舍等都是租用的，只计租金，不计折旧。

（6）燃料动力费 燃料动力费是指饲料加工、土鸡舍保暖、排风、供水、供气等耗用的燃料和电力费用，这些费用按实际支出的数额计算。

（7）利息 利息是指固定投资及流动资金一年中支付利息的总额。

（8）杂费 杂费包括低值易耗品费用、保险费、通信费、交通费、搬运费等。

（9）税金 税金是指用于养鸡生产的土地、建筑设备及生产销售等一年内应交税金。

从构成成本比重来看，饲料费、新母鸡培育费、劳务费、折旧费、利息所占比重较大，是成本项目构成的主要部分，应当重点控制。

198 成本的计算方法有哪些?

成本的计算方法分为分群核算和混群核算。

（1）分群核算 分群核算的对象是每种畜禽的不同类别，如蛋鸡群、育雏群、育成群、肉鸡群等，按鸡群的不同类别分别设置生产成本明细账户，分别归集生产费用和计算成本。养殖场的主产品是鲜蛋、种蛋、毛鸡，副产品是粪便和淘汰鸡的收入。养殖场的饲养费用包括育成年鸡的价值、饲料费用、折旧费、人工费等。

1）鲜蛋成本：

每千克鲜蛋成本(元/千克)=[蛋鸡生产费用-蛋鸡残值-非鸡蛋收入(包括粪便、死淘鸡等收入)]÷入舍母鸡总产蛋量

2）种蛋成本：

每枚种蛋成本(元/枚)=[种鸡生产费用-种鸡残值-非种蛋收入(包括粪便、商品蛋、淘汰鸡等收入)]÷入舍种母鸡出售种蛋数

3）雏鸡成本：

每只雏鸡成本(元/只)=(全部的孵化费用-副产品价值)/成活一昼夜的初雏只数

4）鸡肉成本：

每千克鸡肉成本(元/千克)=(基本鸡群的饲养费用-副产品价值)÷鸡肉的总重量

5）育雏鸡成本：

每只育雏鸡成本(元/只)=(育雏期的饲养费用-副产品价值)÷育雏期末存活的雏鸡数

6）育成年鸡成本：

每只育成年鸡成本(元/只)=(育雏育成期的饲养费用-粪便、死淘鸡收入)÷育成期末存活的鸡数

(2) 混群核算 混群核算的对象是每类畜禽，如牛、羊、猪、鸡等，按畜禽种类设置生产成本明细账户并归集生产费用和计算成本。资料不全的小规模养殖场常用此方法。

1）种蛋成本：

每枚种蛋成本(元/枚)=[期初存栏种鸡价值+购入种鸡价值+本期种鸡饲养费-期末种鸡存栏价值-出售淘汰种鸡价值-非种蛋收入(商品蛋、粪便等收入)]÷本期收集种蛋数

2）鸡蛋成本：

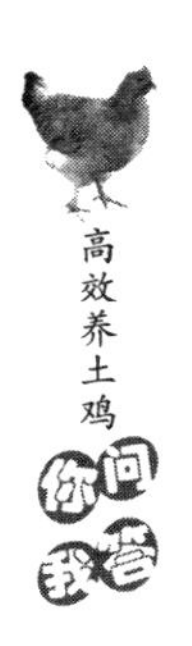

每千克鸡蛋成本(元/千克)=(期初存栏蛋鸡价值+购入蛋鸡价值+本期蛋鸡饲养费用-期末蛋鸡存栏价值-淘汰出售蛋鸡价值-粪便收入)÷本期产蛋总重量

3) 肉鸡成本:

每千克鸡肉成本(元/千克)=[期初存栏鸡价值+购入鸡价值+本期鸡饲养费用-期末鸡存栏价值-淘汰出售鸡价值-粪便收入]÷本期产肉总重量

199 如何提高土鸡养殖场的效益?

提高效益需要从市场竞争、挖掘内部潜力、降低生产成本等方面着手。

(1) 生产适销对路的产品 在市场调查和预测的基础上，进行正确、科学的决策以提高劳动生产率，根据市场需求的变化生产符合市场需求的质优量多的产品。

(2) 提高资金的利用效率 土鸡养殖场要加强流动资产的周转，提高固定资产的利用效果，减少流动资产占用量和固定资产折旧费。

(3) 提高劳动生产率 人工费用可占生产成本的10%左右，应加强控制。购置必要的设备减轻劳动强度，提高工作效率。例如，使用乳头饮水器或份勺式饮水器等自动饮水设备代替水槽、用自动控光装置代替人工操作、用小车送料收蛋代替手提肩挑等，可极大提高劳动效率。制订合理的劳动指标和计酬考核办法，多劳多得，优劳优酬。例如，育雏育成舍制订鸡成活率、平均体重、胫骨长度、均匀度、饲料消耗、药费支出等指标，产蛋鸡舍制订存活率、产蛋量、蛋重、饲料转化率、药费支出等考核指标。指标要切合实际，努力工作者可超产，得到奖励，而不努力工作者则完不成指标，应受罚，鼓励先进，鞭策落后。

(4) 提高产品产量 据成本理论可知，如生产费用不变，产量与成本呈反比例变化，提高鸡群生产性能，增加产品产量，是降低产品成本的有效途径。

1) 选择优良品种。种鸡场应引进生产性能优良，并且适销对路的品种。商品鸡场应选购生产性能高、无特定病原的配套杂交品种。

2）做好育雏育成期饲养管理工作，培育出体型好、均匀一致、适时开产的优质新母鸡。

3）创造适宜的环境条件，保证充足全面的营养，减少应激，充分发挥鸡群的生产性能。

4）做好隔离、卫生、消毒和免疫接种工作，避免疾病发生，降低死淘率、保证产蛋量。

5）制订好鸡群的周转计划，保证生产正常进行，一年四季均衡生产。

6）合理使用添加剂。饲料中添加沸石、松针叶、酶制剂、益生素、中草药等添加剂能改善鸡的消化功能，促进饲料养分充分吸收利用，增加抵抗力、提高生产性能。

（5）降低饲料费用 养鸡成本中，饲料费用要占到生产成本的70%以上，有的养殖场（户）可占到90%，因此它是降低成本的关键。

1）选择质优价廉的饲料。购买全价饲料和各种饲料原料要货比三家，选择质量好、价格低的饲料。自配饲料一般可降低日粮成本。饲料原料特别是蛋白质饲料廉价时，可购买预混料自配全价饲料；蛋白质饲料价高时，购买浓缩料自配全价饲料成本低。充分利用当地自产或价格低的原料，严把质量关，控制原料价格，并选择可靠有效的饲料添加剂，以实现同等营养条件下的饲料价格最低。玉米是养殖场主要的能量饲料，可占饲料比例的60%以上，直接影响饲料的价格。在玉米价格较低时可储存一些以备价格高时使用。

2）减少饲料消耗。利用科学饲养技术，如据不同饲养阶段进行分段饲养，育成期和产蛋后期适当限制饲养，不同季节和出现应激时调整饲养等技术，在保证正常生长和生产的前提下，尽量减少饲料消耗。饲槽结构合理，放置高度适宜，不同饲养阶段选用不同的饲喂用具，避免鸡采食过程中抓、刨、弹、甩等浪费饲料。一次投料不宜过多，饲养人员投料要准、稳，减少饲料撒落。断喙要标准，第1次断喙不良的鸡可在12周左右补断。土鸡舍保持适宜的温度，一般应为15～28℃，舍内温度过低，鸡采食量增多。制订周密的饲料计划，按照计划采购各种饲料并妥善保存，减少饲料积压，防止霉变和污染。定期驱虫灭鼠，及时淘汰低产鸡、停产鸡和瘦弱鸡，节省饲料。

附　录

附录 A　鸡的常用饲料营养成分（附表 A-1）

附表 A-1　鸡的常用饲料营养成分

饲料名称	干物质 MD（%）	代谢能		粗蛋白质（%）	粗脂肪（%）	粗纤维（%）	钙（%）	磷（%）	赖氨酸（%）	甲硫氨酸（%）	胱氨酸（%）	苏氨酸（%）
		兆焦/千克	兆卡/千克									
玉米	86.0	13.56	3.24	8.7	3.6	1.6	0.02	0.27	0.24	0.18	0.20	0.30
高粱	86.0	12.30	2.94	9.0	3.4	1.4	0.13	0.36	0.18	0.17	0.12	0.26
小麦	87.0	12.72	3.04	13.9	1.7	1.9	0.17	0.41	0.30	0.25	0.24	0.33
小麦麸	87.0	6.82	1.63	15.7	3.9	8.9	0.11	0.92	0.58	0.13	0.26	0.43
大豆粕	87.0	9.83	2.53	46.8	1.0	3.9	0.31	0.61	2.81	0.56	0.60	1.89
棉籽粕	88.0	7.312	1.75	42.5	0.7	10.1	0.24	0.97	1.59	0.45	0.82	1.31
菜籽粕	88.0	7.41	1.77	38.6	1.4	11.8	0.65	1.07	1.30	0.63	0.87	1.49
花生饼	88.0	11.63	2.78	44.7	7.2	5.9	0.25	0.53	1.32	0.39	0.38	1.05
花生粕	88.0	10.88	2.60	47.8	1.4	6.2	0.27	0.56	1.40	0.41	0.40	1.11
亚麻仁粕	88.0	7.95	1.90	34.8	1.8	8.2	0.42	0.95	1.16	0.55	1.10	0.55
玉米胚芽饼	88.0	7.61	1.82	16.7	9.6	6.3	0.04	0.46	0.70	0.31	0.47	0.64
玉米胚芽粕	90.0	6.99	1.67	20.8	2.0	6.5	0.06	0.55	0.75	0.21	0.28	0.68
国产鱼粉	88.0	11.46	2.74	52.5	11.6	0.4	5.47	3.12	3.41	0.62	0.38	2.13
进口鱼粉	88.0	11.67	2.79	62.8	9.7	1.0	3.87	2.76	4.90	1.84	0.58	2.61
血粉	88.0	10.29	2.46	82.8	0.4	0.0	0.29	0.31	6.67	0.74	0.98	2.86
羽毛粉	88.0	11.42	2.73	77.9	2.2	0.7	0.20	0.68	1.65	0.59	2.93	3.51
皮革粉	88.0	6.19	1.48	77.6	0.8	1.7	4.40	0.15	2.27	0.80	0.16	0.71
芝麻饼	92.0	8.95	2.14	39.2	10.3	7.2	2.24	1.19	0.82	0.82	—	1.29
皮骨粉	92.6	8.20	1.98	50.0	8.5	2.8	9.20	4.70	2.60	0.67	0.33	1.63